アオウミガメ（鳥羽水族館提供）

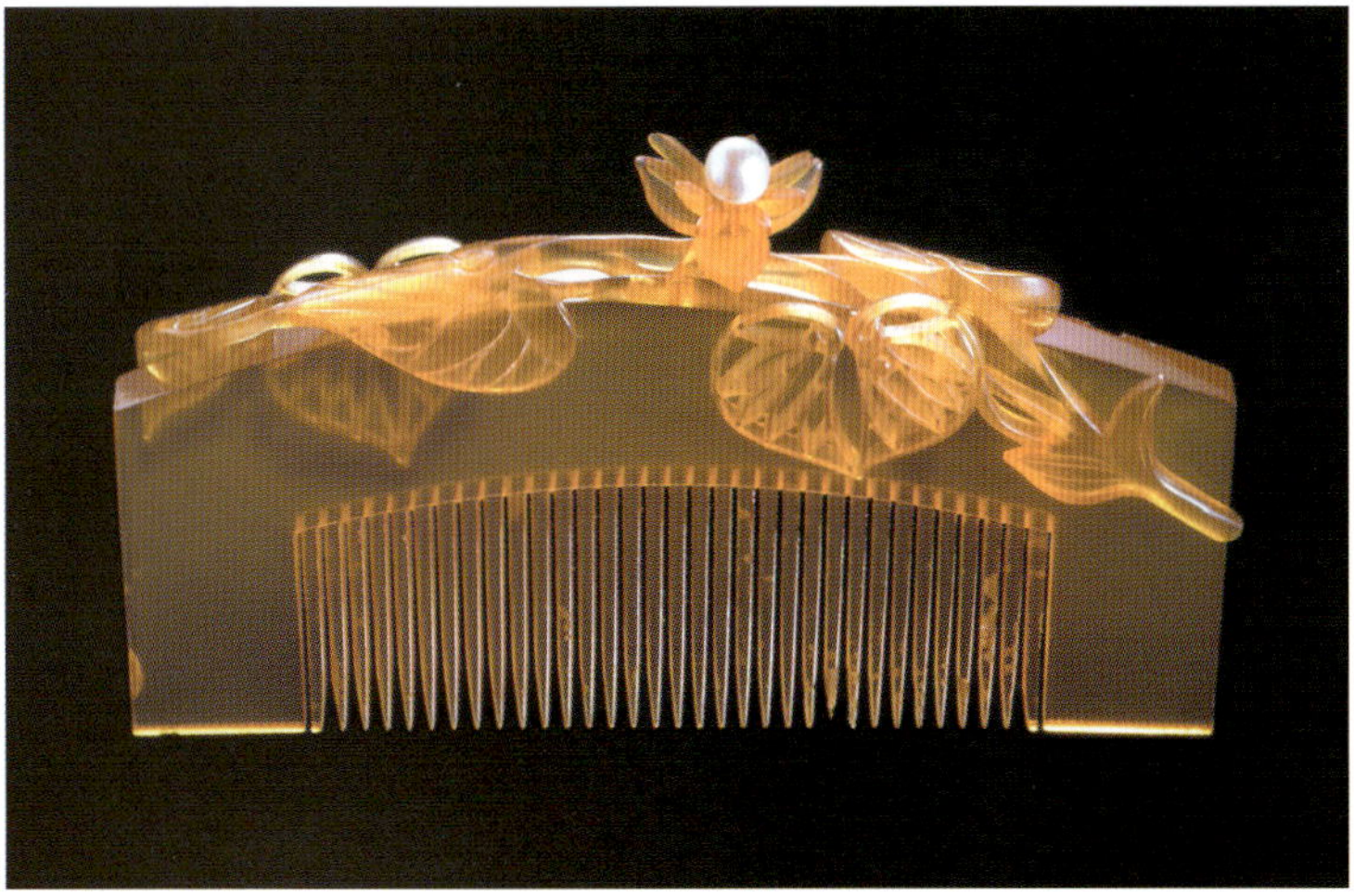

最高級の鼈甲の櫛（大正初期製，ミキモト真珠博物館提供）

日本人のイメージする亀（イシガメ）

西洋人のイメージする亀（ガラパゴスゾウガメ，鳥羽水族館提供）

亀形石造物（奈良・明日香村）

産卵するアカウミガメ（若林郁夫氏撮影）

著者のもとに集まってきた亀たち

ものと人間の文化史 126

亀

矢野憲一

法政大学出版局

目次

第二章　亀の文化史・59・

第五章　亀のエピソード――雷鳴るまで離さんぞ・189

はじめに——もしもしカメさん

もしもしカメよカメさんよ、あなたはいったい何ですか。よくぞお尋ねくださった。

カメは「カメ目の爬虫類の総称。体は背腹両面に甲羅があり、両甲は側面で接着して、前後で頭・尾・四肢が出入できる箱状になっている。歯はない。水中または陸上にすみ、植物・魚貝などを食い、水辺の砂地に穴を掘って産卵。リクガメを除き、水中を泳ぐのはうまい。長く飢渇にたえる。首を曲げて甲羅に収める曲頸類《きょくけい》と潜頸類《せんけい》に大別。世界に二百種以上が分布。爬虫類のうち最も起源が古く、化石として発見される種類が多い。わが国では鶴と共に長寿の動物としてめでたいものとされる」(『広辞苑』)。

まあそんな堅い自己紹介はぬきにして、動物学的なことは専門書や図鑑、百科事典などで調べていただいて、この私の本はもっぱら〝亀と人間の文化史〟。慌てることなく、のんびりゆったりと、ただし亀歩千里と参ります。

そうは言ってもすこし概要だけは記しておかねば前進できない。

カメの最古の化石種は古生代の二畳紀(ペルム紀・二億五〇〇〇万年前)に起源があるといわれ、すべての現生爬虫類の先祖とされるコティロサウルスの直系の子孫だという。そしてその頃に南アフリカにすんでいた体長五〜七センチほどのエウノトサウルスという小形爬虫類に近い特徴をもち、二億数千万年前の三畳紀の中期から後期の両亀類《りょうき》というサンジョウキガメ（プロガノケリス）がカメらしい最初の亀とされる。

人類の歴史はたかだか八〇〇万年前、現生人類の祖先のピテカントロプスは一〇〇万年以下だから亀は気の遠くなる太古から生き続いている大先輩である。おそらく恐竜の時代の小形爬虫類の仲間から分化したのだろうが、移行型はまだ知られていない。

当時の草食の恐竜たちは体を固い皮膚やトゲで守っていた。肉食の恐竜たちに踏まれて殺されないため、また簡単に餌にならないために甲羅ができ、その中に首を隠して防御したのである。もし頑丈な甲羅を持たなかったら、超鈍足ではなくスピードがある生物として活躍したであろう。

現生のカメ類は首のひっこめ方により二つの大きなグループ（亜目）に大別される。

一つは潜頸《せんけい》亜目（Cryptodira）である。首をS字状に甲羅の奥の方へひっこめられる種類で、現生種の大半はこれで、ジュラ紀後期（一億四〇〇〇万年前）に出現し、現在もオーストラリアを除く世界各地に分布している。

もう一つは曲頸《きょくけい》亜目（Pleurodira）で、首を水平に横に曲げ甲羅の間に隠すが、完全には隠れずにちょっとはみ出している。これは白亜紀後期に分化した一群で、ヨコクビガメ、ヘビクビガメ、マタマタなど南アメリカやオーストラリア、ニューギニア島などに分布し、敵の少ない淡水生で日本にはいない。

カメ類は中生代の終わり頃から第三紀の初め（約六五〇〇万年昔）に大繁栄をして、河川、湖沼、乾燥した陸地また海へと、あらゆる生活に適応したが、その後は衰退の途をたどり、現生種は完全な陸生と、水陸両生、水生、海洋生に分かれる。

だが現生のすべてが卵生で、海生でも卵胎生のものはなく、全部のカメが陸上の砂地に穴を掘って卵を産んでいる。

このようにカメは、恐竜時代からほとんど変化しない〝生きている化石〟といった存在である。生きた化石ならもっと珍重されてもよさそうであるが、今もたくさんいるからそれほど関心が持たれずに、人間とのかかわりあいをくわしく記した書物も少ないのである。

カメの語源と字源

語源というものは古い言葉ほどよくわからない。カメにもたくさんの説がある。どれが正しいか一概には言えないが、いろいろな説を記してみよう。

①古代にカメは神霊をもつ動物とみなされ、神獣とされたところからカミ（神）の転。これは『東雅』や『和訓栞』にある有力説。『東雅』は新井白石が著した中国の『爾雅』にならった物名の語源辞書で「日東の爾雅」の意で享保四年（一七一九）に成立した本だが、カメは亀卜に使われたことに関連し、甲殻のあるものの呼称には「カ」のつく言葉が多いと指摘する。カニ、カイ、カラ、カワラ

などである。そう言われればなるほどそうである。また甲の字をカフというのは朝鮮の方言であるともいうが、どうだろうか。

カメが「神」から転じたとなると、それではカミという日本語の語源はとなる。カミはカガミ(鏡)の意だとか、カシコミ(畏)の略であるとか、カミ(上)だとか、ミはヒの転化で太陽のことだとか、カビ(黴)だろうとかいわれてきたが、現在では奈良時代の発音上からこれらの説は通用しなくなり、一応お預けにされている(大野晋『一語の辞典・神』三省堂)。しかしカミの語源はともかくとして、神の観念の中には超人間的な威力や恐ろしいもの、雷・虎・狼・妖怪・山などがあり、カミは「隠身《かくりみ》」、つまり隠れて姿を見せないといった意があり、どこかで神と亀とのつながりがあるような気もしてくる。

カメはカミの転とする説は『円珠庵雑記』・『燕石雑志』・『名言通』・『日本古語大辞典』などにも出ている。

②カヒミ(殻体)の略転(『大言海』)。③カラミホネ(殻身骨)の義(『日本語原学』)。④コミ(甲体)の転(『言元梯』)。⑤カタメの略で、甲で身を堅めることから(『本朝辞源』)。⑥頭や手足をひっこめるからカガム(屈)の転語。またカガマルの義(『和句解』など)。⑦命が長い意のカメ(遐命)から(『和語私臆鈔』)。⑧甲が盛り上がっているからカタモレの反(『名語記』)。

いやはや、日本語の語源はわからない。しかし字源は明確で、カメの全形を写した字である。

亀の正字は龜。『説文』には「舊《きゆう》なり」とする。同声をもって訓じたもので、頭が蛇と同じなので

甲骨文の「亀」

礼器図の「亀」

「亀」の正字の筆順

左から小篆，古文，金文の「亀」（『説文解字』）

它という字に甲と足と尾の形をつけたという。

亀という字は旧字の龜の方がカメらしいし、呪符のようで本来の感じがでている。でも書くのは効率が悪くて大変だ。

英語で亀はタートル（turtle）またはトータス（tortoise）。タートルは海亀を主とする水生の亀で、トータスの方は陸生の亀を指すのがアメリカ英語の原則ではあるが、一般には広く亀類をタートルとよぶ。これは元を正せば実は同じ言葉からきている。

イギリスの船乗りたちがスペイン語の tortuga を訛って turtle と発音したためにタートルとなり、イギリス英語では漁師に馴染み深い海亀の名とされ、淡水や陸亀といった区別はとりわけしなかったのであるが、内陸部にすむのがトータスとなってしまった。

フランス語ではトルチュ（tortue）。海亀は

亀の字いろいろ

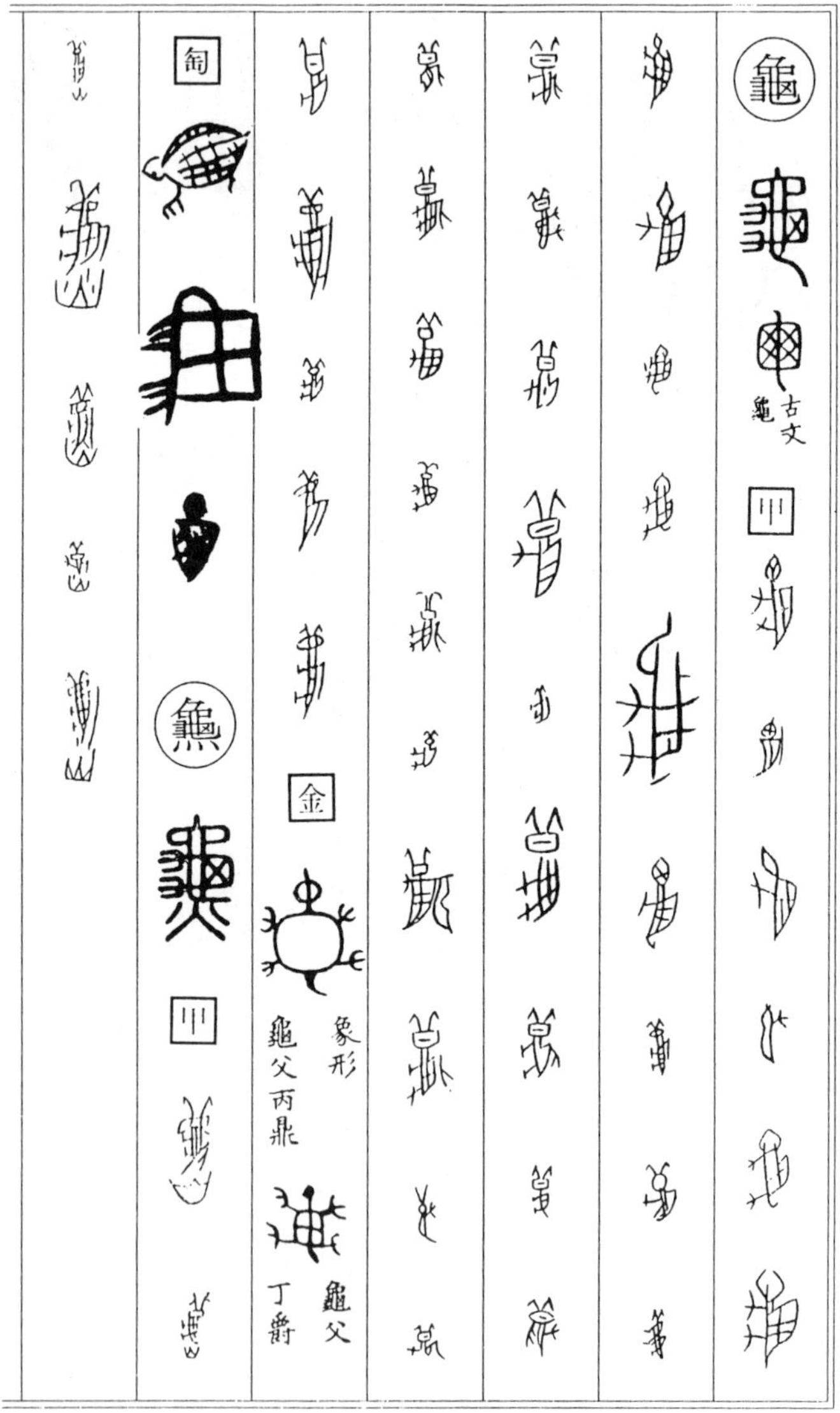

tortue de mer.
ドイツ語ではLandschildkröteとSeeschildkröte, Meeresschildkröte, Tafelshildkröte.
オランダ語ではlandschildpadとzeeschildpad.
ロシア語ではназемная черепахаとморская черепаха.
ギリシア語ではケロニア、これはアオウミガメの属名となる。アメリカ・インディアンは水生亀をテラピン（terrapin）といい、仏名のトルチュは冥界の動物の意。独と蘭名は盾をもつヒキガエルの意で、カエル類に近いとみなしたのだろう。
スペイン語ではガラパゴ（galápago）という。これは南アメリカの島の名だが、イギリスの博物学者ダーウィンが二十二歳の冬に軍艦ビーグル号で世界一周の旅に出て、四年目の一八三五年九月に南アメリカの赤道直下、エクアドルの海岸西方九〇〇キロのガラパゴス諸島に着いたとき、副知事のロースンから「この島の亀はそれぞれの島ごとに異なっているので、見ればどの島の亀か断言できる」という話を聞き、甲羅の形状から肉の味まで違うという話からダーウィンは『種の起原』（一八五九年）にたどりつく進化論のヒントを得たという有名なエピソードがある。
なお陸亀といっても日本のは淡水亀で、ゾウガメのような草食で腹甲を地面から離してたくましく歩くディズニーのアニメ映画に出てくるようなのはいないから、西洋でのイメージと日本人の亀のイメージはだいぶ異なるらしい。

カメとスッポンどう違う?

カメについての質問では「スッポンとカメはどう違う？」というのが一番多い。月とスッポンの違いなら答えやすいが、カメとスッポンはややこしい。これも『広辞苑』で自己紹介させよう。

「すっぽん（鼈）カメの一種。甲羅は軟らかな皮膚でおおわれ、他のカメと異なり鱗板はない。また、中央を除いて骨質板の退化が著しく、縁辺は軟らかい。頸は長く、自在に伸縮する。背部は淡暗青灰色、腹部は白色、口吻は尖ってよく物を嚙む。前後肢共に三爪を具える。本州・四国・九州の河川・池沼にすむ。肉は美味、滋養に富み、血は強精剤とされる。広義にはスッポン科のカメの総称。アジア・アフリカ・アメリカに約二〇種。蓋《ふた》。川亀。ドロガメ。まる（以下略）」。

くわしくはこれも百科事典や専門書におまかせして、私のこの本ではカメの仲間として扱うことにする。

英語でスッポンはソフトシェル・タートル（softshell turtle）、甲の軟らかい亀とそのものずばりである。

亀の仲間は世界に約二七〇種、亜種も含めると四〇〇種ほどになる。その中でスッポン科（Trionychidae）一四属二二種とスッポンモドキ科一属一種が知られる。日本のスッポンはその一種である。

スッポンの語源は『日本国語大辞典』などによれば、①スボンボの転、またはポルトガル語か（大言海）。②鳴声がスホンスホンときこえるからか（瓦礫雑考・三余叢談・俚言集覧・名言通）。③水中からよく出没するので出没の転訛（大和本草）――どうもよくわからない。

漢字の鼈はゴウ（ガウ）、ヘツ、ヘチ、ベツ。声符は敖《ごう》。黿《げん》という巨大種もあるとか。中国ではスッポンの用語は多い。

属名のトリオニクスはギリシア語で三つの爪の意。五本指だが爪が生えているのは三本だけという特徴を示す。

明の李時珍撰の『本草綱目』には鼈は甲をもつ虫《いきもの》で水居陸生、背は盛り上がり脇に連なり、亀と類は同じ。四縁に肉裙《ひだ》があり、亀の甲は肉を裏《うち》につけ、鼈の肉は甲を裏《うち》につけていると、カメとスッポンは同類であるが明確に区別しており、日本でも『和漢三才図会』や『本朝食鑑』など和名は、加波《かは》加米《かめ》（加波可女・河加女）俗に須豆保牟《すっぽむ》（須津保武）、胴亀、団魚、神守、河伯従事、河伯使、青衣などと形はカメだがカメとは別の種と古くからしていた。

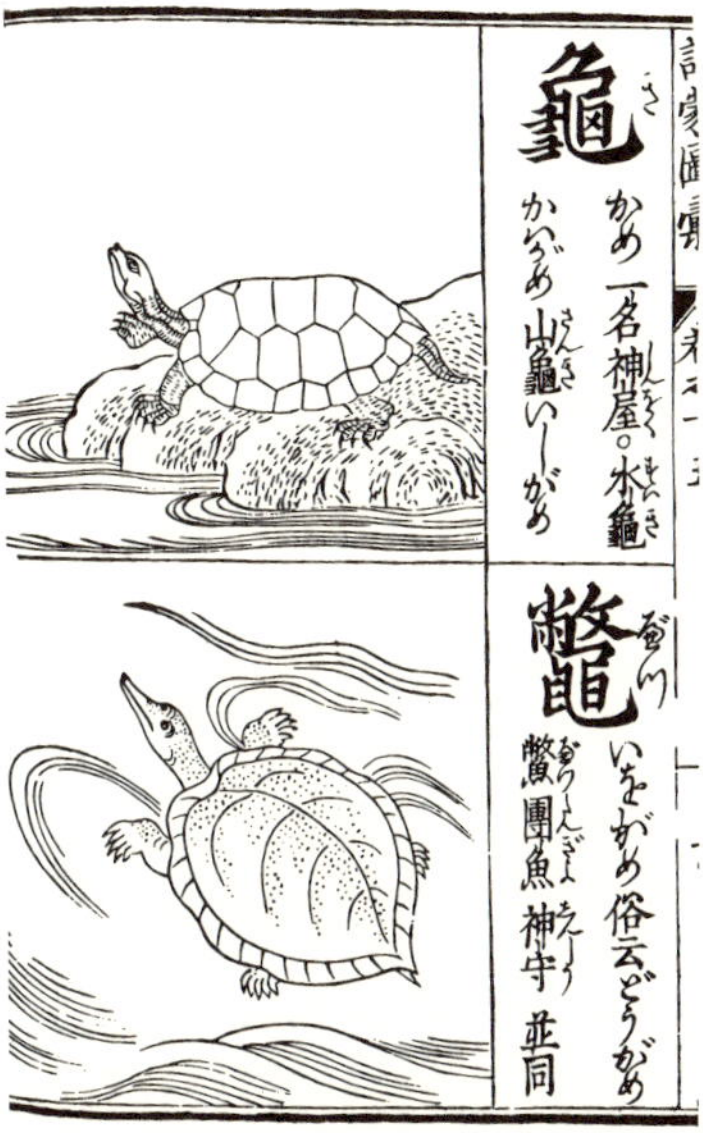

カメとスッポン（『訓蒙図彙』）

フランス語で tortue molle、ドイツ語は Weichschildkröte、ロシア語やオランダ語でも「やわらかいカメ」の意味である。

第一章　古代の亀

日本の神話の亀――浦島伝説

亀が日本の文献に最初に顔を出すのは、やはり『古事記』である。

高天原で天照大御神から三種の神器を授けられた天孫邇邇芸命《ににぎのみこと》が、葦原中国《あしはらのなかつくに》へ降って国を治めるようにとの詔を受け、日向の高千穂に天降った。その子孫の鵜葺草葺不合命《うかやふきあえずのみこと》の第四皇子の神倭伊波禮毘古命《かむやまといはれびこのみこと》、後の神武天皇となられる方が、天下統一の大理想を抱いて日向から筑紫をすぎ瀬戸内海を東に向かうとき、速吸門《はやすいのと》で亀の甲《せ》に乗って釣りをしながら両袖を鳥の羽根のようにばたばたと打ち振って来る人に出会った。そこで呼び寄せて「汝《な》は誰ぞ」と聞くと、「僕《あ》は国つ神ぞ」と答えた。さらに汝は海の道、航路を知るかと聞くと、よく知っているというので私に仕えるかと問うと「仕えます」と答えたので棹《さお》を渡して御船に引き入れて、槁根津日子《さおねつひこ》という名を賜うた。これは倭国造の祖であると『古事記』中巻のはじめにでてくる。

『日本書紀』にも同様の話が書かれているが、「一漁人《ひとりのあま》有りて艇《おぶね》に乗りて至《まい》れり。名は珍彦《うずひこ》、曲浦《わだのうら》に釣魚す。天神《あまつかみ》の子来《みこいでま》すと聞《うけたまわ》りて迎え奉る」。そこで海導者《みちびきひと》として名を椎根津彦《しいねつひこ》と賜う。これは倭直部の始祖なりとして『日本書紀』では亀には乗っていない。

神武天皇の東征の話には三種の動物が登場する。最初が亀で、つぎが熊。そして八咫烏に先導してもらう。亀は水の動物であり、鳥は空の動物、そして陸の動物である熊の妨害を克服し、亀と鳥の協力を得て、天皇として宇宙三界を支配する王者となったということになるのだろう。

東南アジアでは魚や亀は過去（出生前）を示し、獣は現在、鳥は未来や死後の世界のシンボリズムだとされている。

『日本書紀』では巻二（神代下）に亀が出てくる。海幸彦・山幸彦のところで、失った鉤《つりばり》を海中に探しに行き、鯛の口からこれを得て一尋鰐《ひとひろわに》に乗って帰る。そして海神の娘の豊玉姫が妊娠して鵜の羽をもって産屋を葺《ふ》いていたが、まだ葺き終わらないうちに、豊玉姫みずから大亀に馭《の》り女弟《いろと》の玉依姫を引いて海を光らしてやって来て、どうか私が子を産む姿を見ないでと請願したのにのぞき見すればというあの話。『古事記』でも同様の話が記してあるが、今度は『古事記』には亀が出てこない。

神武天皇の生誕以前の話となるから、亀が登場する話としては文献の成立年代からは『古事記』が古いのだが、『日本書紀』が古いといってもよい。いずれにせよ海神の娘を母とし、鰐（鮫）や大亀、海驢《みち》（あしか）、鵜などがこの神話にかかわってくる。ここでは天孫民族と海洋民族の深いかかわりの中に亀が海神の乗り物としてでてくることにとりあえず注目しておこう。

昔々浦島は

亀の伝説では「浦島伝説」の右に出るものはなかろう。桃太郎とともに日本で最も有名な昔話の一つとして親しまれる浦島太郎は、古代の神仙譚から現代の童話に至るまで全国民に広く知られている。

古くは『日本書紀』雄略天皇二十二年七月の条に、「丹波国の余社郡《よざのこおり》の管川の人、瑞江浦嶋子、舟に乗りて釣す。ついに大亀を得たり。たちまちに女《おとめ》になる。ここに浦嶋子、感《たけ》りて婦《め》にす。相逐《あいしたが》いて海に入る。蓬萊山《とこよのくに》に到りて、仙衆《ひじり》を歴《めぐ》りみる。語《こと》は別巻に在り」。

雄略天皇二十二年といえば伊勢に豊受大神宮（外宮）がこれまた丹波国から移り鎮座した年、その二カ月前の話という。それは一五〇〇年以上昔のことであるが、神宮禰宜として朝夕の祝詞で鎮座の由来を奏上してきた私にとって、雄略天皇即位二十二年戊午秋九月望は馴染みのある年号で、これを記しながらなんだか浦嶋子が身近に思えてしまう。

『丹後国風土記』逸文（『釈日本紀』に引用）には丹後国は和銅六年に丹波国から分立したという。その与謝の郡、日置の里筒川村の水の江の島子が一人で小舟に乗って沖で釣りをし、三日三夜をすぎても一尾の魚も得られず五色の亀を釣る。奇異と思って舟の中に置いて寝ると亀は美しい婦人となり、島子を海中の御殿へ連れて行き夫婦となる。女の名は亀比賣《かめひめ》という。三年たって故郷に戻るとすでに三〇〇余年たっており、玉匣《たまくしげ》を開けて老人となり、悲しみつつ別れた亀比賣と歌を交し合うという話。

『万葉集』巻九・一七四〇にも髙橋連虫麿作といわれている「水江の浦島の子を詠む一首」がある。これは管川ではなく墨吉（大阪の住吉）で堅魚《かつお》や鯛釣りをしていて神女に会い常世《とこよ》へ行く歌。ただし亀は登場せず、玉匣を開くと老いて死んでしまうのが異なっている。これらは当時流行した道教の神仙思想を濃厚に反映している。

平安時代初期になると漢文で書かれた『浦島子伝』、『続浦島子伝記』や『続日本後紀』の嘉祥二年（八四九）の長歌にもみえ、浦島太郎という名になるのは室町時代の御伽草子『浦島太郎』からであろう。

浦島伝説は時代ごとに、また各地の伝承と融合したり脚色されてさまざまに語り継がれてきたが、その梗概は漁夫の息子の浦島太郎がある日、漁に出て亀を釣って海へ返してやる。または子供らに海辺で竹の棒などでいじめられていた亀を助けてやる。そして数日後、助けた亀の背に乗せられて海底の竜宮城に連れて行かれ、豪華な御殿で乙姫様にかしずかれる。または釣った亀を海へ返した翌日に、女房の姿となって小舟に現れた亀に竜宮城に送ってもらって夫婦となる。そこで音楽やダンス、御馳走に明け暮れ幸せな三年ほどの年月を過ごし、自分を探し求めている父母の夢を見たことからホームシックにかかり、竜宮王の許しを得て再び前の亀の背に乗せられて故郷に帰る。出発にあたり竜宮王（または乙姫）は浦島に玉手箱を与え、形見だから決して開けてはならぬという。

帰村した浦島は荒れ果てた風物や見知らぬ人ばかりなので失望する。短い日数だと思っていたのが三〇〇年も（御伽草子では七〇〇年も）たっていたのだ。そこでもう一度あの竜宮城に帰りたいと禁断

浦島太郎の釣った亀が美女となる（『浦島明神絵巻』宇良神社蔵）

の玉手箱を開けると一筋の白煙が立ち上り、たちまち白髪のお爺さん。

この伝説が伝わる最も有名な土地は、丹後半島の天橋立の近く京都府与謝郡伊根町本庄浜。もうずいぶん前になるが私も調べに行った。

この地に鎮まる宇良《うら》神社の宮司宮嶋淑久氏は私の後輩で、弟の通久氏も伊勢神宮の権禰宜で同僚だった。国の重要文化財に指定されている社宝の「浦島明神縁起」は国立博物館に貸し出し中で写しを拝見。伝来の玉手箱もおもむろに開けて見せてもらったが、煙は出なかった。

この神社に伝わる重文の絵巻物の内容は、浦島子が与謝の海で亀を釣った因縁で仙女と化した亀に伴われて仙宮へ行って住む。やがて故郷に帰り、別れに仙女から贈られた玉手箱を昔に植えた老松の下で開くとたちまち老人となるというあの伝説にそえて、浦島子を神として祭り、神饌を供え田楽や競馬・相撲・流鏑馬

江戸時代の浦島太郎
(『許多脚色帖』より)

などをする祭礼の様子を描き加えた神社の縁起である。絵の筆者は不詳で一四段からなり詞書はない。描かれた時代は鎌倉末か室町初期。浦島大明神とも称されるこの神社には江戸時代の同じ絵巻の掛軸もあり、ゆっくり拝見させていただきたかったが、私が参拝した日はちょうど例大祭の八月七日で賑やかな舞などなされていて、その多忙な中を案内してくださった。

浦島伝説は江戸時代にも生き続け、香川県仲多度郡や三豊郡仁尾町や詫間町を中心に荘内半島一帯に伝わり、詫間町には浦島の大亀を葬った亀戎神社があり、浦島太郎は当地の出身で、玉手箱を開いた場所は箱浦という地名になっていて、浦島の墓もあるそうだ。

ここでの伝説では亀を助けて竜宮へ案内され、乙姫と共に帰り姫路という所に住み、潮がかなうと竜宮へ里帰りしていたが、大亀が死んで海岸へ打ち上げられ帰れなくなり、悲嘆して玉手箱を開けて老人になり昇天したとする。

横浜市神奈川区浦島丘には俗に浦島寺といわれる観福寿寺があり、浦島太郎は三浦の人で浦島太夫という人の子だとされている。公用で丹後の国に出張していたときに生まれたというのだから笑わせるお話である。

太郎が釣り上げた亀を放してやると美しい乙女になり、竜宮へ案内してくれて、別離のとき玉手箱と聖観世音像を貰い、観世音のお告げで父の墓が横浜にあることを知って、その近くに庵を建てて住み、一説では箱根山で玉手箱を開いて老人になったとするのだが、この寺は明治初年に廃寺となってもう存在しない。この話は『江戸名所図会』にあり、観福寿寺の本堂には浦島明神として浦島子の霊と、亀化《きげ》大竜女として浦島の霊亀を祀り、渡海安全の守護として船人が多く崇敬するとあり、これを引き継いで今も蓮法寺に浦島太郎が生前に建てておいた齢塚だという墓がある。

愛知県知多半島の武豊町の知里付《ちりふ》神社境内にも浦島社があり、ここにも浦島伝説が伝わる。開けずの箱を開けて白髪になった太郎が呻き声をあげた場所がウメキ（梅木）浜、浦島川や浦島橋、四海波、浦の島、負亀などとゆかりの地名がある。

驚いたことには海から遠く離れる長野県木曽郡上松町寝覚にも伝説があった。

これは竜宮から亀に乗って帰った後日譚で、おみやげの玉手箱と弁財天像と万宝神書を持って太郎は飛行の術や長生の術を神書で会得して諸国遍歴。木曽にやって来て寝覚の床の景色がとても気に入り、そこに住みついて好きな釣りを楽しんでいたが、里人に竜宮の話をしたついでに玉手箱を開けてしまい三〇〇歳の老人となってしまう。太郎はいずこともなく立ち去り、後に残されていた弁財天を祀って臨川寺を建てたとする。そこでは今も浦島太郎愛用の釣り竿などを拝観させている。私も先の式年遷宮の御用材伐採のお祭りに参列の帰り、ここに立ち寄り古色蒼然とするあやしい遺品を見て、なぜこんな所に浦島伝説がと首をかしげた。

浦島伝説を構成するのは三つのモチーフ——亀の報恩、竜宮訪問、玉手箱の禁忌がある。この特色をもつ伝説は各地にあり、埼玉県秩父郡両神村など約二〇が報告されている。さらに浦島の釣岩、腰掛石、亀姫、亀石などや、玉手箱を寺宝とする寺院はいくつもある。さらに異郷訪問、異類婚姻、動物報恩、歓楽と覚醒、老化の怖れ、禁忌不可侵といったこの話の要素を含む類話は、中国や台湾はもとより、南太平洋諸島にも広がっている。

また「竜宮女房」という異類婚姻譚の一つにも、大歳の晩に男が門松や花の売れ残りを海神に捧げると、亀が出てきて竜宮へ連れてゆく。亀は途中で海神が欲しいものがあるかといえば、あなたの娘が欲しいと言えといい、男は海神の一人娘を女房にし、持参の呪物で分限者になる話。古くは亀比賣（亀姫）といわれた竜宮城の乙姫さんや、仏教伝説の海竜王の女がやがて七福神の弁才天にもつながってくる。

弁才天は琵琶を弾じる天女像のイメージが強いが、これは吉祥天と混同されたもので、もとは竜神の姫という説がある。

鎌倉時代の実力者、北条氏の伝説では祖先が弁才天女の竜神の娘と結婚して子を産んだので、北条氏の紋章が三鱗だという。中世ヨーロッパの旧家でも祖先が水界の女と結婚したので、家を継ぐ子孫の体に特徴が現われるとする同様の伝承があるそうだが、亀も水界の代表として亀姫から乙姫へと瑞祥の象徴と見立てられて伝説は広まったのである。

ところで、私たちが子供の頃に聞いた話では、浦島太郎は子供たちにいじめられていた亀を助け、恩返しに亀の背に乗せられて竜宮城に行ったことになっていた。しかし古い話では亀は釣られたことになっている。

これは近世に子供向けに脚色された赤本などに収められ、さらに明治期に幸田露伴や森鷗外、坪内逍遥らの文豪がそれぞれの解釈で文学化し、とりわけ「昔々浦島は助けた亀に連れられて……」というあの歌で、すっかりイメージが固められたのである。

この唱歌は明治二十二年～三十五年、納所《のうしよ》辨次郎・田村虎蔵編集『幼年唱歌』初編中巻で世に出た。

うらしまたろー

石原和三郎作詞、田村虎蔵作曲

(一)
むかしむかし、うらしまは、
こどものなぶる、かめをみて、
あはれとおもひ、かひとりて、
ふかきふちへぞ、はなちける。

(二)
あるひおほきな、かめがでて、
「まうしまうし、うらしまさん、
りうぐうといふ、よいところ、
そこへあんない、いたしませう」

(三)
うらしまたろーは、かめにのり、
なみのうへやら、うみのそこ、

たひ、しび、ひらめ、かつを、さば、
むらがるなかを、わけてゆく。

㈣
みればおどろく、からもんや、
さんごのはしら、しやこのやね、
しんじゆやるりで、かざりたて、
よるもかがやく、おくごてん。

㈤
をとひめさまの、おきにいり、
うらしまたろーは、三ねんを、
りうぐうじやうで、くらすうち、
わがやこひしく、なりにけり。

㈥
かへりてみれば、いへもなし、
これはふしぎと、たまてばこ、
ひらけばしろき、けむがたち、
しらがのぢぢと、なりにけり。

ところが明治四十四年に文部省唱歌として発表されたものは、

浦島太郎

明治期の浦島太郎
（『幼年唱歌　初編』明治33年）

文部省作詞作曲、篠原正雄編曲

㈠ 昔々浦島は、
助けた亀に連れられて、
竜宮城へ来て見れば、
絵にもかけない美しさ。

㈡ 乙姫様の御馳走に、
鯛や比目魚の舞踊、
ただ珍しくおもしろく、
月日のたつも夢の中。

㈢ 遊びにあきて気がついて、
お暇乞もそこそこに、
帰る途中の楽しみは、
土産に貰った玉手箱。

㈣ 帰って見れば、こは如何に、
元居た家も村も無く、
路に行きあふ人人は、
顔も知らない者ばかり。

㈤　心細さに蓋とれば、
あけて悔しき玉手箱、
中からぱっと白煙、
たちまち太郎はお爺さん。

こちらの方にとって変わってしまった。そして昭和二十年、太平洋戦争で敗北するまで日本の子供たちに歌い続けられてきた。

この「浦島太郎」の歌は、わらべうたの童謡ではなく、唱歌といわれた。明治政府が新しい教育として洋楽のリズムや音階を日本人に普及させようと、短い歌曲で正しく歌い、かつ徳性の涵養と情操教育を目的に作った歌で、『尋常小学唱歌』全六冊の二冊目、第二学年用の教科書に収められた。さらに唱歌だけでなく、この伝説のくわしい筋を小学三年の課程で全国の児童に教えこんだのである。

『尋常小学国語読本』巻三の十四

「うらしま太郎」（原文のまま）

むかし、うらしま太郎といふ人がありました。ある日、はまを通ると、子どもが大ぜいでかめをつかまへて、おもちやにしてゐます。うらしまは、かはいさうにおもつて、子どもから、

戦前の教科書の挿画

そのかめをかつて、海へはなしてやりました。それから二三日たつて、うらしまが、舟にのつてつりをしてゐますと、大きなかめが出てきて、「うらしまさん、このあひだはありがたうございました。そのおれいに、りゆうぐうへつれていつて上げませう。私のせ中へおのりなさい。」といひました。うらしまがよろこんで、かめにのると、かめはだんだん海の中へ、はいつていつて、まもなくりゆうぐうへつきました。りゆうぐうのおとひめは、うらしまのきたのを、よろこんで、毎日いろいろなごちそうをしたり、さまざまなあそびをして、見せたりしました。

うらしまは、おもしろがつて、うちへかへるのもわすれてゐましたが、そのうちにかへりたくなって、おとひめに「いろいろ、おせわになりました。あまり長くなりますから、もう、おいとまにいたしませう。」といひました。おとひめは、「それはまことにおなごりをしいことでございます。それでは、この玉手箱を上げます。どんなことがあつても、ふたをおあけなさいますな。」といつて、きれいな箱をわたしました。

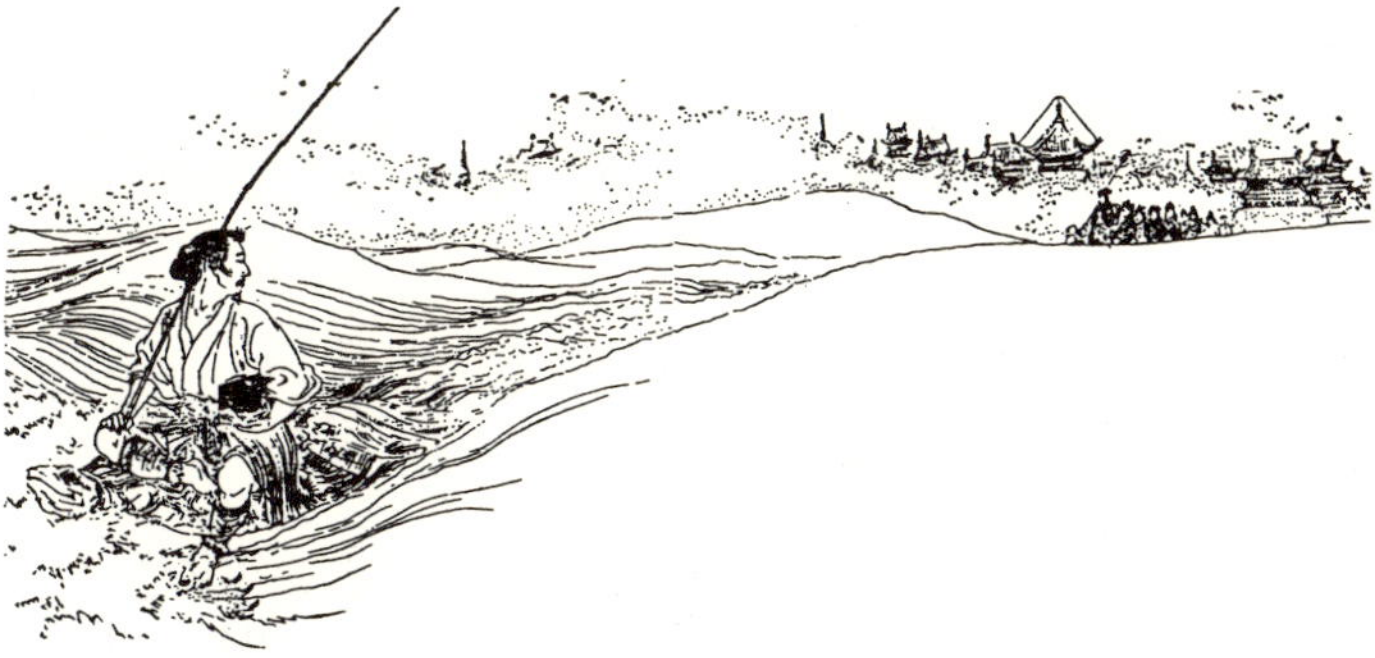

うらしまは、玉手箱をもらつて、又、かめのせ中にのつて、海の上へ出てきました。うちへかへつてみると、おどろきました。父も母もしんでしまつて、うちもなくなつてゐて、村のやうすもすつかりかはつてゐます。しつてゐるものは一人もありません。かなしくて、かなしくてたまりませんから、おとひめのいつたこともわすれて、玉手箱をあけました。あけると、箱の中から白いけむりが、ぱつと出て、うらしまはたちまち白がのおぢいさんになつてしまひました。

二枚の挿絵が入り、全国津々浦々の子供にくまなく教えられ、誰一人として知らぬ者がなくなった。大人の世界でも長唄の『浦島』や『浦島の帰帆』があり、歌舞伎でも長唄の所作として行なわれ、幸田露伴が『国民新聞』に「新浦島」を発表したり、坪内逍遥の作曲などで、明治から昭和前期は浦島太郎は伝説のヒーローであった。

浦島伝説についてはたくさんの研究書や論文がある。私も若い頃にお目にかかった水野祐先生の『古代社会と浦島伝説　上下』（雄山閣出版、昭和五十年）や、最近では坂田千鶴子氏が、古代のおおらかな恋物語がどう消されて子供向きのおとぎ話になったのかを調べ、『よみがえる浦島伝説』（新曜社）を出し、平成十三年第五回女性文学賞を与えられている。また林晃平氏が『浦島伝説の研究』（おうふう、平成十三年）をしっかりやってくださった。

林晃平氏は、現在では誰もが浦島太郎は亀に乗って竜宮へ行くものと思っているが、昔の浦島は亀に乗らず舟に乗ったのが多く、御伽草子では亀に乗るのはまったくと言っていいほど見られないという。そう言えばあの唱歌は「助けた亀につれられて」だけで、竜宮へどうして行ったかは不明である。巌谷小波の『日本昔噺』の浦島太郎になると、具体的で亀の背が乗り物となっているが、明治時代でも船に乗る浦島もいる。さらに浦島の乗る亀には尾に毛が生じる蓑亀が多いのは、尾を付けて大きくしないと絵では亀と太郎のバランスがとりにくいためだろうと考察されているのは面白い。

中国の神話の亀——天地を支える鼇《ごう》

中国には大地を支える亀の神話がある。紀元前四世紀頃、戦国時代初期の『列子』の「湯問《とうもん》篇」にある話。

渤海の東、何億万里の果てに巨大な底なし谷があり帰墟《ききょ》と名づけられていた。地上のすべての河川、さらに天界の銀河からもこの谷に水は流れ込むが、すこしも増減することがない。そこには五つの山がある。岱輿《たいよ》・員嶠《いんきょう》・方壺《ほうこ》・瀛州《えいしゅう》・蓬萊《ほうらい》である。

山の高さと周囲はどの山も三万里、頂上の平地は九〇〇〇里、山と山の間隔は七万里ずつ。この山にすむ鳥や獣はみな毛並みが白く、珠玉《たま》の木々が生え、花や実は、滋味に富む。おまけにこの実を食べると不老不死。住む人はみな仙聖の徒で、遠く隔たった五山の間を空を飛んで人間同士が朝夕往来できるといった大変な神山。ただしこの五山の根は大地とつながっていず海に浮いているので、波や潮とともに絶えず上下に揺れて漂っている。これに音を上げた仙聖たちは天帝に何とかしてください

蓬萊蒔絵袈裟箱
（東京国立博物館蔵）

銅の亀形香炉

と訴えた。

　天帝もこのままでは五山が西極の方へ流れ聖人たちも居るところを失うと心配し、禺彊《ぐきょう》（禺京）という北海の神に命じて一五匹の巨鼇《きょごう》（大亀）を集めさせ、頭の上に五山をのせることを考えた。しかし全部が疲れてしまっては困るので一五匹を五匹ずつの三組にして、三交代させることにした。交代するのは六万年ごと。途方もないスケールの大きな話である。こうして五山ははじめて安定した。

　この話はまだ続く。竜伯という国にとてつもない巨人がいて数歩足を進めただけで五山のある所にやってきて、巨鼇を六匹も釣り上げて背中にかついで自分の国に帰り、この亀の甲を焼いてひび割れをつくり占いをした。

　五山を背に乗せていた鼇も釣られたのか、岱輿と員嶠の二山は北極に流れて沈んだので仙聖たちは漂流した。激怒した天帝は竜伯の国土を削り小さくして人民の体も小さくしてしまった。それでもなお伏羲《ふくぎ》、神農の時代までこの国の人の身長は数十丈もあったという。

紀元前二世紀の前漢の時代に劉安《りゅうあん》が書いた『淮南子《えなんじ》』の「覧冥訓」には、大昔、天空をささえていた四極が廃れ九州が裂けたので、女媧は五色の石を錬って蒼天を補い、大亀の足を切って四極を立てたとある。四極は大地の四隅に立って天空を支えている柱である。たぶん天空は亀の甲羅のように丸く、四つ足でそれを支えると空想したのであろう。

『列子』の海の神であり大亀を支配する禺彊は、『山海経《せんがいきょう》』では鳥の姿をして顔は人。蛇や亀を統制するという。『山海経』という中国の古典は、地理の本の形をとってはいるが、荒唐無稽である。とても私はこうした神々とお付き合いはできっこない。

大亀が大地を支える神話は中国ばかりでなくインドや中央アジア、さらには北米インディアンのヒューロン族までにも分布するらしい。

インドの神話は、神々がメール山（世界山）といわれる須弥山《しゅみせん》に集合し不死の霊薬の入手方法を相談した。そして大蛇のアナンタにマンダラ山をひっこ抜いてこさせ海に運んで、亀の王のアクーパーラの背に乗せ、マンダラ山に大蛇を巻きつけて尾を神々がつかみ乳海つまりクリームのような原初の海を攪拌させた。この回転運動で高熱が生じ山の側面にすむ鳥や動物が焼け死んだが、インドラ神が天から雨を送って防ぎ、大地の心棒というか回転の軸受けとなる亀が大活躍をし、万物がそこから生じたという乳海攪拌神話がある。これはインドの長篇叙事詩『ラーマーヤナ』や『プラーナ聖典』に

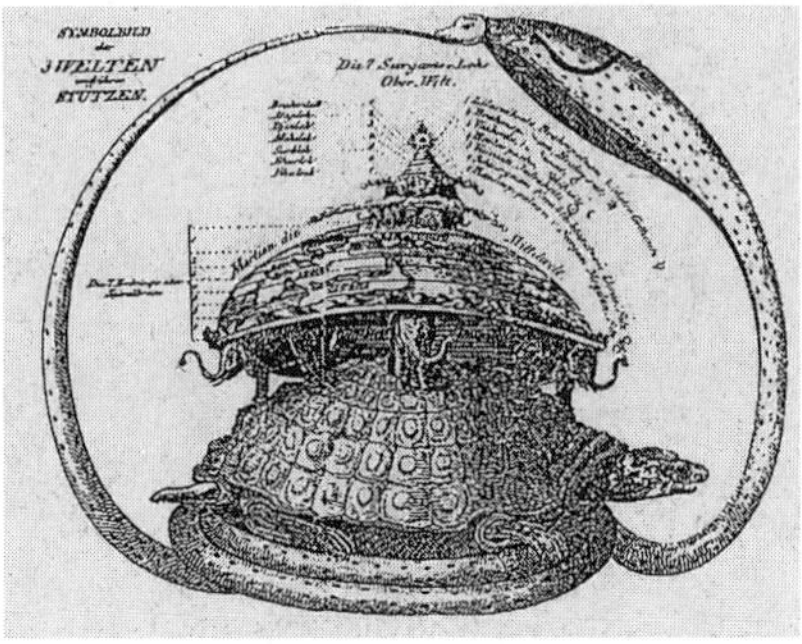

古代インドの宇宙観

見える。またこの図はカンボジアのアンコール・ワット第一回廊の浮き彫りにもなっている。

　さらにインドでは巨大な亀の甲羅の上に四頭の象が東西南北を向いて立ち、その四頭の背にドーム形の世界が乗るとする。亀はその重さに耐え、太い足をふんばる強さと忍耐力の象徴とされている。

　地底や島の下に大魚や亀がすみ、それが大地を支えているとか、国土が魚であったという神話は、西はヨーロッパから東は北米まで広く分布していて、日本神話でも世界のはじめは混沌たる状態で、魚が水の上に浮くように国土が漂っていたと『日本書紀』の本文にあり、『古事記』にはクラゲなす漂える国と表現している。

　私は鮫を中心とする魚の民俗学や文化史を調査してきたが、鮫を取材して台湾に旅をしたとき、澎湖諸島を望む小村に鮫の腹から出た人間をまつる祠があると聞いて調べに行った思い出がある。

　伝説によると、大昔、台南市の北西で鯤《こん》という大魚がとれた。『荘子』に出てくる北の暗い海にすみその大きさ幾千里を知らず、化して大鵬となるというやつだ。村人はそれを七つに切断して分配したが、その鯤の身が化して島になったという。それで鯤鯓という地名ができたとする。私がめざしたのはその中の四鯤鯓という村で、もう二〇年以上も昔になる。

台湾省水産試験所の鮫研究家の楊鴻嘉博士夫妻の案内で、高雄市から出租汽車（タクシー）を一日借り切って、地図に南鯤鯓とか青鯤鯓とあるのでその方面と目当をつけてポンコツのブルーバードで走る。このあたり台南では最も交通不便な地で、言葉も北京語が通ぜず閩南語とか。

やっと一鯤鯓という村を探し当て、養魚池で働く人々に四鯤鯓はどちらと聞いても、二、三、六はあるが四はないと首を振る。楊先生のイ、アル、サン、スーの四という発音すら通じなく、シーとかセーとかさっぱりわからぬ。ともかく行きつ戻りつ四時間ほどかけて三鯤鯓までわかったから、次の集落だろうと先をめざすが、運河のような入江は橋が落ちていたり行きつ戻りつ。

日本の松に似た防風林の中に貧しそうな半農半漁の家が散在する。なかなか地名がわからない。やっと「四鯤鯓天壇」と書かれた廟を見つけた。今は下鯤鯓茄兆村と地名変更がなされていた。この紀行文は雑誌『旅』（一九八〇年十二月号）に書いたが、大昔の世界各地の人々は、国土は魚だとか、魚を釣るように島を釣ったという類似の神話を考えたのであろう。

古くは地底を支える大魚や大亀が寝返りを打つと地震になるとし、その怪力の持ち主は想像上の竜や蛇や鮫、亀などであったのが、いつの間にか日本では地震はナマズと固定されてしまった。

北方神の玄武

古代中国で四方に配する四神の一つとして、北方の神を玄武とした。

東方は青竜、西方は白虎、南方は朱雀。文献的には紀元前四〜三世紀の屈原の『楚辞』「遠遊」に見えるのが最古といわれる。

玄は黒。字源は糸たばを拗《ね》じた形で、黒く染めた糸をいう。玄は幽遠・幽玄の意となり天の色とされ、北方・北向きを示す。

武は戈《ほこ》と止《あし》の意。止は歩の略形で戈を執って前進する意と『字統』（白川静、平凡社）にある。亀の堅い甲羅が武器のように外禍から身を守り、またゆっくりだが力強く前進するイメージがある。

玄武は北方に在る七星宿。北方の神、水の神とされ、その形は亀、または亀と蛇との合体である。

青竜・白虎・朱雀・玄武は四神あるいは四獣・四霊といわれ、竜・虎・鳳凰・亀であらわされる。白虎と麒麟を入れかえたり、麒麟を加えて五霊とすることもある。この四神・四霊の観念の発生の時期などはわからないが、『淮南子』や『礼記』にはすでに見え、戦国時代までさかのぼれるだろう。

竜や麒麟や鳳凰の研究はされているが、実在しない妖怪獣だから観念はむつかしい。そのうちで虎と亀は実在の動物だから具体的なイメージはされやすいのだが、あまり現実的では霊や神としての値打ちがない。白虎は君主に徳がある時に出現する白色の霊獣、翼の生えた図もある。

亀も普通の亀ではつまらない。天地を支える巨鼇《きょごう》を描いても画像では亀は亀。そこで漢代の人は考えたのであろう、亀と蛇とのからみあう姿である。

後漢の許慎の『説文解字』の亀の項には「雄がいないので亀鼈《きべつ》の類は它《へび》をもって雄とする」とある。『玉篇』にも「天性無レ雄、以レ虵爲レ雄也」とする。亀の頭と蛇の頭は似ているから、古代人は蛇を亀の雄と信じていたのだろうか。麒麟も鳳凰も『説文解字』では雄が麒・鳳、雌が麟・凰と区別する。

中野美代子著『中国の妖怪』（岩波新書）によれば、インドの乳海撹拌神話や中央アジア各地に広く伝わる神話では、マンダラ山に巻きついた大蛇ヴァースキが陽根のシンボルであり、マンダラ山を支える亀アクーパーラが女陰のシンボルで、撹拌運動はもちろん性交そのもので、亀と蛇との組み合わせが万物を生み出す雌性としての亀の役割を物語っているとする。

よく知られているのは陝西省出土画像塼の玄武である。戦国時代にこうした図像の原型が広く伝わったらしい。

星の学者・野尻抱影氏は紀元前七〜二世紀頃に中央アジアを支配していたスキタイ人の図像に蛇が野獣とからまりあって戦う姿があることに着目し、こうした蛇との闘争の文様が中国に伝わったのではなかろうかとする。

中野美代子氏はインドにおける亀と蛇の性交の図像も、記録に残る仏教伝来の時期（紀元前二年）より早く中国に伝わっていたと思うとされる。『説文解字』などの亀は雌で、蛇が雄だとする説は、玄武の図が広く描かれるようになってからの付会であろうとし、中国の湖南省長沙馬王堆《まおうたい》一号漢墓出土の帛画《はくが》を紹介する。これは一九七一年に発見されたもので竜を中心とする怪獣奇鳥がたくさん描かれている。

亀は下方の両側に見え、二尾の大魚の背に乗った力士風の男が板を支えてふんばる両方に描かれている。

湖南省長沙馬王堆一号漢墓出土の帛画模本（下方の両側に亀がいる）

漢代の瓦に表わされた四神図

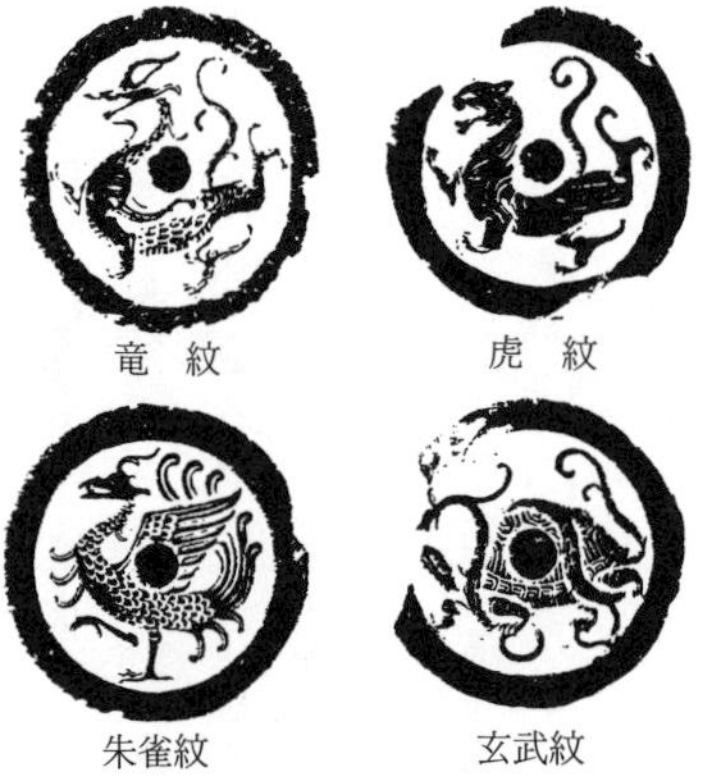

竜　紋　　虎　紋

朱雀紋　　玄武紋

玄武文瓦当（陝西省西安市漢長安城南郊礼制建築遺跡出土）

曾布川寛氏は『崑崙山への昇仙――古代中国人が描いた死後の世界』（中公新書）で、この男の足に蛇が交叉しているのに着目し「後の玄武の一つの祖形を推測させる」といわれた。中野氏はこれは卓見だと思うが、雌性の亀の人格化に際して力士風の男を配したのが気になるところだといわれる。この帛画には太陽にすむ鳥や、月にすむ蛙をはじめ鮫人伝説など興味深い神話のルーツがうかがわれる。

五行思想では北を支配するのは水であり、玄武は水神としての亀である。亀は水界の代表であった。

中国の伝説の亀

『酉陽雑俎』にある中国の伝説に、史論という人が将軍になったとき、妻の居室から光がさすことに気づき不思議に思った。そこで妻とともに室内をくまなくさがしたが何もなかった。ある日、妻は朝化粧するため化粧箱をあけた。すると意外や箱の中に金色の亀がいた。大きさは銭ぐらいで、五色の気を吐いて、部屋中にそれが充満した。その後これをペットとして飼っていた。それだけのお話。

これも『酉陽雑俎』巻十の物異の項には、建中四年（七八三）趙州で棠梨の大樹に数十の蛇が集まって群れていた。そこに一寸ほどの亀が三匹やってきて樹の周りをぐるりと巡った。すると蛇がのこらず死んだ。蛇の腹にはことごとく傷痕があり矢が命中したようであった。珍しいことだと刺史（役人）が樹の実の図をかかせたのに添えて三匹の亀を献上した。まあこれだけの話であるが、唐代の河北省の知事にあたる役人が銭亀三匹で皇帝のご機嫌を取ったのである。

『酉陽雑俎』では介潭《かいたん》から先竜が生じ、先竜から玄鼋《げんこう》が生じ、玄鼋から霊亀が生じ、霊亀から庶亀が生じるとあり、何のことかわからぬが亀の腸は頭につながっているとして、鼈《べっ》の耳のないのが守神であると書いてある。得体のわからぬ生物とされていた様子がよくわかる。

六朝の「述異記」にある石亀の眼という話。

中国・和州の歴陽県は地面が陥没して湖になってしまった町だという。昔々、この町で小さな茶店を営み細々と暮らす老婆がいた。ある日、この店の前を元気のないみすぼらしい男が通りかかった。足取りもおぼつかなく気の毒に思った老婆は、しばらく休んでいきなさいと声をかけお茶を勧めた。やがて元気になり「お礼に大事なことを教えましょう」と言う。

「この県城の門の礎石に石亀が彫刻されているが、この石亀の眼から赤い涙が流れたら洪水になりこの町が陥没して湖の底に沈んでしまうから、いつも亀の眼を気を付けて見ているように」と言い残して去って行った。老婆はそれから毎朝、門に行き石亀の眼をのぞいた。毎日のことなので門番の役人が怪しみ、わけを聞いた。老婆は男の話をした。役人は大笑いした。そしていたずら心を出して石亀の眼に朱をちょっぴり塗っておいた。

翌朝、老婆が見に行くと石亀が赤い涙を出しているではないか。驚いた婆さん町中に洪水がくるぞと叫んで回った。皆は笑って信じなかった。ところが老婆一人が山の上にたどり着いたとき、地面が陥没して町に水が押し寄せてきた。

中国には洪水伝説が多い。日本にも津波を予知するジュゴンや鮫や魚の伝説があるが、水の霊や水神の使いとして亀にはぴったりの役目といえよう。後に伝説の項で書くが、奈良県飛鳥の有名な亀石にも、いま南を向いている亀が西を向くことがあれば大洪水になるという伝説もある。

道教での亀

中国の仙道すなわち道教は、不老長生を保ち神秘な方術を使える仙人になることに憧れて、その空想をしていつまでも若々しく、しかも生命を延ばすことを窮極の目的とする学問や宗教である。その秘術を伝える四世紀初期の葛洪の『抱朴子』には、松柏や鶴亀が非常に長命であるのは、それらが他の動植物と枝葉や形態が違っていて、他がそれを真似ることはできない。だが人間は平等であり、いくら長命といっても何の努力もせずでは誰もがそれを望めない。八〇〇年生きたという彭祖という仙人でも人間であり自然に生きたのではない。得道、すなわち学問修養してこそ長命が保てたのである。それには鶴や亀がなぜ長命であるのかを研究すべきである、といたって真面目である。

鶴や亀は首や手足を屈伸する導引や、大気を内に取り入れる深い呼吸法の行気という養生法を自然にしている。千歳を経た亀には五色がそなわり、額の上には両骨突起して角に似たものがある。このような亀は人語を解し、体は軽くて蓮の葉の上に浮かび、それが居る上空には常に白雲がただよっている。鶴も千歳を経れば時を知って鳴き、木の上に登り、色は純白で脳は丹色。しかし神秘な霊力をもつこうした動物は智恵深く遠い所にかくれて人には姿を見せぬ。しかるに人間は動植物と違って明哲を持つ、この自然界の神秘を探り応用して自己のものとし、さらに生理学や薬学、化学を研究し仙薬を作って服すれば誰もが仙人になれ長生不死の奥義に到達する。

まあなんとも調子のよい話だが、亀も首や手足を導引する健康法に応用されたり、仙人になるためには断穀といって腸を洗って清らかにするため穀類を断つことが要請され、それは亀が冬に蟄居（冬眠）するのを「気を食して以て絶穀する」養生法として学び取られているのであった。

温帯に生息する亀は日中の最高気温が二〇度を切る十月から十一月になると活動が鈍くなり冬眠する。熱帯では乾季に水がかれると泥中で夏眠する種類もある。冬眠中は皮膚呼吸で酸素を得ているし、行動ののろい亀は酸素消費量が少なく呼吸は緩慢なのを道教の仙術では見習おうとしたのである。

朝鮮の神話の亀

古代朝鮮の神話を記す『駕洛《から》国記』や『三国遺事』に亀が出てくる。

三月の禊の日に人々が韓国慶尚南道金海郡の亀旨峰《クジボン》に集まっていると、空中から声が聞こえ、「天が私にここに新しい国家を作るよう命じた。皆はこの山頂を掘って土をとり、亀よ亀よ、頭を出せ、出さなければ焼いて食ってしまうぞと歌いながら舞え」という。人々は言われたようにすると、天から紫色の縄が垂れてきてその先に黄金の合子があり、中に金の卵が六個。それが孵《かえ》って神童となり、やがて王となるという神話。空中からの声というのは巫の腹話術であったのだろうか。

「亀乎亀乎、首其現也、若不現世、燔而喫也」（亀よ亀よ首を出せ、出さぬと火にかけ食っちゃうぞ）という歌は「亀旨歌《クジカ》」という。日本の「てるてる坊主」や「かたつむり」と同じで、歌い手の願望達成のため威嚇する歌謡で、わらべ歌や雨乞いの呪歌として中国やヨーロッパにもあるという。

朝鮮の亀旨歌は、天神の降臨を催促する歌で、朝鮮文化を研究する大学の同窓の依田千百子氏は、日本の銅鐸絵画に描かれたスッポン、亀、イモリ、カマキリ、トンボなども銅鐸を振り鳴らし歌った司祭巫の願望達成のための脅迫儀礼の対象とされた霊的存在ではなかっただろうかという。たしかにこうした歌の対象になる動物は、亀、カエル、イモリ、トンボ、カタツムリなど奇異で類別のあいまいな生物である。こうした生物に強い霊力を認めたと考えるのに私も同感する。

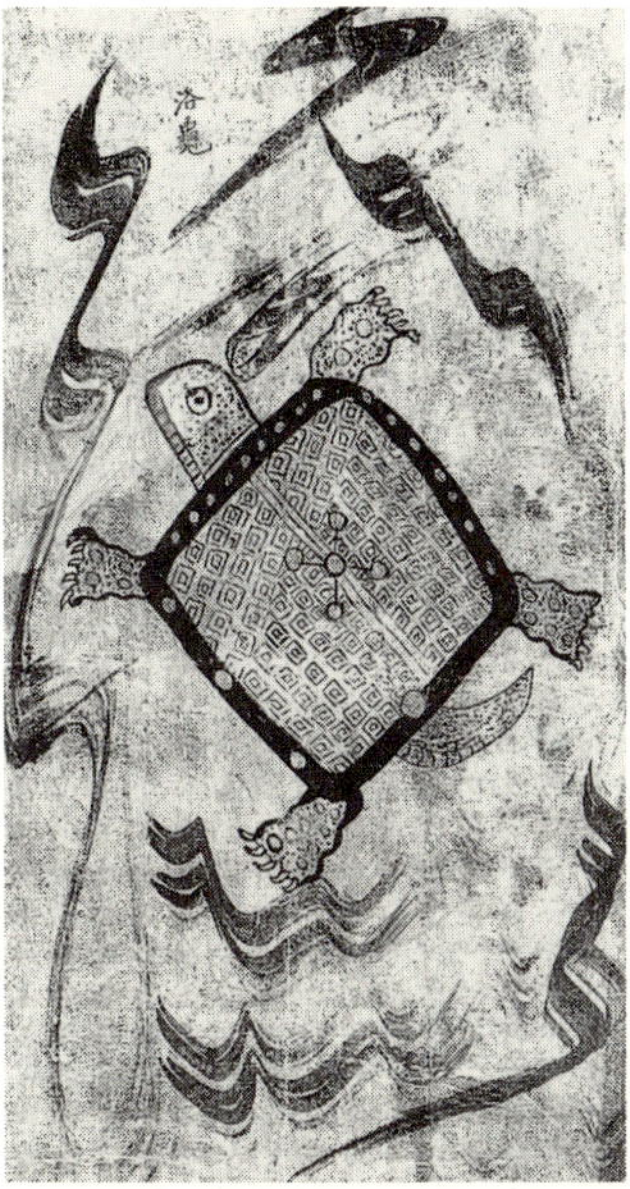
李朝民画（「四曲屏風絵」より）

韓国で亀の伝説や民話がどれほどあるのか知らないが、全羅北道の古都、南原《ナムウォン》の観月の名勝、広寒楼《こうかんろう》庭園の春香祠堂の正面の欄間飾りに、木彫で鮮やかな彩色をされた白兎を背に乗せた緑色の亀がいる。まるで因幡の白兎か兎と亀の競争を組み合わせたような意匠だという（長澤政輝『握月顧兎』）。

あちらにもきっと兎と亀の話があるのだろう。

河図洛書――亀甲文字

漢字の最古の文字は甲骨文字である。

牛の肩胛骨《けんこうこつ》や亀の甲羅に刻印したり、いくつかの穴をあけて火に炙《あぶ》り、亀裂の生じた形をみて天の啓示として吉凶を判じ、それを文字化したのが漢字のはじまりといわれる。

亀に乗る兎（韓国南原で，長澤政輝画伯スケッチ）

甲骨文字が世に紹介されたのは今から約一〇〇年前の一八九九年である。中国の最古の王朝として実在が確認されている殷《いん》（また商《しょう》ともいい紀元前十一世紀頃）の遺跡である河南省の安陽小屯《しょうとん》で発見されてから組織的な発掘が行なわれ、中国科学院や中央研究院が解読したのは約二〇〇〇字、出土した有字甲骨は一六万片以上で、文字の種類は異体を含めると約四五〇〇といわれ、さらに近年は飛躍的に増加していると推定される。

中国古代の伝説では漢字のはじまりは、伏羲《ふっき》の世に黄河から出た竜馬の背の旋毛の形状を写したという図と、夏の禹王が洪水を治めたとき洛水から出た神亀の背の甲にあった文字のような図だとする。

これはいずれも点をもって描かれた図で、河図は中央に五、周囲にその他の十までの数を配して五十五。洛書は中央に五、周囲に一より九までの数を配して四十五よりなる。

河図は玉璧の類であろうが、帝王が現われるときの瑞祥とされ、未来を予言する讖《しん》となり、易の八卦のもととされた。洛書は亀甲に刻されたもので書経の「洪範九疇」がこれより作られたとされる。

こうした万象の変幻の根本原理とされる数秘術がなぜ亀の甲に出現したのだろうか。

それはたぶん世界や宇宙を支える亀の神話につながっているものと思う。

亀は中国にあっては宇宙それ自体の象徴で、彎曲した亀甲は天空をイメージさせ、腹や背の分割紋をもつヒビ割れのようなイメージを大地とみたのではなかろうか。

河川の多い大陸で泥沼や乾燥したヒビ割れた沼にまで得体の知れぬ無気味さを秘めて棲息する大亀の姿に、人々は天の啓示や底知れぬ不思議な力を観想したことと思う。

亀甲の文字はさて置いて、ここで甲骨文字の発見のエピソードをちょっと記しておきたい。

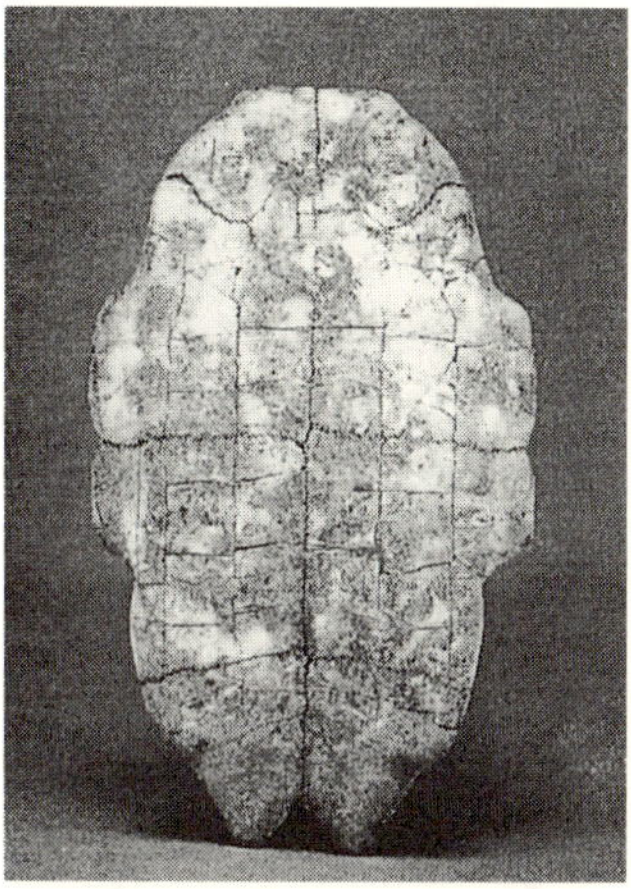

商王朝の卜甲（河南省安陽市出土，長さ20cm，幅12cm，B.C. 800 年頃）

清朝末期の光緒《こうしょ》二十五年（一八九九）のこと、国立大学学長にあたる国子監祭酒の職にあった王《おう》懿栄《いえい》はマラリアの持病があったので、特効薬と当時はされていた「竜骨」を服用していた。竜骨とは土の中から出る古代の竜の骨である。もちろん架空の動物の竜の骨などあるわけないが、動物の古骨をその名で漢方薬店で売っていたのである。

その薬材を眺めていて王懿栄は表面に何か文字

のようなものが刻まれているのに気がついた。こうして甲骨文字は世に出たと北京で一九三一年に発行する『河北日報』に出たことで有名となったが、実際は山東省出身の范維卿《はんいけい》という骨董商などが青銅器の収集家の王懿栄に持ちこんだらしい。そして彼の所に寄宿していた古代文字に造詣の深い劉《りゅう》鶚《かく》とこれを調べて、王懿栄が死んだ後に『鉄雲蔵亀《てつうんぞうき》』という甲骨文字の拓本集を出した。これが学問の対象とされた最初であった。だがペテン師よばわりされる骨董商人が持ちこむ、どこから発見されたのかもわからぬ文物は信用できないと黙殺された。しかし辛亥革命後（一九一一）に日本に亡命していた羅振玉《らしんぎょく》や王国維が考察をし、これが安陽県の小屯という村で出土することをつきとめ、ここが『史記』にも記されている殷墟であるとわかった。

さらに最近では殷墟以外にもごくわずかながら西周時代初期の甲骨文字が発見されはじめている。そして陝西省の扶風県と岐山県にまたがる鳳雛村の周原遺跡で一九七六年に発掘された宮殿もしくは宗廟と思われる建築跡の礎石の下の穴からは、卜いに用いた甲骨が一万七〇〇〇点余見つかり、そのうちの一万六七〇〇点は亀の甲羅が使われていたという。亀甲には文字はまったくなかったが、それ以外の獣骨の一九〇点には文字が刻まれ、一片には殷の始祖である成湯と五期殷王の帝乙の祭りに犠牲として女性二人と豚三頭を供える可否が占ってあったという。

文字の生成の背景には自然界と文学界をつなぐ霊亀の存在があったとするのは、デザイナーの杉浦康平氏（『文字の宇宙』一九八五年、写研）。それによれば甲骨の亀裂は天が語りかけるものとの交感の記録で、その意味するものを視とった後に卜辞として刻みつけたのだから、亀裂そのものが文字の形成に影響をあたえ、簡略化して文字的な胎動をみせたのだろうとする。

その一例として、日本の神代文字の一つ、対馬国に伝存した「阿比留文字（天日霊神字）」があるという。

神代文字の存在や成立には幾多の議論や疑問が絶えないが、平田篤胤は「此文を熟々視れば、太兆《ふとまに》の験形《しるしがた》を字源として製れりと見ゆるに……」と記し、亀甲の亀裂自身が直線文字を形成したのではないかとみている。

なぜ亀の甲を用いたのか、杉浦氏は中国での雄大な宇宙構造、つまり古代中国の宇宙観の根本である「天地二元論」と、天を円形、地を方形と考える「天円地方説」を亀の姿に形象化し、その甲羅の亀裂を天が語りかけるものを読みとる卜占法としたのであろうとする。わかりやすくいえば、大地は碁盤の盤面や古代中国の都市の条坊制のように四角い広がりで、亀の腹に相当し、天は円や半球状に大地を覆っている亀の甲羅にあたると考察したのだ。亀の背の甲羅は天、腹の甲羅は大地で、二つの甲羅にはさまれた肉体が水蒸気を含む大気で亀自体の体でもって宇宙を象っていると見たのであろう。

「甲」の字のいろいろ

そして四神の北方の守護獣の玄武神は、他の三霊獣が単一であるのに、不思議なことに玄武だけは下半身が亀にからみついた蛇になっているのに注目しておられる。

玄武神（杉浦康平『日本のかたち　アジアのカタチ』より）

玄武として描かれている蛇は、急激に天空高く舞い上がり、さらに首をひるがえして真上から亀を見下ろし睨みつける激烈なポーズをとる。亀もまた首をねじ曲げ、蛇を見上げて待ちうける。両者の視線が出合い、火花を散らすという構図である。

亀と蛇がからみつき、大きく、しかも閉じた環をつくるのは、亀の甲が天蓋と大地をあらわし、その間を充たす肉（大気）にからみつき舞い上がる蛇は、水の変幻、つまり雲や霧や雨、そして水そのものを表象する、と杉浦氏は推定する。

地から天へ、そしてまた地へと巡りめぐる循環の姿が蛇に托されて描き出されているのであろうか。玄は底知れぬ闇の暗さを示す語で、混沌たる闇が沈静して陰になり、蠢動して陽を生じる。そしてこの二気が深々と交感しあって拮抗しあう力のうちから、森羅万象のすべてがふつふつと湧きおこる。こうした天地創造の根源力が玄武に托されていると杉浦康平氏は記し、大英博物館所蔵の雄渾な拓本の玄武神図をじっと見つめていると、亀の背の甲に無数の星々、星宿がちりばめられているのに気がついたという。これに気づく人は少ないが、二十八宿の星座に区分してあるのではなかろうか。そし

チベット占星暦の宇宙亀

てそれはチベットの占星術暦などへ発展して現在になお生きつづけていると杉浦氏は見られた。チベットの占星術暦というのは一枚のカレンダーで、中央に占星暦を腹に表示する亀が四肢を広げて宇宙を示す図像である。これは日本の火焰太鼓の形によく似ているとデザイナーの視点はするどい。まったくその通りと私も言われて気づく（二三一頁参照）。

さらに杉浦氏は北京に現存する明代に作られた天文台の天体観測機器の宇宙を象徴する巨大な天球儀の球体を支えている亀へと話を進める。

これは二頭の竜が天球を高々と支えるのがよくめだつが、その中心軸には宇宙山である崑崙山が聳え、それを霊亀がしっかりと支えているのを見逃してはいけない。こうした霊亀が日本にも渡来して、須弥山を支える金亀となり、真言密教での金剛界曼荼羅を招来する瞑想法にも亀の姿がしのび込み、ヨーガの修行法まで文字の誕生の瞬間に発せられた閃光がつづくのだと杉浦氏は見ておられる。

亀の占い——亀卜とは

亀卜《きぼく》は亀甲を灼《や》いて、その裂《さ》けた兆《ちょう》とよぶひび割れのパターンの文様で吉凶を判じる占いである。

これは昔から秘伝とされていたから、ほとんど口伝。くわしい占い方法を書いたものは少ない。だから現在これを再現しようとしても考証する文献は限られているし、今さら次の選挙では自民党が勝つか共産党がどうなるか、政変はあるか、東海地震は近く起きるのか天変地異はあるかなどと亀卜で

明治天皇の大嘗祭に用いられた亀卜用亀甲　左は裏面（大正３年神宮徴古館開催　御即位式資料展に陳列）

占いする人もなかろう。図書館で関係する文献を調べても、いずれも同じようなことを記し肝心な点は明記されていない。

私は学生時代に藤野岩友教授の「亀卜について」という学術講演を聞いた覚えがあるが、最高権威の先生の話もわからなかった。とても手に負えないけれど少しイメージを掴んでいただこうと、酒見賢一作の小説「周公旦」からも一部を引用させてもらい、私なりに記す。

古代中国の周の時代といえば紀元前七〜八世紀頃、王が病気になったので癒えるかを占う神事がなされた。東向きに設けられた土壇の中央の囲いの中で焚火がされ、亀甲が用意され祝詞が奏上される。

人々はずっと遠くで拝観、近づかれない。甲羅にはあらかじめ溝が彫られ、それが火にかざされ燃える薪を押しつける。するとひび割れする。その割れ方を見て吉凶の判断をする。そして掃き清められた地上にその亀甲を置き、担当する「貞人」がじっくりと見る。

判定法は代々の卜官の家に門外不出として伝わる。

王の疾は癒えるかの占いは、「吉でござる」。「こちらも吉と判じます」。「わたしめも吉」――、占者三人に判定させる。二人が一致すればよし。多数決で行なわれるのは面白い。

神意を問うには誠意がこもっていなくてはならぬ。そのため卜は重ねてはできない、神を冒瀆することになる。しかし一度で決することができない場合もある。そのときは卜を重ねたらしい。四卜以上するを非礼とするとある。

王が大疑（解決しがたい大事件）を生じた場合、まず王が自分の心で熟慮する。そして六卿（大臣）の意見を聞く。さらに一般庶民の代表者にも問い、最後に卜筮と亀卜をしたと『書経・洪範』にある。

そして卜筮よりも亀卜に重きを置き、他の判断の倍の価値を認めていた。たとえば、王と卿士がダメとしても、庶民代表と亀と筮がよしとすれば四対二で占断は吉。

王がOKで卿士と庶民代表が反対しても両方の卜が可なら、これも四対二で吉。ただし亀卜が否なら三対四で凶とする。

いかがでしょうか、現在の国会でもこの方式ですべてやられては。

ところが時代が進むと次第に人の意見、特に王者の自己判断が重視せられ、亀卜は絶対的地位を失ってくる。すでに『荘子』には卜筮を用いず判断するのが理想だとある。

亀卜は準備も大変で、ごく特別な人しかできず、筮竹を用いる占の方が安易だが、『左伝』にも筮は短く（劣）亀は長し（優）とあり、神秘性に富む亀卜の方がずっと重んじられた。

漢字の字源説の聖典とされる後漢の許慎の『説文解字』略して『説文』によれば、「卜」はひび割れの形「亀を灼いて剝《さ》くなり、亀を灼くの形に象《かたど》る。一に曰く、亀兆の縦横なるに象るなり」とあり、卜占の卜の字は獣骨や亀甲を灼いた亀裂を表わす象形文字である。

中国古代王朝の殷墟から占いに用いた亀甲や獣骨が清《しん》末以来たくさん出土しており、卜占に関する内容を刻む甲骨文も見られて、亀卜の方法がなんとかすこし明らかにできるようになった。簡単に記すと、まず獣骨や亀甲に鑽《さん》とよばれる棗《なつめ》形の縦長の穴を掘り、その横に灼《しゃく》という円形の穴を掘り、その部分に火熱を加えると鑽の部分には縦の線、灼の部分には横の線が、それぞれの表面に走る。それが卜兆とよばれるもの。この形が「卜」の字形になったのである。この割れ目を見て吉凶を判断する原始的で神秘性に富むものだ。

紀元前二五〇〇年から二〇〇〇年の中国の竜山文化時代の山東省城子崖の黒陶文化層からは、鹿や牛の肩胛骨に丸い錐の痕を刻して火で灼いたのが発見される。また鄭《てい》州からは初期の獣骨が多数出土し、古代東北アジアに広く鹿の肩胛骨や上膊骨・肋骨などを焼いたのが出土しているから、鹿占の方が亀卜より古くて一般的だったと思われる。

『魏志』夫余伝には「軍事有れば亦《また》天を祭る。牛を殺し蹄を観て以て吉凶を占う。蹄解すれば凶となし、合すれば吉となす」といった占いもあり、『魏志』倭人伝には「其の俗擧事行来に、云為する所有れば、輒《すなわ》ち骨を灼きて卜し、以って吉凶を占い、先ず卜する所を告ぐ。其の辞は令亀の法の如く、火坼《たく》（さけめ）を見て兆を占う」（岩波文庫版『魏志倭人伝他三篇』）とあり、唐の段公路の「北戸録巻二・鶏卵卜」の条にも「倭国、大事は輒ち骨を灼いて以って卜す。先ず中州の令亀の如からしめ、坼を視て吉凶を占うなり」とみえ、日本でも古代に中国大陸から渡来し、古墳時代に行なわれていたことが実証された。

それは神奈川県三浦市（旧三浦郡南下浦町）の海辺の間口洞窟遺跡で、弥生時代の卜骨とともにアカウミガメの腹甲に鑽の小穴を削り窪めた遺物が出土している（「海蝕洞窟——三浦半島に於ける弥生式遺跡」、赤星直忠『神奈川県文化財調査報告20』昭和二十八年）。

卜部と亀卜の歴史

わが国での占いのはじまりは伊邪那岐命と伊邪那美命が結婚し国土を生むとき、水蛭子《ひるこ》や淡島を生み、よい子が生まれないので、天つ神に布斗麻邇《ふとまに》（太占）の卜占をしてもらうと、それは女の方から「ほんまにまあよい男よ」と愛の告白をしたからだというのがはじめ。また須佐之男命が汚い心を持ったので天照大神が天の岩戸に隠《こも》られて、国中が常夜の闇となってしまったとき、天の香具山の牡鹿の肩の骨を抜いて波波迦《ははか》の木で灼いて吉凶を判断し、枝葉のよく繁った榊（栄木）に玉と八尺鏡《やたのかがみ》などを飾り、天宇受売命《あめのうずめのみこと》が舞をすると八百万の神々が笑い、なぜ皆は明るく笑うのかと天照大神は不思議に思いのぞかれる。そこをすかさず手力男命が岩戸を開くというあの日本神話のクライマックスに登場する。

この記紀にみえる太占《ふとまに》は鹿の肩甲骨が用いられているが、亀卜が朝鮮半島から伝わる以前におそらく中国大陸から鹿占が入っていたのであろう。

『亀卜伝』には亀甲を占いに用いはじめたのは神功皇后が新羅遠征のとき、対馬で供奉した占者に勅して亀を焼かせて征攻の吉凶を卜させたと伝えている。

それより先、今から二〇〇〇年以上昔、『日本書紀』によれば崇神天皇の時代、国内に疫病が大流行し国民の大半が死亡、百姓が流離や背叛し災害がつぎつぎに生じ、善政をして治めることが困難となった。そこで天皇は神々に祈り、どうしてだろうと占いをした。すると天皇の大殿の内に祭られていた天照大神と倭大国魂の神を皇居の外で奉斎すべしということになった。これは伊勢神宮と大倭神社の起源説話であるが、この占いに亀が用いられたのではなかろうか。

『日本書紀』巻五の崇神天皇七年の春二月「昔我《むかしわ》が皇祖《すめみおや》、大きに鴻基《あまつひつぎ》を啓《ひら》きたまひき。その後《のち》に、聖業《ひじりのわざ》いよいよ高く、王風《きみののり》うたた盛なり。意《おも》はざりき、今朕《いまわ》が世にあたりて、しばしば災害《わざはひ》有らむことを。恐るらくは、朝《みかど》に善政《よきまつりごと》無くして、咎《とが》を神祇《あまつかみくにつかみ》に取らむや、盍《なん》ぞ命神亀《うら》へて、災《わざはひ》を致す所由《ことのよし》を極《きは》めざらむ」とのたまふ。ここに天皇は神浅茅原《かむあさぢはら》に幸《いでま》して八十万《やそよろづ》の神を会《つど》へて卜問《うらと》ふと大物主神が出現するのである。

「命神亀」でウラヘテと訓む。命神亀は文飾にすぎないという学者もあるが、私は亀卜がなされたと信じたい。

『万葉集』にも巻五の山上憶良の作、沈痾自哀《ちんあいじあい》の文に、「亀卜の門と巫祝《ふしゆく》の室とを往きて問はずといふこと無し」と出てくる。沈痾とは久しく重い病気の意で、占いをする神職の家をあちこちたずねたという意。さらに巻十六には「さ丹《に》つらふ　君が御言《みこと》と玉梓《たまづさ》の使も来ねば思ひ病む　わが身ひとりそちはやぶる神にもな負《おは》せ卜部坐せ　亀もな焼きそ恋ひしくに……」と出てくる（三八一一）。意味は私は恋の病であるからどの神の祟りだと神様に科《とが》をきせないでください、陰陽師を呼び迎えて来たり、亀を焼いて占うことはしないでくださいという歌である。かなり広く貴族一般にも亀卜がなされていたのであろうか。

占いは鹿卜の方が亀卜より早く渡来したのだろうが、亀もしっかりと後を追いかけていた。鹿よりも亀の方がより神秘性のある霊的生物とみなしたからであろう。

亀卜は大化改新後の律令制の時代になって公式の占いとして採用され、朝廷には神事を司る神祇官に亀卜に熟達した専門職の卜部《うらべ》という卜官が置かれた。

卜部の定員は二〇人。常勤者と非常勤者とがあって、伊豆、壱岐、対馬の三国から徴せられた。卜部の職掌は亀卜を主とする卜占による吉凶判断と、六月・十二月の道饗祭《みちあえ》、鎮火祭や二季の大祓に奉仕することで、伊豆と壱岐から各五人、対馬の二郡からは一〇人が選ばれた。その中でも伊豆の人で卜部平麻呂が最も術にたけていた。

平麻呂は仁明天皇の頃（八三〇）神祇官に出仕をし亀卜に従事、承和の初（八三六）遣唐使の派遣の際に卜術をもって随行し、帰朝して神祇大史に任ぜられ、この子孫が亀卜道の専業家となり、日本の神事を司ることを家業とする吉田家の祖となる。

吉田家は唯一神道（卜部神道）の宗家で京都の吉田神社の祠官として神祇官で勢力を得て、一族は吉田兼好、吉田兼倶、兼熙、兼敦、兼右、兼見、兼敬、兼雄など多くの学者を輩出。神道の古典をはじめ古典籍を後世に伝えていくことを家の使命とし、神楽岡文庫という膨大な蔵書を伝来した。このほとんどが現在は天理図書館に収められている。

亀卜の秘伝書はいくつかあるが、どれも似たり寄ったり。私は近くの神宮文庫で調べた。

神宮文庫は伊勢神宮の図書館で、現在の蔵書数は約二八万余冊。この歴史は古く、天平神護二年（七六六）にすでに内宮文殿という神書記録収蔵庫があったと『太神宮諸雑事記』にある。道鏡と和気清麻呂の活躍していた頃だ。外宮にも弘長元年（一二六一）に外宮神庫があった。日蓮が伊豆に流された頃だ。そして江戸時代初期の慶安元年（一六四八）創設の豊宮崎文庫と貞享三年（一六八六）創設の林崎文庫を合わせて明治四十年（一九〇七）から神宮文庫として一般公開している。

ここには国宝の『玉篇』という平安中期の世界で一番古い漢字辞典をはじめ重文や貴重本が多くあるが、その中に亀卜に関するものも数冊ある。

最もくわしくかつ有名なのは江戸時代後期の国学者・伴信友（一七七三―一八四六）の『正卜考《せいぼくこう》』三巻。これは『伴信友全集』第二巻（国書刊行会、昭52ぺりかん社より復刊）に収められているので、ここでは主として『亀卜口授秘訣』というあまり見ることのできない記録や、薗田守良神主（一七八五―一八四〇）の自筆本『鹿亀雑録』や天保十四年（一八四三）写の『亀卜伝』、明和元年写の『亀卜秘伝』などを用いて、わが国の亀卜をなるべくわかりよく記してみよう。

なお中心とする『亀卜口授秘訣』は対馬の医師・牟田栄庵の口授で縁あって伝わると享保元年（一七一六）八月の奥書があり、天保十四年に度会常善が写し林崎文庫に入れ、神宮文庫に引き継がれている本である。

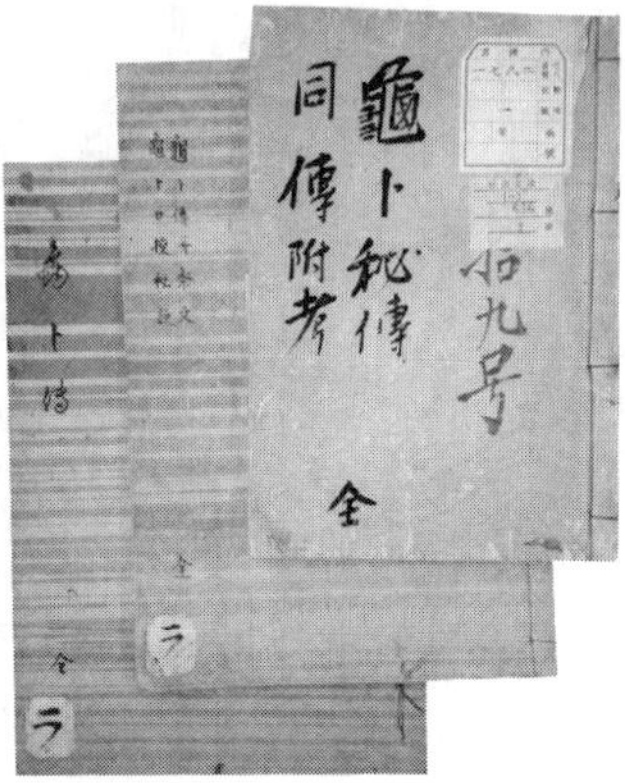

神宮文庫の亀卜の本

また伴信友の『正卜考』の底本となった「対馬国卜部亀卜次第」は、対馬国総宮司職の藤斉長《とうまさなが》の子の斉延が、伊勢と京都に長期留学して京都では松下見林、伊勢では伊勢神道（度会神道）の大学者の出口延佳（一六一五―九〇）や度会延昌に学び、元禄十一年に対馬に帰藩しているが、留学中に彼は師や学友から亀卜の知識を珍重され、帰国に先だつ二年前にせがまれて自記したもの。さらにそれ以前に「亀卜伝」と題してあらましを筆記したものもあり、また松下見林が斉延から聞書した類書や度会延経神主が彼から聞書したというものもある。もしこれらが無かったら伴信友の『正卜考』は残されず、亀卜の名は伝わるものの実体はほとんど把握することはできないものになっていたであろう。さらに詳細に興味ある方は『伴信友全集2』を見られたい。

亀卜の道具

一、亀甲　一枚　亀甲寸法定ることなし。大概長三寸ばかり、横二寸五分ばかり、亀の大小に随て作るべし。

一、小斧　一柄　切口一寸七八分、柄長一尺計。主に亀甲を切り裏をすく具。

一、甲堀　一柄　切口四分計　長五六寸。

一、小刀　甲鑿《のみ》刀ともいう　一柄　七寸計、兆竹を削《けず》り甲に筋を付ける。これらの寸法は定りなく大概である。

一、陶器　一口　口径三寸計　水を入れる土器で俗にテンホウという。

一、燧《ひうち》　一具、燧石、火口、炭、火炉。卜う前に燧《ひうち》を切り火口《ほくち》に付けて炭に火をふきつけ火炉により火をこしらへ置く。

一、墨　一挺。別に筆と紙も用意。卜文を書記するため。

一、兆竹　一本　長六寸計、巾四分計。青竹にて時にのぞみ新しく作る。サマシ竹ともいう。

一、婆波迦木《ははかのき》（波々加・葉若木）　四五本、長五寸計、皮を付け長細く割る。

一、祝文　一枚

以上を柳筥に納め置く（火口と炭、火炉とは別に設置）。

亀卜に用いる亀甲はウカレ甲を用ゆ。ウカレ甲とは海亀の死体の甲が海中で自然に放たれて海辺へ

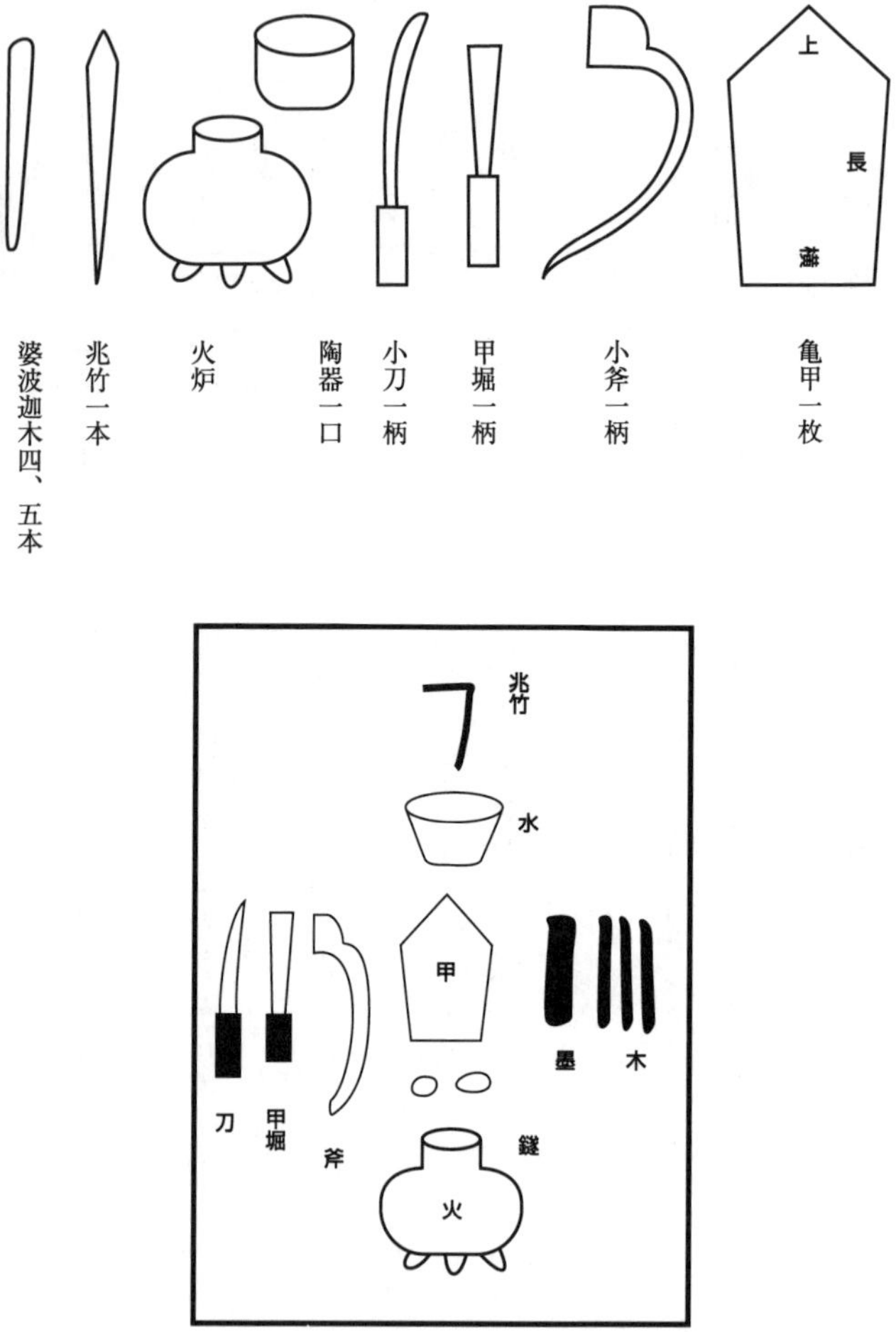
上
長
横
亀甲一枚
小斧一柄
甲堀一柄
小刀一柄
陶器一口
火炉
兆竹一本
婆波迦木四、五本
兆竹
水
甲
墨
木
刀
甲堀
斧
鐩
火

亀卜具とその配置

浮かれ寄りたるもの。また川や山に生きる亀の甲を用いることもある。ただし亀を殺す日は庚申の日で、甲を作る日取なども定められている。甲を作る仕様は小斧で亀の甲を⬠形にして、荒砥で裏表よりすり、平らにして、また青砥を用いて表裏よりすり磨き、それを合砥ですり磨き、よくよく美しくすべし。わけても甲の表の方をよく磨くこと。磨きが悪いと裂けは見えぬものなり。甲造り終われば黒い絹の袱紗《ふくさ》に包み置くべし。

伴信友の『正卜考』には、それを清い所に於いて雨露に打たせて一年にても二年、三年にても曝し、入用のほどに鋸で引き切って用いるとある。

生きた亀から作るときは、亀甲を放ち甲の表の皮をとる。皮をとらずに磨けば瑇瑁の如くになる。それでは用に立たない。その瑇瑁のようにならなくするには、甲に水をかけて屋上に上げて置き、日に晒し乾かし、乾けばまた水を灌ぎ、これを数度すれば自然に端よりむくれてくる。そのむくれた跡を砥石でよく磨くと鏡のようになる。磨きが悪ければ、さけ目は見えぬものなり。

『亀卜伝』では、生きた亀甲から放して用いるのではなく、ウカレ甲を用いるとあるが、そうそう亀の死体が波に浮かんで流れ来ることもなかろうから、卜部は常に作って置いてあったのだろう。

亀甲の大きさは一定しないが縦一〇センチ、横六センチ、厚さ一センチほど、形は将棋の駒形である。

なおこれに用いた海亀の甲は紀伊、阿波、土佐の三国から進上されていた。『延喜式』には宮中で一年に用いる亀甲は五〇枚限りとし、斎宮では月料一枚で志摩国から一年に一二枚、臨時に野宮に遷るときの料一三枚などが記載されている。

つぎに道具のうちで大事なのは婆波迦《ははか》の木である。

『亀卜伝』には、対馬の人に聞くと今の爾波佐久良《ニハサクラ》という木のこととある。

『亀卜伝口授』では、ハワカの木は葉若木、また鹿木ともいい、古説では庭桜、また朴の木という説あり、これはハウといいハハキギということに取る。あるいはトに用いる木ゆえ朴とあてたのかもしれぬという。

『正卜考』には、波々迦は『本草倭名』に桜桃、一名朱桜、胡頽子、一名朱桃、一名麥英、一名楔、一名荊桃、含桃、麥桃、和名波々加乃実、一名加爾波佐久良乃美と見えてややこしい。

植物図鑑によれば、古名ハハカといわれたのはウワミズザクラで、バラ科の落葉高木、別名コンゴウザクラ。北海道南部、本州、四国、九州に分布。この材の上面に溝を彫って占いに用いたので上溝《うわみぞ》桜《ざくら》といい、これがウワミズザクラと変化したと『牧野新日本植物図鑑』にはある。金剛桜の名のように材質は硬く艶がある。未熟の実は塩づけにして食用ともなるとある。

植物生理学者で『植物名の由来』(東京書籍)の著者であった中村浩氏は、ハハカの木は箸のように削り、これを凹みをつけたハハカの木の板の凹みにあて強くもんで火を起こし亀の甲をその炎の上にかざして焼いた。つまり火切り具として用いただろうと見る。そしてその語源は、ウラミザクラ(占見桜)か、ウラハミザクラ(占食桜)だったものが、ウワミザクラ、あるいはウワハミザクラに転じ、ウワミズザクラに変転したのだろうとする。

亀卜の次第

亀卜をするには数日前から厳重な斎戒をし、卜筮を司る神で太詔戸命《ふとのりとのみこと》と櫛真智命《くしまちのみこと》といわれている卜庭《うらには》の神を祭る。

まず朝日に向かって土壇を設け、壇の中央に亀甲を置く。これより先に亀甲は斧で裏面を削り荒砥で厚さ一センチほどに磨り研き、表面を合せ砥で鏡のごとく入念に磨き、この裏面に縦一・五センチ、横一センチ、深さ〇・八センチほどの長方形の穴をいくつも彫る。この穴をマチ（町）とよぶ。マチを打つ場所は亀甲の大小により、また日取により変える、と実にあいまいな記述であるが、秘伝の中であるからいたし方なし。この内に枝状の縦横線を小刀の先で細く表へは透けぬほどに筋を付けておく、これは墨で記すこともあったらしい。これを町形《まちがた》という。また町形には「トホカミエミタメ」というまじないの符号をつける。

卜者は東向きにこれらの具を弁備し、自分自身を中臣祓を唱え祓い清め、祝詞を読み、天神七代、地神五代の神々を勧請する神降詞をおもむろに読む。そしてハハカの枝を浄火で焼き、それぞれの町形に当て灼熱する。火は裏よりトホカミのトの方より初めて、ホの方へ指すこと三度、次にカミの方に指すこと三度、内より外へ指す。次にエミの方へ三度、これも内より外へ、木の火の付いているのを筋へ押し当て息を吹きかけながら火勢を強めると、町形部分の表面に卜兆（ひび割れ）が出てくる。そこへ兆竹（さましだけ）に陶製の水器の水を付け、上中下と三カ所に水滴をたらす。この間にトホ

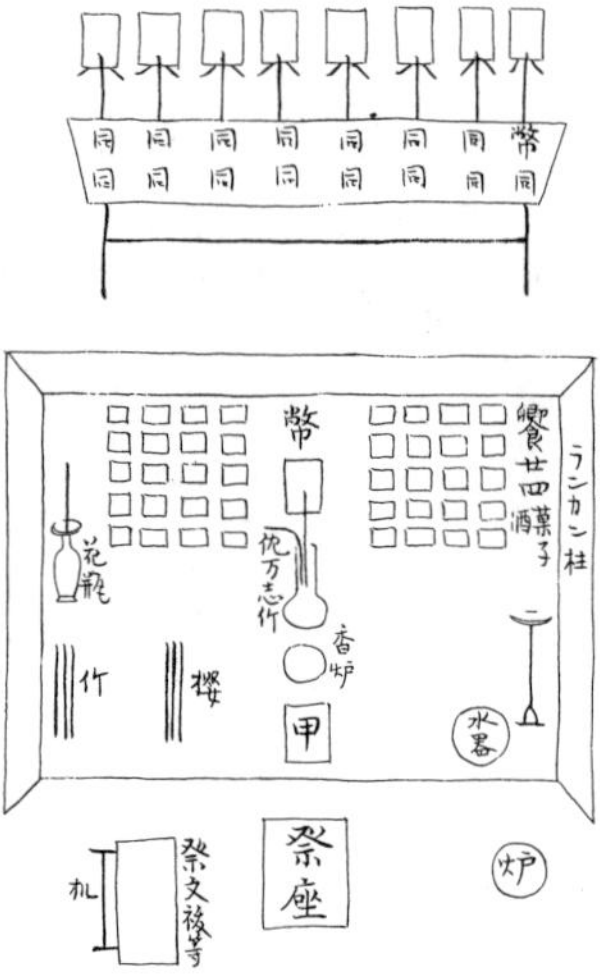

亀卜壇の飾り方（『亀卜伝』）

カミエミタメと幾度も口にて唱える。
パシッと亀甲の割れる響があると、火を止めて水桶の冷やし水でさます。そして甲を表へ返し墨に水を付けて甲の表よりすりこむ。すると墨が甲の割れ目に食い入る。これを卜食《うらはみ》という。さらに濡らした紙で甲をよくぬぐえば割れ目がよく見える。その形状を見定める判断基準書に照らして卜合をする。

卜を問う時、祝詞歌がずっと唱えられる。

　香具山の葉若《ハハカ》の下にうらとけて肩抜鹿は妻恋ひなせそ
　ははかひにちかえる亀の卜くじやタメと走るは君があへるか
　思ひ兼ね亀のますらに事問へばタメあひタリと聞くぞうれしき

こんな歌が唱えられて、終われば甲堀小刀や兆竹など初めのようにまた甲に当てる儀式をおもむろに行ない、勧請していた神を送る神揚げ祝詞を奏上し、手で兆竹に付いた水を三度、本の方より末の方へ拭って終わる。
卜の吉凶の判断は秘伝であるが、伊勢の御師の高向氏家従の上田権右衛門は毎年対馬に行っていて卜者に会い聞書したのを記すと、「トホカミエミタメの卜の個所で占なうのは北地水玉陰住居女。ホ

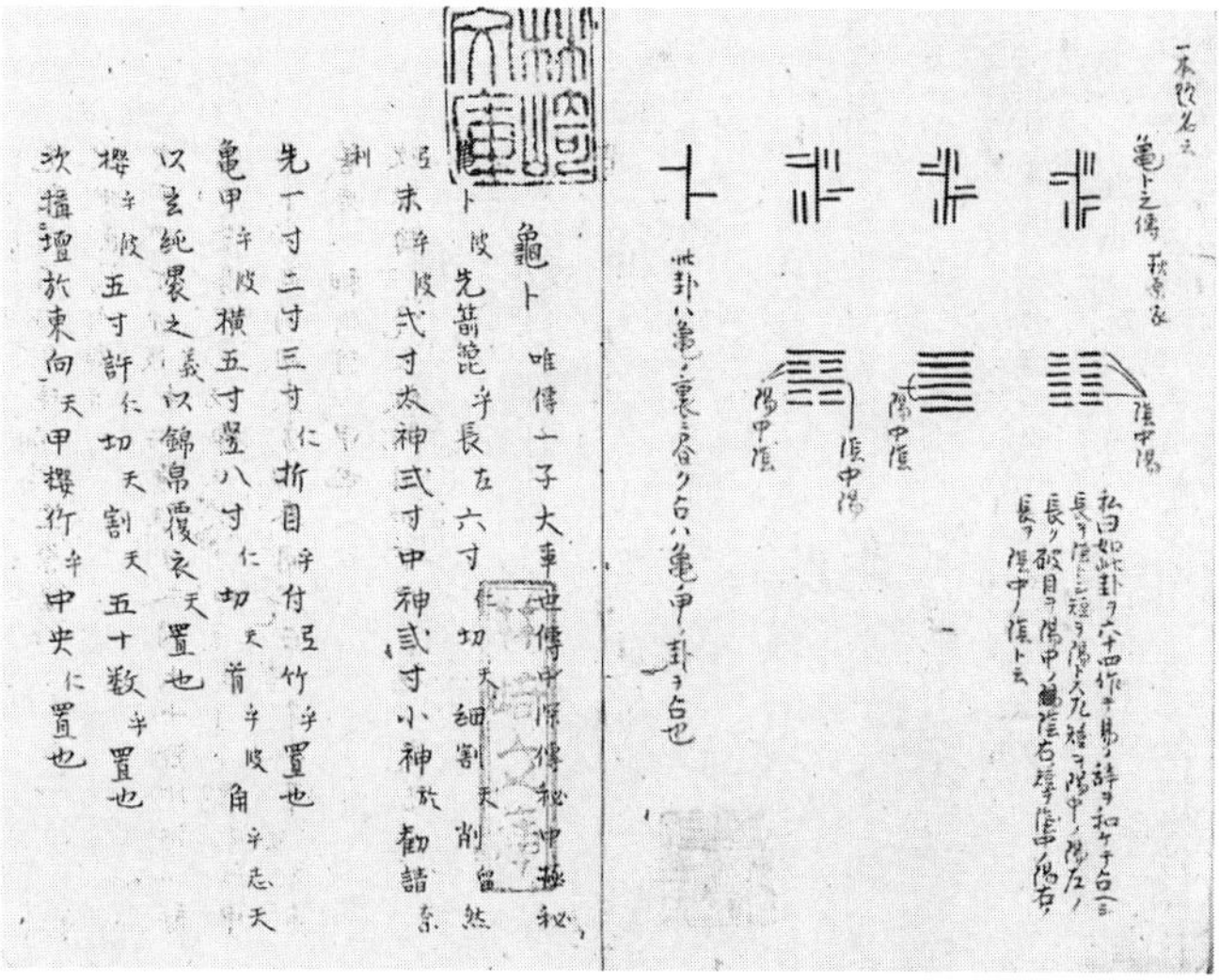

『亀卜口授秘訣』（神宮文庫蔵）

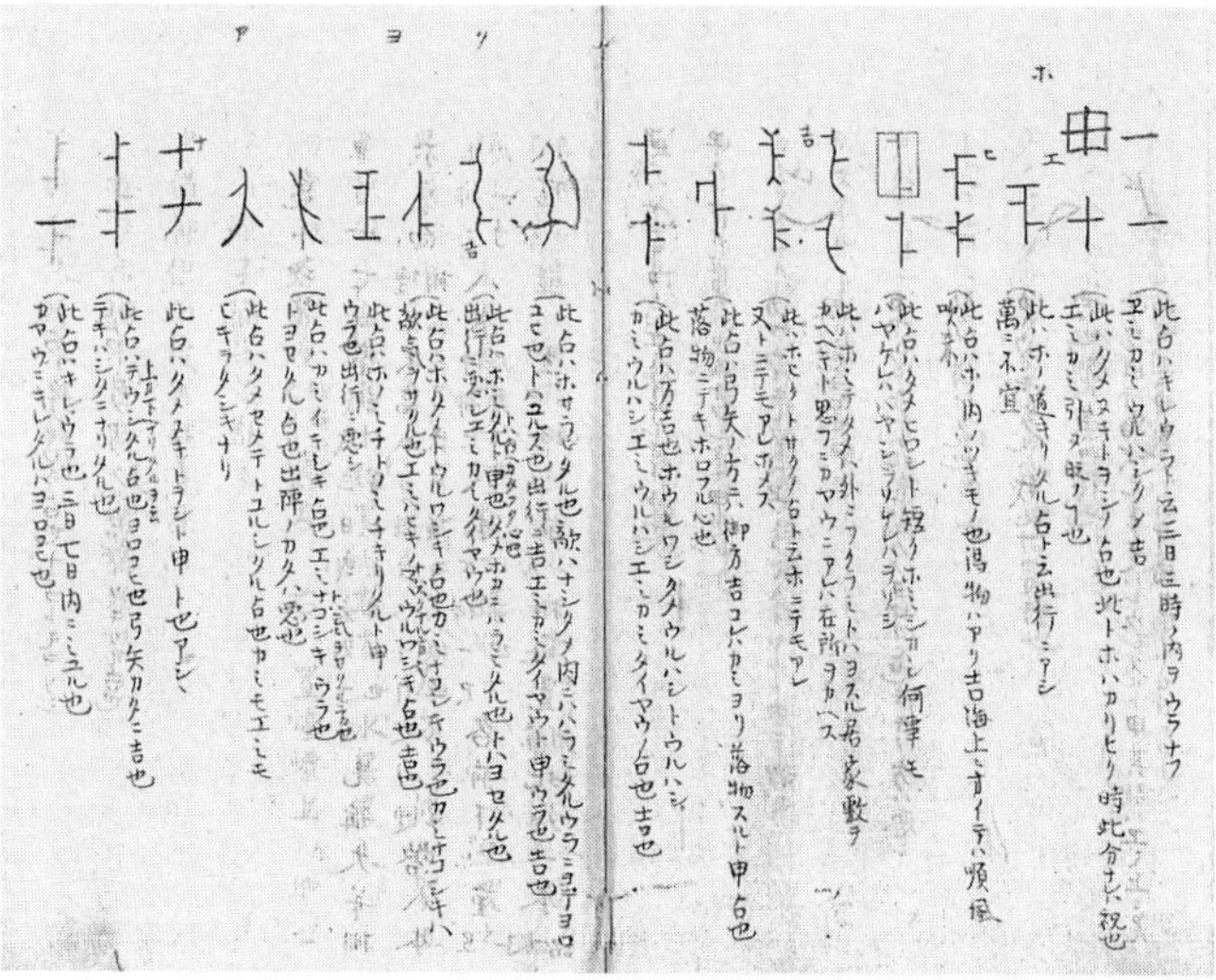

『亀卜秘伝』（神宮文庫蔵）

は南天火矛陽頭行先男。カミは東神陽鏡木人の心、エミは西陰金我の心、タメは中央土我胴体について」だという。

なにしろ秘伝・口伝・神秘とあって、わからぬことばかり。『古事類苑　神祇部2』にもたくさん記事があるものの、具体的な詳細はわからないのが当然といえよう。

亀卜は対馬が本場

「昔、ナカトミノイカツオミという人が、神功皇后の命をうけて百済に使し、かの国の夫人をめとって、その間にヤマトオミノミコトという男子が生まれた。ヤマトオミは長じて日本に帰り、対馬の阿連《あれ》村に留り住んだ。阿連の美しい入江の水上にある雷命神社は、このヤマトオミをまつる社であるといい、その祠官である橘氏は、ヤマトオミ伝来の亀卜の法を伝える家で、城下にある国府八幡宮の従宮司をも勤める重い家柄であった。対馬の神道で特に誇りとしていた亀卜の法は、この家を中心に広まって、その一つである豆酘《つつ》の岩佐家では維新後も最近にいたるまでこの法を行なっている」――鈴木棠三《とうぞう》著『対馬の神道』(一九七二年、三一書房)の序文の書き出しである。

中臣烏賊津使主《なかとみのいかつおみ》は対馬卜部の祖、そのずっと先祖は天児屋根命につながるとされ、中臣氏は忌部氏とともに古代から祭祀を司る有力氏族とされてきた。

卜部氏は天児屋根命十二世の孫、雷臣命という亀卜の術に達し仲哀天皇に仕えた人が卜部氏を賜ったといわれ、神功皇后の三韓に使して帰り壱岐に留まったので壱岐氏とも称した。こうしたことから朝鮮半島から亀卜が対馬や壱岐に伝わったのであるが、『延喜式』巻三臨時祭に「凡そ宮主《みやじ》は卜部の事に堪えたる者を取りて任ぜよ。その卜部は三国の卜術優良なる者を取れ（伊豆より五人、壱岐より五人、対馬より十人）。もし都にあるの人を取らんには、卜術の群に絶えたるに非ざるよりは、たやすく充つることを得ず。その食《じき》は、人別《ごと》に日に黒米二升、塩二勺、妻に別に日に米一升五合、塩一勺五撮《さつ》」とある。三国のうちで対馬が亀卜の本場であったことがわかる。

平安時代の朝廷の大事には亀卜が行なわれ、それを行なった場所が今も京都御所の南殿の東廊の下に残っている。紫宸殿の左近の桜がある近くで軒廊《こんろう》という所である。

鎌倉時代になると次第に衰えるが、大嘗祭には残され、地方では鹿島神宮、宇佐神宮、弥彦神社、伊豆の白浜神社や大島（八丈島）、壱岐、対馬などでかつては行なわれていた。

鹿島神宮の亀卜については『常陸国風土記』に神の社の周匝《めぐり》は卜氏の居む所なりとあり、古い時代から卜部が亀卜などを用いて年中の豊凶災異疾病のことなど占い、その結果を朝廷はじめ幕府や一般にも告げることがなされて、江戸時代には関東一円に「鹿島の事触《ことぶれ》」として広がるのだが、延文元年（一三五六）の『吾妻鑑』には、亀甲を焼く神域の天葉若木《はわか》が枯れてしまってもう亀卜ができないと、怪異として神官一同が連署をもって注進しているから、もうここでも南北朝時代には衰退していたのである。

なお鹿島神宮には明治維新前まで鹿島物忌という女性の神官が一人置かれていた。これについて

『神道名目類聚抄』にこう記されている。

「鹿島神宮では物忌という女官を定むる時に亀の甲を灼くことあり、女子の七、八歳以上十二、三歳以下でいまだ経水あらざる者を選びて物忌に定む。鹿島神宮の神官の家から未婚の二人を選び、百日神事という百日間の斎戒をさせたのち、満ずる日に神前で鼎《かなえ》を立て、亀の甲二枚に女子の名を記し、これを鼎の中に入れて一日中灼く、物忌に定むべき女子の名を記した甲はすこしも損はれず、物忌になるまじき女子の名を記す甲は焦れて灰となり、これで定める。物忌に立てば必ずその子は長生きするが一生経水を見ることはない」。

物忌の仕事は毎年正月七日の真夜中に本殿の御戸を開き、昨年納めた幣を取り出して新しいのを納めるのが主とした職分で、百歳まで生きてもこの職は守り通さねばならぬ。すなわち終身職で、死ぬと後任を亀卜で定めていた。この制度は明治四年に官幣大社に列せられて廃止された。

江戸時代の津村淙庵の随筆『譚海』には、「今なお対馬には古の亀卜の法を伝えたる家二軒あり、社人にて世々子孫これを伝え神秘として外にもらさず、その亀卜のこと功験ありて比類なきことなり。亀を灼く占方は上古のまま残りたりとぞ。対州の儒者・雨伯陽という者、はじめは信ぜざりしが、功験を見て感服せしとぞ、また豊前宇佐八幡宮の社家にも亀卜の法を伝えたるあり、享保年中江戸へ召せられ上覧ありし事なり、当家吉田家に伝えたるは亀の甲の形に紙を切りて置き、かたはらにて香を焚き、その煙の紙に燻ずるをもって吉凶を定むることなり、その形ばかり行ないて甚だしき験はなし、対馬に残りたるは誠に上古の伝にして吉凶をたがへず珍しきことなり」とする。

菅茶山の『筆のすさび』にも、「亀卜は対州に残りてあり（中略）あるとき吉田家より望まれたが伝えず、甲は乾きたるを用ゆ、生亀にあらず」とある。

『対馬島誌』には、明治維新まで豆酘《つつ》の岩佐氏と相並んで佐護の寺山氏があったと伝えるが、寺山氏はそれほど有名でなく、もっぱら岩佐氏の亀卜次第が一般に研究せられたという。

なぜ伊豆、壱岐、対馬と絶海の島々から卜部を古代に召し出したのだろうか。

壱岐や対馬は漢字を伝えた王仁《わに》博士らもこれらの島を経由して来朝し、外来文化をいち早く流入できたこともある。伊豆が選ばれたのも最も卜術に秀でていた平麻呂が同じ卜部の子孫の流れで、こちらは伊豆卜部とし、のち京へ出て卜部宿禰を賜わり吉田家の祖となる。おそらく絶海の島ゆえにその神秘性が強大と思われたのであろう。

長崎県対馬の下県郡厳原町豆酘村の雷《いかずち》神社の神主は、亀卜をもって代々仕えてきた卜部の岩佐家で、一子相伝の秘法としてこれを伝えてきた。

私の大学の大先輩で一度だけお目にかかったことのある鈴木棠三先生は対馬の神道を研究され、この岩佐老人を取材されている。昭和十二年から十三年だから私が生まれた頃の古い話。このとき亀卜が行なわれているのはただ一例、豆酘多久頭魂神社だけであった。

「亀卜をするには祭前三日間の精進をして魚を食べぬ。酒は差支えないそうである。また別火などの厳重なこともない。亀卜の式は拝殿の奥の小さな宮で行われるが、伴信友翁の『正卜考』などにこの神社の亀卜法が事こまかに記されてあるから立入ったことは聞かなかった。大体には、亀甲の小片を葉桜の木を燃した火に焼き、割れる音をきいたらこれに水を注ぎ、その割目を調べて年の吉凶を判ずる。もし凶と出ればチガイゴキトウ（違御祈禱）ということをする。現在でも毎年、この亀卜の式は行われているが、もう亀の甲の使い残りがいくらもないので、これを使い尽したら滅びてしまうだろうと老人の談である。また亀甲の代りに鹿の肩の骨でもよいが、対馬では殊に下島には鹿の猟がないから非常に高価で手に入りにくいので用いないという。もし亀卜の者が忌などにかかった時は供僧《クゾー》（神仏混淆時代は観音堂でなされており祭事の神人である）が代理をするが、この時は亀卜は行わず、祝詞を上げるだけにする」。これは正月三日になされた（『旅と伝説』所収「対馬神道記」昭和十二年）。

　現在もこれはささやかに継承され、長崎県立対馬歴史民俗資料館研究員の永留久恵氏による『式内社調査報告24　西海道』（昭和五十三年）によれば、豆酘村の雷神社で旧正月三日に頭屋の古い神役をもつ家々だけが参加し、岩佐氏が七五本の女竹の矢を神前に献じ、供僧が御酒とブリを供えて祓いをし、岩佐氏が亀甲を火で焙って卜いをし、供僧が真言を唱え祈禱している間に亀平という一人の役が裃を着けて海辺へ行き、干潮を待ってネズミ藻を採り御幣にかけて持ち帰り、鳥居の前で中世風の問答形式の祝詞を奏し、御幣を神前に立ててノホレヒ（直会）となる。占いするのは天下国家の吉凶という。これが細々と今になされるのは藩命により新年の吉凶を占うという使命があったからであり、村人は亀卜よりも「サンゾーロ祭」といって、問答形式の祝詞の応答の口調の方に関心が高いそうだ。もう亀の神秘性は失われている。

思ひあまり亀の卜部にこと問へば　いはぬもしるき身の行へかな

権僧正公朝（『夫木鈔』）

かなふとや亀のますらに問はばやな　こひしき人を夢にみつるに

堀河百首

亀卜は今に生きている――践祚大嘗祭

現代において亀卜がなされるのは、天皇御一代の最初の新嘗祭である大嘗祭の準備においてである。天皇の即位儀礼、践祚大嘗祭については研究書も多くここで簡単に説明することもできないが、日本の神話に起源をもち、朝廷でなされるすべての儀式の中でただ一つ「大祀《たいし》」といわれる大規模な祭りである。

大嘗祭は先帝が譲位された場合は、そのときが七月末以前であればその年の秋冬の間に行なわれ、八月一日以降のときは翌年の秋冬の間に行なわれる。先帝が崩御された場合は、服喪一年があるため忌明けが七月末以前なら忌明けの年の秋冬、忌明けが八月一日以降なら忌が明けた翌年の秋冬の間になされる。

なぜこのように七月末を境にしているのかといえば、大嘗祭にはその年の新米とその米で醸《かも》した新酒がなくては行なえないからである。それは天照大神の「斎庭の稲穂」の神話を再現する祭だからである。

大嘗祭の行なわれる日は明治以前は十一月下卯日と定まっていた。近代も古例に準じて十一月のよき日が選ばれる。期日が決まると大嘗祭が行なわれる大嘗宮《おおにえのみや》の悠紀《ゆき》殿・主基《すき》殿の二つの神殿にお供えする米と粟《あわ》の神饌を奉る地方を定める。このとき亀卜がなされるのである。

この亀卜での占いを明治以前は「国郡卜定」といい、現在は「斎田点定《さいでんてんてい》」という。

平成二年二月九日、宮中三殿のうち天神地祇を祭る神殿で「斎田点定の儀」が厳かに斎行された。神殿では掌典による神饌供進についで「皇神等《すめがみたち》の御心を卜形に示し給へと」掌典長が祝詞を奏上、その前庭に設けられた斎舎で神楽歌の奏される中で古代のままの亀卜がなされた。

占う直接担当者は灼手《やきて》と卜者で、斎舎には真薦《まこも》が敷かれた上に亀甲を納めた柳筥《やないばこ》と筆や硯を入れた柳筥をはじめ、火炉、波波迦木《ははかぎ》、柳葩《やないば》、水器、炭斗《すみとり》、封書、柳筥台が準備されている。

ハハカは上溝桜《うわみずざくら》のことで日光の御領地に生じたものという。

占いの結果は、悠紀田が秋田県、主基田は大分県と撰定された。

これを掌典長、大礼使長官、大礼使総裁を介して内閣総理大臣に上申され、内閣総理大臣は上奏して御裁可を仰ぎ、悠紀・主基両地方の勅定が下る。さらにこの後、両地方の調査の上、それぞれの都道府県内に斎田が選定、上奏されて天皇陛下により勅定された。

私が神宮皇学館で教えていただいた川出清彦先生は、元宮内庁掌典で皇室祭祀の権威者であった。先生は昭和の御大典に奉仕された。

川出先生の『祭祀概説』（学生社、一九七八年）によれば、占いは全国すべてを卜するのではなく、実際には天皇陛下のお手元には候補地のそれぞれ三県が進められる。陛下はそのうちの二県に御加点（御爪の印）される。この御加点二県の名を密封した封書を卜串として、亀卜をした上で、卜合、不卜合を卜串の包みの表面に書して御手元に返上されるのだそうである。

昭和天皇の大嘗祭は昭和三年、小笠原産のアオウミガメの甲羅で占って悠紀が滋賀県、主基が福岡県と定まった。

大正天皇は大正四年、愛知県と香川県。

明治天皇は明治四年、甲斐と安房。その前の孝明天皇は嘉永元年、近江と丹波であった。

長い日本の歴史の中で大嘗祭を行なうことのどうしてもできない時代もあったが、こうして亀卜は現代に連綿と生きつづいてきたのである。

科学万能で合理性の時代に、亀卜は人智の及ばぬ神がかりの複雑な判決をせまる占いとしてではなく、神のまにまにという古儀を厳修して伝わっていることは、まさに亀たちが気の遠くなるような古代から家を背負いながら頑固に歩いてきた姿そのものと思える。

第二章　亀の文化史

縄文土器と銅鐸の亀

古代人が造形した動物といえばまず動物埴輪が思い浮かぶ。だが、馬、猿、鶏、犬、猪、鹿、水鳥、牛、鷹、魚……と思い出しても亀が出てこない。

亀はどうしてか埴輪にいないのだ。それより古い縄文土器や弥生の銅鐸にはたくさん描かれているのに、埴輪に登場しないのは不思議である。

亀はめでたい生物とされ、葬送儀礼にかかわらなかったからだろうか。海の神の乗り物とする伝承はあったのであるから、死霊の乗り物とする信仰もあったのではと考えたくなるが、日本では海中や水中に霊場があり、魂が水中に帰るという思想は希薄だからでもあろう。そしてなにより乗り物とするにはあまりにも亀は、陸上ではスピードが遅い。それも原因だろうか。

貝塚から食用にされた亀の骨は出るが、食用以外の装飾品は、茨城県水海道市金土貝塚から出土し

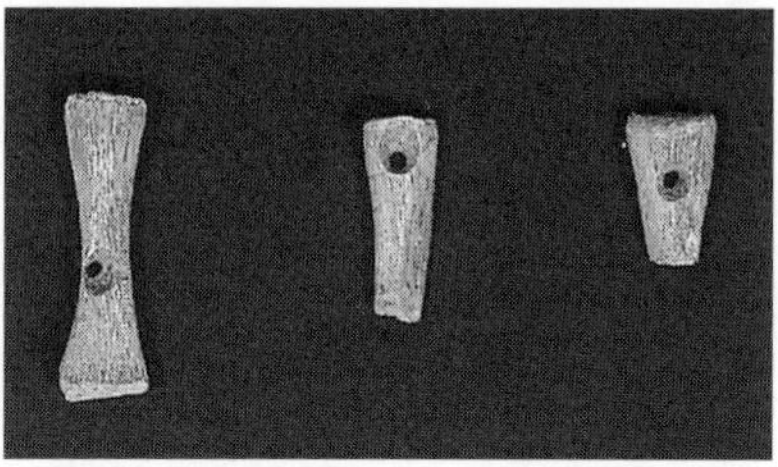

茨城県水海道市の金土貝塚出土海亀骨穿孔品

亀形土製品（天理参考館蔵）

た海亀骨穿孔品や、同じく龍ケ崎市の南三島遺跡出土の海亀骨の装飾品などがある。これらはペンダントのように紐でつるして首飾りにしたのだろう。

オオカミやイノシシの牙、サメの歯と同様に霊的なものを感じ呪具としたのであろう。だが牙製品は光沢がありアクセサリーになるが、海亀の骨ではそれほどの艶がない。長寿のお守りだったかもしれない。

縄文時代後期の亀形の土製品は、千葉県印旛郡臼井町江原台出土で明治大学蔵の長さ一四・五センチの護符らしいものや、埼玉県さいたま市浦和区東北原遺跡出土でさいたま市立博物館蔵の長さ二五・三センチの水入れのようなもの。茨城県八千代町や岩手県盛岡市川目遺跡のものなど。岩手県立博物館の「人面付亀形土製品」や天理参考館の岩手県一戸町出土のものなどは亀らしくない形象化したものだが、中国の西周時代（紀元前一〇〇〇年頃）にも玉製品のよく似たデザインのものがあり、どこでもどの時代にも亀がお守り品になっていたと推察できる。北海道恵山町恵山遺跡からも骨製品で亀の形の護符的な物が出ている。だが縄文時代の亀形土製品が出土するのは関東地方より北で、地域により独特の祭りがあったとも考えられる。

奈良県磯城郡田原本町の唐古遺跡は早くから弥生時代の稲作文化で脚光を浴び、鹿や魚、楼閣の絵などの絵画土器も注目されてきた。その中に甲羅から頭と足を出すスッポンが描かれていた。またスッポンの骨も食用とされたのだろう出土している。弥生後期（一世紀）の奈良県橿原市上ノ山遺跡からは鹿とスッポンの絵のある土器が出土しているが、なぜか弥生時代は銅鐸には亀やスッポンが描かれても、土器製品の亀や、亀を描いた土器がきわめて少なくなるのである。

銅鐸絵画に描かれた動物は、イノシシ、シカ、イモリ、トンボ、カマキリ、アメンボ、カニ、カエル、魚、サギ、クモなど。もちろんスッポンや亀もいる。どうやら稲作がなされ水田と関係する環境での生物が親しまれていたようだ。

国立歴史民俗博物館編の『銅鐸の絵を読み解く』（小学館、一九九七年）では春成秀爾氏と佐原真氏が銅鐸の絵はスッポンか亀かと熱の込もった対話をされている。私が見るところではそのほとんどが首が長く、甲羅は丸いからスッポンが有力と思う。

銅鐸に描かれた亀で最も知られるのは、国宝の伝香川県出土の「袈裟襷文銅鐸」。これには亀とトカゲと、魚をくわえている亀が描かれている。

ところが一四、とんでもない亀が出土した。

平成八年（一九九六）十月十四日のこと、島根県大原郡加茂町大字岩倉の人里離れた山中、標高一

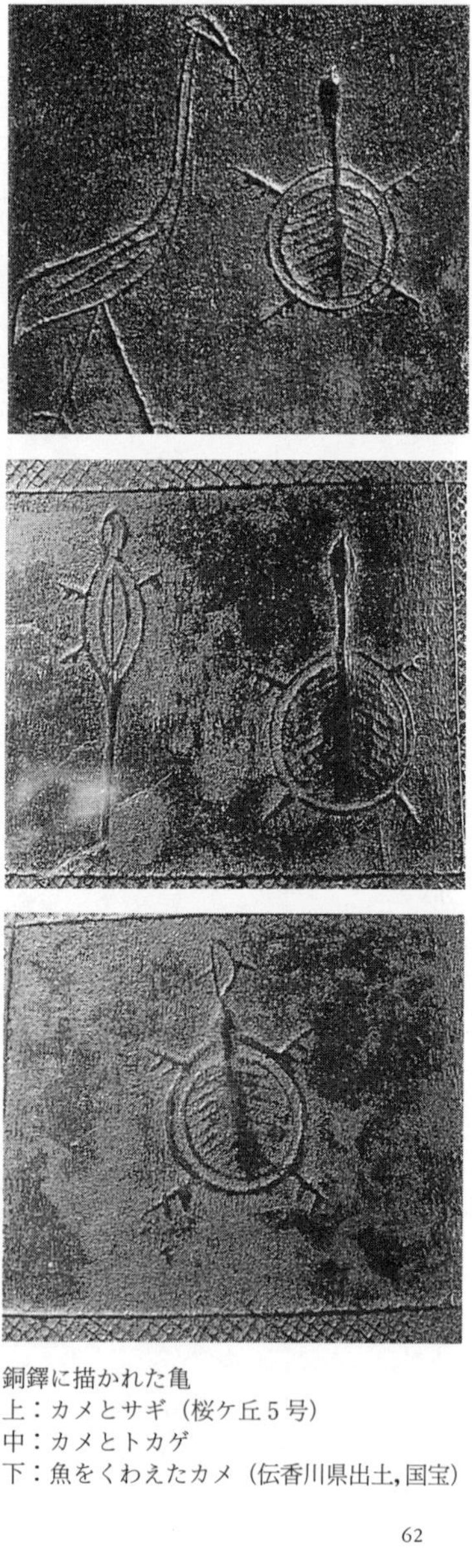

銅鐸に描かれた亀
上：カメとサギ（桜ケ丘５号）
中：カメとトカゲ
下：魚をくわえたカメ（伝香川県出土，国宝）

三八メートルの急傾斜地の農道工事中に、どさっと史上最多、三九個の銅鐸が発見された。

これは出雲大社の近く、国道54号から西へ約一・七キロで、昭和五十九年に青銅の銅剣が一度にごそっと三五八本も出土したあの神庭荒神谷遺跡から南東三・四キロという近く。全国の考古学ファンには大ニュースでびっくり。

今さらここで書くこともないが、銅鐸とは弥生時代に日本で作られ、古墳時代直前に忽然と消える謎の青銅器。誰が何のために作り、どう使用したのかも不明で、平地に出土することはまれで、谷あいや山の斜面にほとんど一個が単独で、まれに数個という例もあるが、三九個とは驚異的発見。その中に亀がいた。

岩倉10号銅鐸と鈕に鋳出された海亀

タイマイ

その亀、いた場所がこれまでの銅鐸のように鐸身ではなくてずっと上の方に這い出ていて、吊り手の鈕の部分に鋳出されていた。銅鐸の鈕に亀が描かれているのはこれがはじめての発見である。

10号銅鐸のこの亀、これまでの銅鐸の亀とほとんど同じで甲の中に綾杉文を入れた二重の円となっている。私も「古代出雲文化展」のカタログで写真を見てそんなに気にとめなかった。ところがさすが佐原真先生、『銅鐸の絵を読み解く』の校正を終えたとき、「春成さん、大変だ。岩倉10号のスッポンが海亀になった。辞書をめくっていてね、タイマイの絵が目に入った。くびの両側から前脚が弧を描いている。動物図鑑でも、海亀の前脚は皆そうなんだ」。

すると春成秀爾先生、「それは面白い。新しい神話の主役か脇役か。しかしもう直せません、この本はスッポンで通したんだから」。

そこで佐原氏、「なんとか最後のページに割り込むよう頼もうよ」。白石太一郎氏も加わって、「なるほどこれは海亀ですよ。僕はばあさんが徳島なんで日和佐でよく見ました。この前脚は海亀に間違いありませんよ」。佐原氏は「これが徳島で出たら面白かったのにね、海亀は暖かい海にいるんでしょ」。白石氏「いや、浦島太郎伝説は丹後ですよ」。

佐原氏「え、本当ですか。日々に新《あらた》なり、新しい事実・解釈が次々に今までのを書きかえてゆく。かくして学問は音を立てて前進するんだ」。

すると春成氏、「いや、ゆっくりでいいんですよ。亀の歩みでいいですよ、真実に一歩でも近づくことが出来れば」。

ああそれなのに残念、私が尊敬する佐原真先生はお亡くなりになった。先年東京での全国博物館館長会議での昼休み、元気で若々しい国立歴史民俗博物館長と親しくサメとアワビの考古学の話をいたしたばかりだったのに。

須恵器の亀

私が勤務した伊勢神宮の博物館・神宮徴古館の目玉収蔵品の一つに国の重要文化財の「据台付子持𤭯《はぞう》」がある。

この装飾須恵器に五匹の亀が付いている。

これは五世紀の後半に作られたもので、明治初年に福岡県早良郡金武村羽根戸（現福岡市西区大字羽根戸）の古墳から出土したもの。

𤭯《はぞう》とは酒壺で、大きな𤭯に三個の小𤭯が付いているので子持𤭯という。約二〇センチの高さのこの壺が、五七センチの筒形器台に受けられて一体となり、総高は七〇センチ、須恵器としては甕形土器を除けばこれが最も大形である。しかも日本に数ある須恵器の中で造形や製作技法においてこれほどの優品はないといわれる名品。

かつて人間国宝、備前焼の藤原雄さんを案内したとき、「こりゃまいった、すごい。こんなのもう誰も作れない、まるでジェット機のエンジンの部品のようだ」と感嘆の声を上げられたのを思い出す。土で作られているとは思えぬ焼成の堅さで欠損なく、保存状態はきわめて良好の完品。

据台付子持𤭯（神宮徴古館蔵）

装飾須恵器には鹿、鳥、犬、猪、馬、勾玉、鏡、人物が付くものがあるが、亀が付くのはきわめて珍しい。

亀は器台の筒状円柱部の四段に分けられた各段に一匹ずつ五匹が貼りつけられている。上の亀ほど大きく、下から上へ螺旋状に円柱を登っていき、登りつめたところに勾玉や鏡が交互に貼られている。亀の形は甲が盛り上がった木の葉形で、甲羅の前後に細長い首と短く尖る尻尾をつけ、甲羅の表面には直径五ミリほどの円管文様を十数個任意に押してある。足は表現されていない。サイズは下段の小さいのが四・三センチ、上の大きいのが六・五センチ。

鉢部から基台部にかけて二匹の犬が吠えながら猪を追い、それを子供を背負う人物が見ている。子は鳴き声をあげ、親はびっくりした目をしているようだ。犬の声まで聞こえるような手びねりの素朴な造形で、何かストーリーがありそうだ。

五匹の亀は下から上へと左廻りに廻りながら大きくなっていく。上の亀は下の亀の二倍ほどで、そこに時間の経過が表現されているのではないか。ある美術評論家は、わが国の器物で時の流れをリアルに表現した作品はおそらくこれが最初だと言った。そうかもしれない。亀は猪や犬とともに日常的世界で見られる生物であるが、犬や猪とは異なる聖なる生き物であり、瑞祥を告げる動物であるという考えがこの時代にあったのだろう。だから亀が主役とされた。

このような須恵器の源流は朝鮮半島の祭器に求められる。これは実用品ではなく儀器である。私はこれをじっくり眺めながら、朝鮮での天神の降臨を催促する亀よ亀よと歌う亀旨歌を思いうかべた。亀は堅い甲羅に身を守りながらゆっくりではあるが確実に時空を登り、権威の象徴である勾玉や鏡に達しようとする表現と読み取れるではないか。有力者の墳墓の前で後継者が権威の永遠性を祈った祭祀にふさわしい祭具であると思う。

なおこの時代の䭾の胴部には小穴が穿たれている。これは何のために開けられているのかとよく質

亀形土製品（埼玉県東北原遺跡出土）

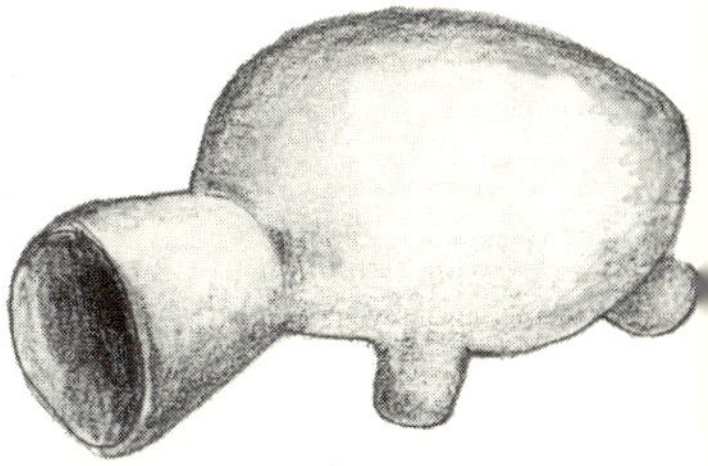
亀形瓶（福岡県吉野４号墳出土）

問された。たぶんストローのように竹管などここへ差し込んで中の液体を吸引したのだろう。この時代の酒はドブロクだったから、壺の口から傾けてそそぐことはむつかしく、横の穴から吸引したと思われる。

これは古墳の中に副葬品として納めたものではなく、墳丘上や周溝部で飾りに用いられたもののようである。

古墳時代の人々が犬や猪や亀など牧歌的な生活環境の中で、村の長老や権力者を囲み、祭りに神々に供えた神酒を直会として順に吸引し、歴史を語り、かつ歌うのどかな姿が推察される。

なおこの子持𤭯は平成十三年秋、「古代日本の聖なる美術」の代表の一品となり、大英博物館で展覧された。

古墳時代の須恵器の亀に、福岡県糟屋郡古賀町の古野四号墳から出土した「亀形瓶」がある。

これは口の長い提瓶を横に倒し、平坦部を底にして四つ足をつけて亀にみせた面白い瓶で、九州歴史資料館蔵。七世紀のもので長さ二〇センチ、高さ七センチ。よく似たのが広島県高田郡向原町の一つ町古墳から出土している。これは平瓶タイプで足が三つ。この種には鳥形が多いが、古代の工人は自由に発想し、亀にしたら面白いと作ったのであろう。

高松塚と亀虎の玄武

昭和五十八年（一九八三）十一月、奈良県明日香村のキトラ（亀虎）古墳から玄武を描く壁画が発見されたと発表があった。

極彩色の壁画古墳の高松塚古墳が昭和四十七年三月に発見されて以来、他にも壁画が描かれたのがあるのではと期待されていたが、高松塚古墳の南約一キロの阿部山丘陵の南斜面にある七世紀末から八世紀初頭に造られた小さな円墳にＮＨＫ技術陣が新技術のファイバースコープを用いて確認したのである。

キトラ古墳はすでに盗掘され、盗掘口と石組みの間のわずかの穴から石室内に医療用に使われるファイバースコープを差し込んで亀に蛇が巻きつく図柄を見つけた。一三〇〇年の眠りから覚めたのである。だがこの超小型カメラのレンズを右に曲げたとき故障が発生、残念ながら玄武だけで調査は打ち切られ再び睡眠した。

再調査は一五年後の一九九八年、さらに性能を高めた超小型テレビカメラで玄武が再確認され、ついで青竜、白虎と天井に描かれた天文図を映し出した。そして第三次調査は平成十三年（二〇〇一）、今度はデジタルカメラで朱雀が発見された。これで四神獣がすべて揃ったのである。

朱雀を描く古墳壁画は日本で初めての発見であった。長い尾羽を優美になびかせ躍動感あふれて、中国や朝鮮の朱雀壁画より日本的、倭絵の画風であった。新聞には〝和風朱雀〟と出た。

高松塚古墳の「玄武」

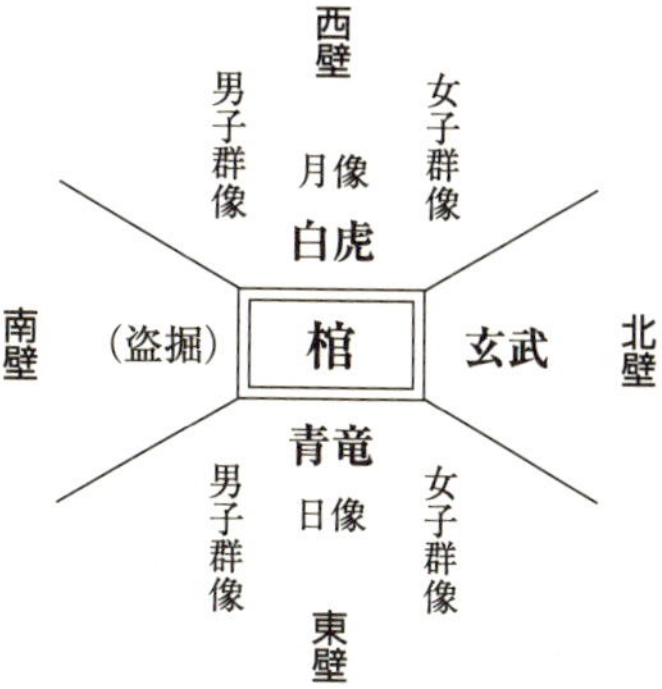

高松塚古墳壁画配置図

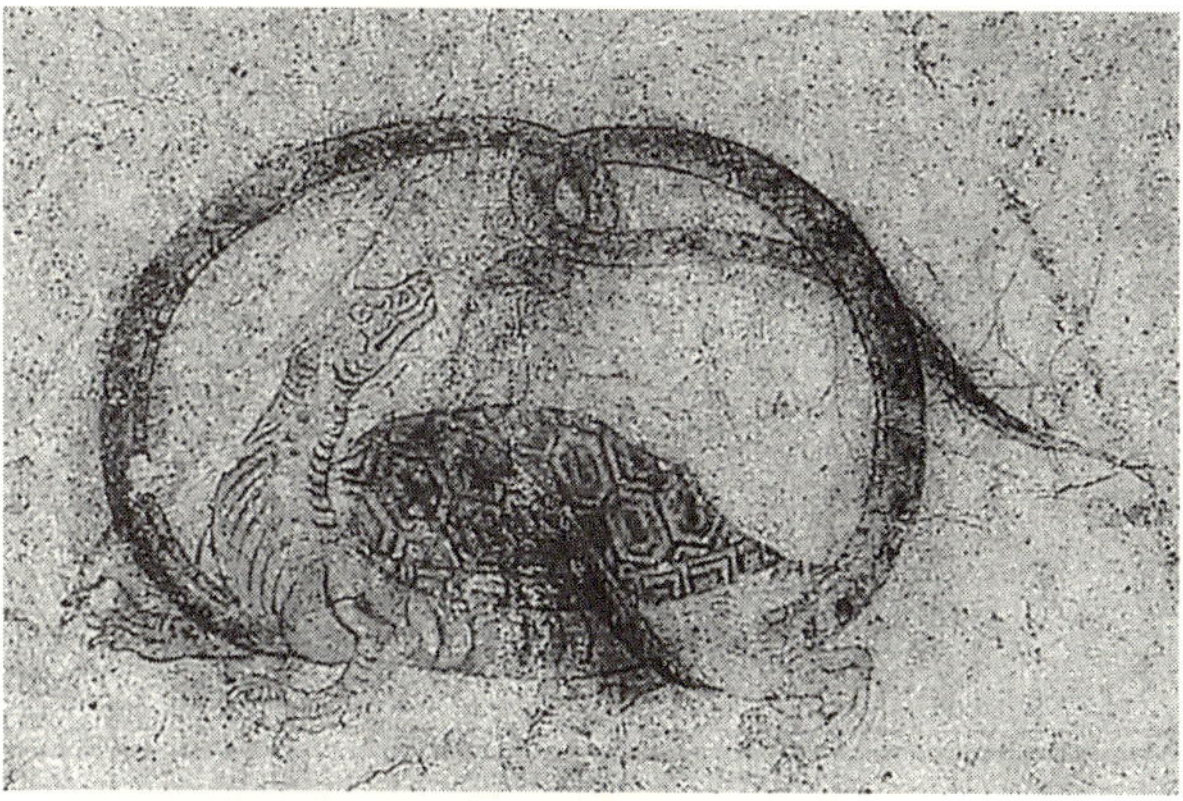

キトラ古墳の「玄武」

薬師如来の台座の「玄武」（8世紀）

私の関心はもっぱら北壁の玄武だ。画題は古代中国に端を発する伝統の四神図でありながら、大陸や半島のとどこか異なり日本的である。

これがいつ描かれたのか、誰が描いたのか、それより誰が葬られていたのか、天武天皇に連なる皇族や貴族だろうと推察されるというが、私にはわからない。

天井中央には北極星を中心にした星座があり、まるでプラネタリウムを仰ぎ見るようだ。大陸から伝来した宇宙観や道教の思想に包まれ暗黒の空間に貴人は眠っておられたのだ。

高松塚古墳は男女の人物像があまりにもめだつ存在だったので、玄武は一般には注目されなかったが、ここでの玄武図は中央に大きく削り取られた跡があり、全体像は不明瞭だったからでもある。

キトラ古墳の玄武の輪郭を見ると高松塚古墳のとほとんど同じと見られる。ただ大きさが高松塚のに比べて一回り小さい。レーザー光線での測定では幅二二センチ弱、掌を広げたほどだから想像するよりずっと小さいのである。

亀は体を西に向け頭を振り向けて蛇と向き合っている。甲羅には亀甲紋が描かれている。

蛇は亀の前足の間を通り、甲羅に絡みつき後ろ足の間を抜けて首に尾を巻きつけながら亀と交尾をしているのか格闘しているのか。

藤ノ木古墳の立派な馬具にも亀がいる。ゾウやライオン、ウサギなどがめだち亀はあまりめだたないが、後輪磯金具の右端に蛇と亀が絡みあう玄武がいて、ここでも四神図がそろっている。

こうした壁画古墳の四神は高句麗のものと類似するが、最も似るのは金属ではあるが奈良・薬師寺

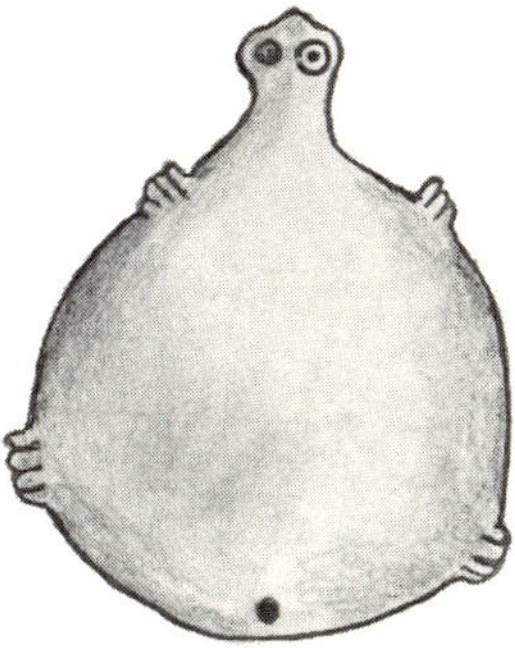

古代エジプトの亀のパレット
(16×13cm)

エジプトの亀の頭を持つ神・アペシュ

金堂の薬師如来坐像の台座にある玄武である。これらはこれから調査研究が進むであろう（「残されたキャンバス装飾古墳と壁画古墳」大阪府立近飛鳥博物館、平成十二年）。

古代エジプトでも動物信仰がたくさんあった。亀もシエティウといわれて頭部が亀の男神もあり、アペシュという。

アペシュは太陽神ラーの宿敵で大蛇の姿をするアポピスの座を時として占める。『死者の書』によれば、アペシュは暗闇の力や夜、悪を表わしラーの敵だとする。また容器に用いたと思われる亀の甲羅や化粧用のパレットらしい亀形の板も出土している。

第十八王朝のトトメス三世の墓からは亀を象った木像が二点出土した（『古代エジプトの動物』黒川哲朗、一九八七年、六興出版）。

亀形のパレットはボストン美術館に蔵され、先年名古屋で見た。紀元前三七〇〇―三二五〇年の先王朝時代でスレートと貝殻ででき、古代エジプト人がアイ・ペイントで目を縁取りする緑色の孔雀石をすりつぶす道具で、男女を問わず美容のためより太陽光線から目を守るために用い、墓の副葬品に発見されることが多いそうだ。吊るすための穴があり、亀の他に魚、鳥、長方形板などあるが、亀はユーモラスな存在で東西を通じて楽しいデザインになっている。

永い眠りから覚めた亀形石

平成十二年（二〇〇〇）二月二十三日、全国の新聞のほとんどの一面トップに『飛鳥期の亀形石、石組み遺構、斉明天皇の「水の祭祀場」か、「日本書紀」裏付け、亀形石造物、丸い甲羅に飛鳥の夢、まるで野外劇場、飛鳥時代の桃源郷？　二十世紀最後の大発見！』という大見出しが躍った。

奈良県高市郡明日香村大字岡で万葉ミュージアムの進入路を兼ねる村道建設事前調査の現場から、亀の形をした大きな石造物をはじめ、その周囲の石敷、石階段などの遺構が発見されたのである。

亀の形をした大きな石、飛鳥の亀石なら私は何度も見ていたが、それとは違うらしい。早く見に行きたいと思った。

ところが保存処理と周辺整備の終わるまで一般は立入り禁止という。まあ仕方がない、石の亀さん移動して姿をかくすこともなかろう。

平成十三年十一月二十日、やっと整備終了し、一般公開の通知が新聞に出た。待ってましたとカメラを手に出かけた。

近鉄橿原神宮前駅東口から岡寺前行きバスで万葉文化館西口下車。大賑いしていた。すでに現地見学会は昨年に開かれ約一万五〇〇〇人が訪れ、新聞やテレビでくわしい報道もなされて私も状況は把握しているつもりでいたが、実際に見学するとイメージは異なっていた。

遺跡の大きさは、東西約三五メートル、南北二〇メートルほどで、中心部の亀のいる平端な所は約一二メートル四方、人の頭ほどの大きさの石が敷きつめられ、まるでローマの野外劇場のようだ。亀は思っていたより小さい。二メートル四方ぐらいで、私の第一印象は失礼ながら西洋風水洗便器とお風呂。

現場は飛鳥坐神社の真南約四〇〇メートルの地点で、著名な「酒船石遺跡」があるすぐ下。東西を尾根にはさまれ北に向かって開く谷の最奥部。酒船石とは高低差二七メートルで関係がありそう。

この酒船石も古くから謎の石造物とされている。長さ五・三メートル、幅二・二七メートル、厚さ一メートルの石の上面に円と直線を組み合わせた溝が彫られ、酒の醸造に使ったという伝承や、曲水の宴の導水施設や占いの場所、水銀朱か菜種油を作る道具など用途も一〇件以上の諸説があり、今も決着はついていない。

今回発見された導水施設は長さ一・六五メートル、幅一メートルの小判形石造物と亀形石造物が溝で続いている。石造物は花崗岩製、亀形石も花崗岩の巨石を加工したもので、この石は明日香村地域で産出するという。

亀形石造物は全長約二・四メートル、幅約二メートルの大きさで、顔を南側にある小判形石造物に

明日香村で発見された亀形石造物と小判形石造物

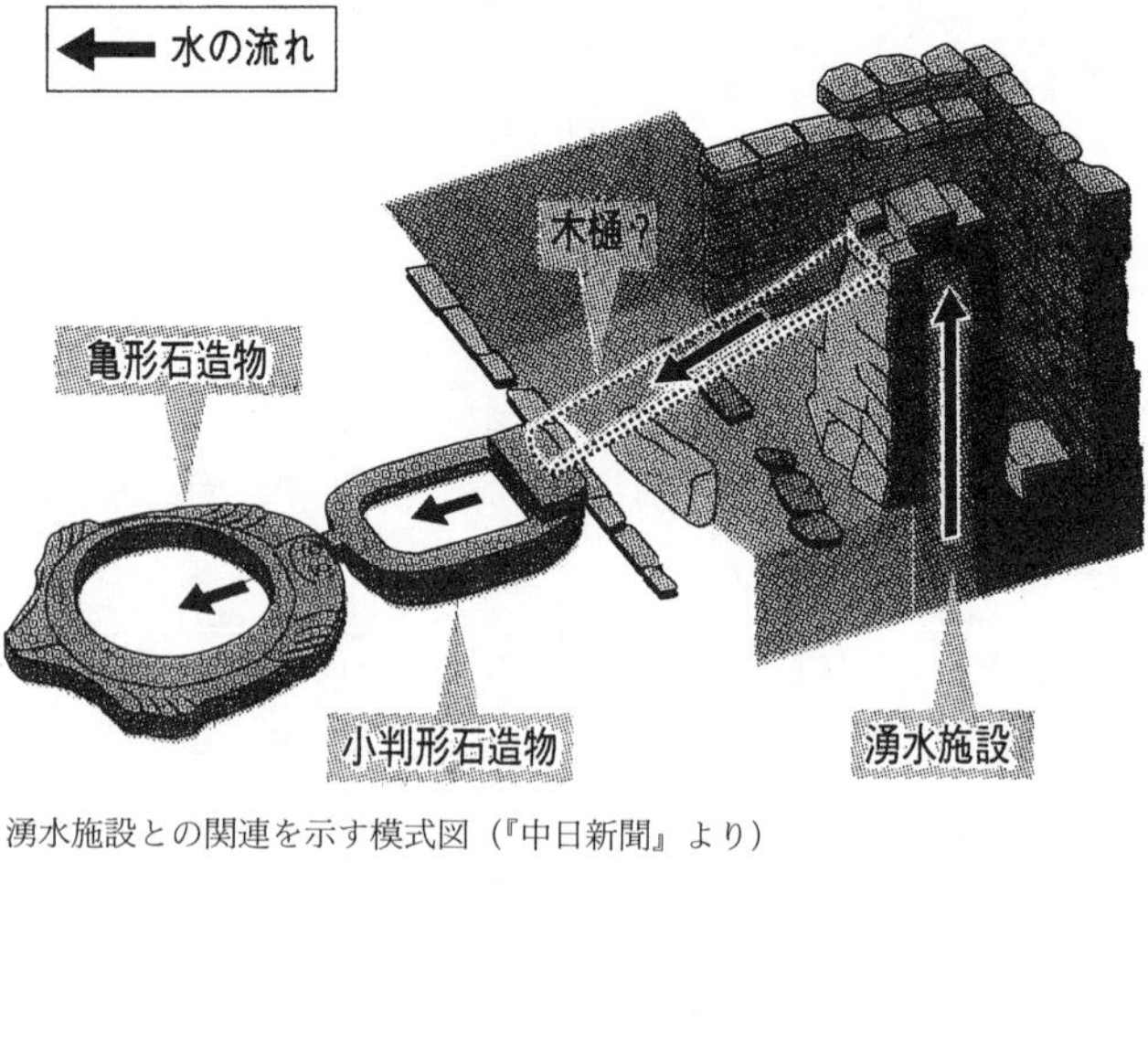

湧水施設との関連を示す模式図（『中日新聞』より）

向けて置かれ、尻尾は北を向き排水溝につながる。左右には手足が彫刻され爪はいずれも四本。亀の背の部分には幅約一九センチの縁取りがしてあり、中央の円形の刳り込みは直径一・二五メートル、深さ約二〇センチで水槽状になっている。南方に置かれた小判形石造物から流下した水が亀の鼻の孔を通り背の水槽部に入り、さらに尻尾のV字形の孔を通って深さ約五〇センチの溝に排水される構造となっているから、これは水に関する施設であるのはまちがいない。そして一見モダンに見える亀は単なる庭園の装飾的置き物ではなく、宗教的意味があることも明白である。

いったいこの遺跡がいつ、どのような目的で造られたのか、謎である。

明日香村教育委員会では、斉明《さいめい》天皇の両槻宮《ふたつきのみや》ではないかと推定を発表した。『日本書紀』の斉明天皇二年（六五六）に後飛鳥岡本宮に遷り「田身嶺《たむのみね》に冠《かうぶ》らしむるに周れる垣を以てす。……また嶺の上の両《ふた》つの槻の樹の辺に、観《たかどの》を起《た》つ。号《なづ》けて両槻宮《ふたつきのみや》とす。または天宮《あまつみや》という」とあり、女帝斉明天皇は土木工事を好み、石上山を築いたり、労働者三万人とか七万人余、石を積む船二百隻という大工事をし、水工《かはだくみ》をして渠《みぞ》を穿《ほ》らしむといった記述があることから、斉明天皇時代の施設と見た。

私の古くからの知人、国際日本文化研究センター教授の千田稔先生も、年代的には七世紀後半の斉明女帝の頃とする見方でよいだろうとする。ただ田身嶺は談山神社の多武峯のことだろうから地理的には離れすぎるとしながらも、両槻宮は天宮とよばれ、道教の仙人の宮のことで、『日本書紀』に「観《たかどの》」と表記されるのは現代中国でも道教の寺院を道観というように道教の仙人がすむ神仙境とよば

亀と西王母（曽布川寛『崑崙山への昇仙』より）

れた理想郷に見立てた宮であっただろうとされる。

　ではなぜ亀であろうか。

　中国の戦国時代、楚の屈原と門下の詩集『楚辞』の天問篇に「大亀が山を背負い手を打って舞うというのに、どうして蓬莱山を無事に落とさずにいられるのか……」（目加田誠訳）という表現があり、その注に後漢の王逸は『列仙伝』を引用し、「大亀が背に蓬莱山を負い、手を打って蒼海の中で戯れる」と記す。

　すでに中国の伝説の亀の項で記したが、大亀が神仙の住む山や世界を背に支えるという話は古くからあり、千田先生はまず中国山東省の沂南《ぎなん》画像石の八角柱を思い浮かべたという。後漢に描かれたこの図は下の方で亀が三つの峰からなる山を支えている。これは崑崙山とみてよいのだが、その山のさらに上方に道教の女性の仙人・西王母が描かれている。西王母は崑崙山に住むと伝えられ、この図像は亀が神仙郷を支えていることを表わしている。

　千田先生は長年、日本の道教遺跡を研究されてきた。新発見の石亀を見られて、遥かに望む多武峰を蓬莱山になぞらえて、それを支える『楚辞』のモチーフにぴったり合う構図だと大感動なさったという（『飛鳥――水の王朝』中公新書。『飛鳥・藤原京の謎を掘る』文英堂）。

さて、この施設はいったい何に用いたのだろうか。

亀は神仙界のお使い、めでたい動物とされるから、亀形石造物にたまった水は不老不死の若返りの聖水としたのだろうとする説。中国星座の天の川に住み、水を司るスッポンを地上に移したもので、溝は天の川を表わすと天文学による世界観を亀が反映したと見る説。清水を用いて国家安泰を祈る天皇のみそぎ場。天智天皇や斉明天皇が水神を祀った祭祀場。国家の将来を判断する亀石による水占いをする聖域。神仙世界をモデルにした庭園や外国使節をもてなす饗宴場。さては両槻宮の玄関広場で古代のテーマパークなどと百家争鳴。

韓国慶州を旅して帰った友人・矢作幸雄氏からも雁鴨池《がんおうち》庭園の石槽とよく似ていると便りをもらった。門脇禎二先生も『飛鳥と亀形石』（学生社、二〇〇二年）で道教の影響よりも韓国の民俗・思想に影響されていると論じておられる。

古代史は夢とロマンの広がる世界である。

謎の亀石

亀石といわれる亀形石造物はあちこちにあるが、最も名高いのは飛鳥の亀石である。

奈良県明日香村川原の橘寺の西方の小道に、長辺四・五メートル、短辺二・七メートル、高さ二メートルの巨大な亀のような石がどっしりと鎮座する。

前面に目と口が彫られユーモラスな顔をしている。昔からこれは亀だと見られ、すでに平安時代の永久四年（一一一六）の弘福寺《ぐふく》（川原寺）文書に「字亀石垣内」と記載されているそうだ。

この石、いつ彫られたのか、何のために置かれたのかなど一切わからない。

飛鳥には謎の石造物がたくさんある。猿石、酒船石、ミロク石、鬼の俎《まないた》、鬼の雪隠《せっちん》、石人像、マラ石、二面石、須弥山石、立石など年代も用途もまったく説明できないヒストリーがミステリーといった石がたくさんある。亀石もその一つだ。

飛鳥の亀石

千田稔先生の『飛鳥――水の王朝』（中公新書）によれば、亀石のある地は大和の条里制（耕地を碁盤目に区画する方式）で東三十条四里の東南隅六の坪にあたる。つまり弘福寺が所領する耕地の境界の位置にある。だから所領を定めるとき境界表示の目的で亀石が置かれたという見方もできる。また川原寺の寺域の境界を示すものと見る人もある。だが作られた年代不明では断定はむずかしい。こんな巨大な標石がはたして必要だろうか。

もし亀石が境界を表わすものとするなら、天武・持統陵や高松塚古墳、キトラ古墳など天皇家に関係する終末期の古墳が築造された「聖なるライン」といわれる檜隈《ひのくま》と、宮殿・寺院が配置された飛鳥の小盆地との境にあたり、亀石の中軸線が西南つまり檜隈の方向を向いていることから「亀はこの世と彼の世をつなぐ役割を果たした」のではとみる説が関心をひくと千田先生はいわれる。私もこんな巨大な石が境界石として造られるならば、寺領という小さなものではなく、もっと大きな聖と俗というような区分を示す表示であると思う。

さらに千田先生は、新発見の酒船石遺跡の亀形石造物と同じく、大亀は仙人の住む天宮（蓬萊山）を支えるという神仙思想にのっとって解釈できるとすれば、この亀石も陵墓のある地域、そこが死後の神仙の住みたまうところとみれば、亀がこの位置に置かれた意味を理解する一つの手がかりとなるとされる。またこれを平面的に見ずに、垂直的なものとみなせば、亀石の亀は檜隈の地を支えていると見立てられたのではないだろうか、と推理されている。

伊勢神宮外宮の亀石

伊勢の神宮にも亀石がある。

豊受大神宮（外宮）の御正宮へ向かう途中、多賀宮遥拝所の前、御池《みいけ》にかけられている一枚の大石橋がある。この石橋が亀に似ているところから亀石とよぶ。これは本当に亀の姿をしている。大海亀がのそりと池からはい上がってきたようだ。尾もあり、手足もそれらしくついている。

この亀石は外宮の前方にある高倉山の頂上にある天の岩戸と俗称される古墳の入口の扉石を運んできてここにかけたとの伝承がある。

この御池は宮川の支流だったのが明応七年（一四九八）の大地震に陥没して池になったのであり、もしこの伝承が正しければ室町時代に作られたものであろう。しかし東海地方で最大級の高倉山古墳の入口を塞いでいた石としてはサイズが合わないし、他の石と石質が異なる。さらにこの石橋をよく見ると、雨だれか水流によって生じたと思われる小さい丸いくぼみ穴が多数ある。天滴は石をもうがつというが、よほど長い年月の自然の力により穴が生じたと思われる痕跡をとどめる。この亀石も謎を秘めている。しかしここでの亀石は風水思想や道教の影響はまちがいなく受けていないはず。きっと大きな石橋を造ったところ、誰かが亀に似ていると言い出して、ちょっと手を加えたのだろう。だがこの亀さんの背を踏んで、朝夕の巡視で多賀宮、土宮、風宮と別宮をお参りしていた禰宜の私は、縁起のよい亀の上を渡れる幸せを感じたものだった。

亀石の伝説

亀に似た形の石についての由来因縁を説く話は各地にある。

愛知県額田郡額田町大字亀穴に伝わる話は、薪採りに山へ行った村人が白髪の老人から「お前の里に亀石というのがある。それは村の守護神だから粗末にすると災難にあうぞ」と告げられて祭ったのが亀石明神。今も林瑞寺にある亀石がそれだろうか。

福岡県糟屋郡の志賀島神社の境内には、神功皇后征韓の折に志賀大明神が乗って出現した亀が化したという石がある。

宮城県本吉郡志津川町には亀子岩があり、これは産卵のため海から来た亀が蛇に襲われ、亀は卵を保護して固着して動かず、数カ月経って石と化したという。

福井県坂井郡の亀石。背中に弘法大師が書いた字が残っていて、この字を読むと亀岩が動くと伝わる。まだ誰も読めないから亀さんはじっとしている。

安宅住吉神社の神亀石

石川県小松市安宅ノ関の安宅住吉神社の神亀石は今は昔、この里に住む舟人が錦を着たように美しい大亀を見つけた。亀は住吉神社のお使いと聞いていたので御神酒をたくさん飲ませて海へ放してやると、翌朝もその大亀がまた来ている。そこでまた酒を、そして数日後まだ浜辺にいるのを見て、この亀はよほど神様のおそばに行きたいのだと考え、先に立って道案内してやると、のこのことついてきて神前にたどりつき動かない。翌日になると石に生まれ変わっていて、永久に住吉さんにお仕えすることになった。今もこの神亀石の背を左右左と三度撫で神前に祈りをささげる人は延命長寿と末広がりの幸福を招くと信仰されている。

青森県八甲田山に伝わる亀石伝説は、龍飛《たつぴ》岬のイルカが竜宮城へ行きたいと思ったが、八戸の海の沖にあるその入口は乙姫様の第一の家来、大鮫が大将として守っていて、その部下にすこしのろのろしているが堅い甲羅に身を固めた往年の勇士の大亀が関門を守っていて、うかつに近づけない。ところがある日、大亀は乙姫様のおゆるしをもらい武者修行の旅に出た。この時とばかりイルカの大群は大鮫の守る関門へ突入。必死の防戦にかかわらず鮫はさんざんに負けてしまった。そして大亀に至急に帰れと使いを出し応戦したが、イルカの守りは堅く大敗、鮫と亀とは深傷を負い、竜宮守備の役目が果たせず面目ないと諸国の海を放浪し、傷によくきくという八甲田山の酸の湯へやってきた。そして近くの地獄谷にさしかかったとき喉が渇いて谷川の水を飲んだところ、体がそのまま動かなくなり、石になってしまった。それが地獄沢にある鮫石と亀石だという。鮫石は戦後間もなくどこかへ運ばれて行方不明だが、亀石はどっしりと動かすことができずまだ残っている、と『ふるさとの伝説――青森県の伝説散歩』（川合勇太郎、津軽書房）にある。

先に記した飛鳥の亀石にも伝説がある。

昔、大和の国中が湖水であったころ、湖の対岸の当麻と川原との間に喧嘩が起こった。当麻の主は蛇、川原の主は鯰であった。ところが、この喧嘩は川原の敗北となり、湖の水は当麻の方へ取られてしまった。そのために湖底は平地となり湖にすむ無数の亀が死滅してしまった。

何年かたち村人は、この死滅したあわれな亀の霊をなぐさめるため、亀の形の供養碑をもとの湖岸に建設した。川原字天野にある亀石がそれである。

今はこの亀石は未申《ひつじさる》（南）を向いているが、もし西向きになり当麻をにらむ時には、平地になった大和盆地が、また泥海となるといわれる（『大和の伝説』）。

またこの亀石の脇には亀石の地蔵といわれる地蔵尊がある。かつてこの辺一帯が大きな池で、たくさんの亀が死んだので亀のために亀石を祀り、池でおぼれて死んだ子供のため地蔵尊を祀ったという伝説もある。

要するに昔の水争いが伝説となったのであろう。飛鳥の里は飛鳥川の水に依存し、川原の竜神社や豊浦の難波池神社など雨乞い祈願の場であった。亀は水の神とされ亀石が祀られたのだろうと恩師の桜井満先生の説である（桜井満・並木宏衛編『飛鳥の祭りと伝承』古典と民俗学叢書12、桜楓社）。

聖徳太子の亀――天寿国繡帳

奈良県・斑鳩の法隆寺を久しぶりにお参りした。近くに住む高校の同級生・印田光徳氏に案内してもらった。今回の目的は法隆寺ではない、すぐ隣の中宮寺で亀と面会するためであった。

中宮寺は国宝の「菩薩半跏像」がご本尊、やさしいお顔で冥想にふけっておられる。

小さなお堂は人でぎっしり。読経と長い法話がなされていて、前方の左端にめざす「天寿国《てんじゅこく》繡帳《しゅうちょう》」が飾られているのはわかるが、いつまで待っても近づくことができない。なんとかやっと前方に進めた。ずっと以前から写真では見ている。たしか国宝展でも見た覚えがあるが、ここで拝観するのはもちろん復製である。

私が亀に関心を持ち出した頃、最初に意識したのはこれに刺繍された亀であった。

国宝「天寿国曼荼羅《まんだら》繍帳」は聖徳太子の妃の橘 大女郎《たちばなのおおいらつめ》が、六二二年二月二十二日に亡くなった太子の浄土での姿をしのぶために、祖母である推古天皇に頼んで作ったと繍帳銘文に記されている。

こうした制作の由来はなんと亀の甲に書かれて配置されていたのである。

一匹の亀に四字が記され、亀は一〇〇匹いたという。計四〇〇字の銘文があったというが、現存するのは当初の数分の一、文字の見える亀甲図は数匹である。どこへ姿を消してしまったか、だが亀たちはしたたかである。図像では姿を隠してしまったが、聖徳太子の伝記史料集『上宮聖徳法王帝説』により銘文が復原できるのだ。

現存する「天寿国繍帳」は約九〇センチ四方、鳳凰、雲、蓮花、僧侶や飛仙像、如来像、宮殿などの図柄の中で、とりわけ目を引くのは月の中の兎や四字を背にする亀である。これが縮絹《ちぢみぎぬ》の上に前後左右の別なく貼り付けてある。元は二帳あったのが破損してばらばらになった図柄の断片を貼り合わせてあるのだ。

七世紀に作られた日本最古の刺繍がよくも残されたものだが、これにはこんなドラマがあった。

この帳《とばり》は聖徳太子の妃が天寿国に往生した太子をしのび身近に張りめぐらしていたのだろうが、妃の死後その存在はほとんど忘れ去られていた。再び世に現われるのは約六〇〇年後の文永十一年（一

中宮寺「天寿国曼荼羅繡帳」に描かれた亀（下は拡大図）

コンピューター・グラフィックで復元された「天寿国繡帳」の亀（NHKテレビより）

二七四)、鎌倉時代のことである。

中宮寺の尼僧の信如が聖徳太子の母の間人《はしひとの》皇后の忌日がわからないのでぜひ知りたいと念仏修行をしたところ、夢のお告げがあり、法隆寺に納められている「天寿国繡帳」に忌日が書かれていると知る。そこで法隆寺にかけあうと僧官の管理する綱封倉《こうふうそう》に収められているからだめといわれる。ところがこの倉に泥棒が入った騒ぎで開けられ信如も倉に入ることができ「天寿国繡帳」を発見。その後あまり破損しているのでレプリカを製作し、新旧二種が中宮寺に納められた。そして江戸時代になって新旧ごちゃまぜの断片を縫い合わせ、安永の頃(一七八〇)軸表装にし、さらに大正八年(一九一九)に現在の額表装に改められた。

平成十三年のこと、NHKのテレビは最新技術のコンピューター・グラフィックを用いて「天寿国繡帳」を復元する番組を放映し、亀甲図もくっきり写された。

これは早稲田大学教授の大橋一章先生の『天寿国繡帳の研究』(吉川弘文館)による精密な復元案に基づいてなされた。

元は二帳あって、一つ目の帳の中央には聖徳太子、もう一つに阿弥陀如来(当時は無量寿仏)が配置され、その周囲に鳳凰や天人、宮殿などの刺繡が点在したのであろう。そして一〇〇個の亀は他の図柄を配置するための座標軸の役目をしていたことがわかった。コンピューターで計算すれば亀と亀との間の距離が同じで、それが古代の高麗尺の一尺だった。

その亀の一つずつの甲に漢字四文字が刺繡されて、四〇〇字の銘文が構成されていたのである。そして左の上方、一番はっきり見える亀形には「部間人公《ほべのはしひとのきみ》」の文字がある。これは聖徳太子の母、間人皇后の名である孔部《あなほべ》間人公王であろうとされる。

この亀の姿は平成十二年に発見された飛鳥の亀形石造物ときわめてよく似ている。また平成元年に長崎県壱岐の勝本町の笹塚古墳から出土した、亀形の金銅製飾り金具ともそっくりである。

この笹塚古墳は六世紀末から七世紀初頭の壱岐を治めた首長の墓とされ、亀の長さは七・七センチ、甲羅には渦巻き文様がある。用途は不明だが、馬具かベルトの飾りだろうか。七世紀頃の亀の意匠はきわめて少ないが、いずれもデザインが類似する。これらは亀とはいえ動物学的に見ればスッポンである。

当時はスッポンも亀と同類と思われていて、古代中国の海中で背に三仙山や五仙山を背負う想像上の大亀、鼇《ごう》は大スッポンと思われていたから、スッポンをモデルとして大亀を念頭においていたと考えられる。

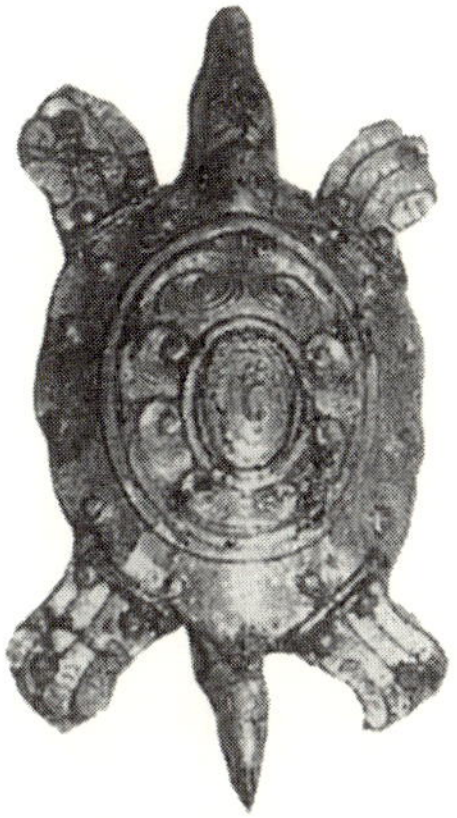
金銅製の亀形飾り金具（長崎県壱岐笹塚古墳出土）

天寿国とは阿弥陀浄土の国だろうか、図像には蓮池や蓮華化生像も見られるので仏教の「無量寿国」の信仰であろうが、仏典には「天寿国」ということばは見いだされないという。

日本における道教の研究で第一人者だった福永光司先生は『伊予国風土記（逸文）』に引用されている聖

徳太子作と伝える「湯岡碑文《ゆのおか》」に「寿国の華台に随って開き合す」とある寿国が天寿国にあたるのではという。

千田稔先生は「天上界にある長生の国」という意味であろうとする。

聖徳太子は十七条憲法で篤く三宝を敬えと教えられたが、大陸文化摂取の先駆者であった。先に記した『雄略天皇紀』の浦島太郎の物語や、『万葉集』や『丹後国風土記』での道教思想につながる亀や、飛鳥の亀形石造物と関連して、道教の神仙郷としての「寿国」の信仰も重層していたに違いない。だから天寿国繡帳に亀が百匹も登場したのである。さらに法隆寺の聖霊院の国宝、聖徳太子像の胎内に蓬萊山上に立つ銅造観音像が安置されていて、台座が亀趺座になっている珍しい例もある。

正倉院の亀たち

亀が首出しゃスッポンも

奈良の東大寺の大仏殿の左裏手の奥に、白い土塀をめぐらす静かな一郭に正倉院があり、その中に七〜八世紀の亀がいる。

亀がいるといっても生きた亀ではなく、亀の形をした器物や、亀の甲羅を利用した数々の宝物である。

私が最も気に入っているのは「木画《もくが》紫檀棊局《したんのききょく》」という碁盤、現代でいえばゲーム道具である。

これは天平勝宝八年（七五六）に聖武天皇崩後の四十九日の御忌に大仏に献納された天皇のご遺愛品で、装飾技法の善美を尽くした正倉院宝物の代表的な一品である。

『国家珍宝帳』には、「木画紫檀棊局一具　牙界花形眼　牙床脚　局両辺着環　局内蔵納棊子亀形器納金銀亀甲龕」と記されている。

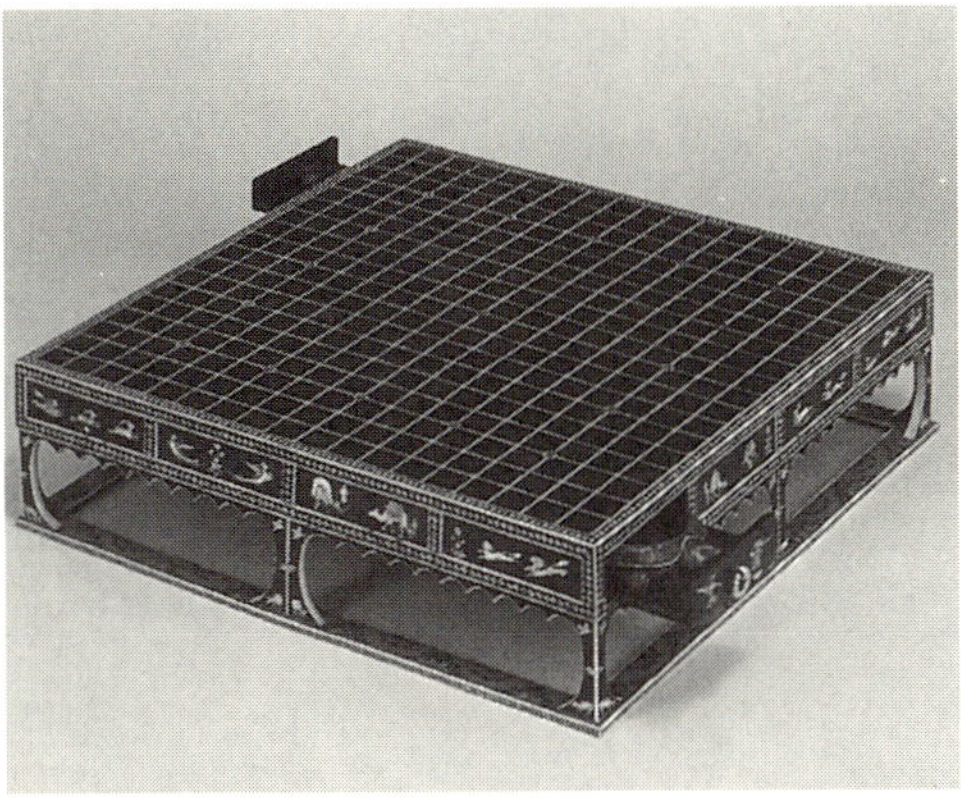

木画紫檀碁局（正倉院蔵）

私は図録の写真を見て、亀とスッポンがいるこの碁盤をどう説明しようかと腕組みして考えるが、『珍宝帳』のわずか二八文字で解説してあるのに脱帽、私は亀のごとく首をすくめてしまう。

だが理解いただくためには、くどくなろうがすこし注記しなければならない。碁盤の面に象牙をはめ込んで縦横の界線を引き、一七個の花の眼を作る。そして象牙で脚を作り、碁盤の両辺には抽出しの取手である環をつけ、碁盤の内には碁石を入れる亀形の器を収めてある。碁石は金と銀の箔で亀甲形に作って飾った容器の龕《がん》に容れられているという意である。

棊局の四側はシルクロードの文様を飾り、ラクダや尾長鳥を象牙に毛彫りしてはめ込み実にエキゾチックだが、そんなことはさておいて、このゲーム盤の引出しの金銅の鐶をひくと碁石を納める器が現われる。なんとそれが亀と一方はスッポンなのだ。

木製の亀形容器は、頭と足が金箔地に蘇芳を塗り、甲羅は漆塗り、銀線を象嵌した亀甲文を表わし、亀の背を刳って内は朱を塗る。

もう一方、向こう側の引出しは鼈、つまりスッポンで甲羅は全体に金箔地に蘇芳を塗り亀甲文はなし、背刳りの内側は胡粉を塗る。そして、この引出し、どちらか一方を開閉すると相手方のも開閉するようになっており、亀が顔を出すとスッポンも顔を出すのである。

この装置はまったくよく考えたもので、碁盤の内部に中央の一点を軸として左右に回転する軸木を仕掛けるカラクリである。

天武天皇はこれでお遊びになられたのであろうか。お相手は誰だったのだろうか。どちらが亀だったのだろうか。

現在の碁盤の星眼は九だが、これは倍近い一七だ。朝鮮様式のものだろうか、ルールが違ったのだろうか、亀とスッポンどちらかに取った相手の碁石をいれたのだろうか、増川宏一先生の『盤上遊戯』や『碁』（いずれもこの「ものと人間の文化史」シリーズ）にくわしく記されているから、興味のあるお方は見ていただきたい。

北斗七星を背負うスッポン

正倉院の亀類の中で最もリアルな姿をしているのは「青斑石鼈合子《せいはんせきのべつごうす》」である。

正倉院蔵の青斑石鼈合子．左は詫間裕氏による復元，背中に鮮やかな北斗七星を描く．

これは名称から想像できるように青斑石、つまり蛇紋岩製の蓋付きの容器の合子《ごうす》で、鼈の姿がきわめて写実的、中国産のスッポンにそっくりである。

長さ一五センチ、幅一〇センチ、高さ三・五センチ、高台の付いた八稜形の皿をスッポンの腹部にはめ込み、眼には深紅色で透明の琥珀が入れてある。

用途は不明で、硯のようなもの、香料入れ、近年は不老長寿の仙薬の容器と推測する説もあり、確定はできず今後の検証が楽しみである。

これは『東大寺献物帳』には見えないから、聖武天皇の遺愛の品ではなさそうである。しかし高貴の人が所持していたにちがいない。

これはスッポンの形の特異さもさりながら、背中に北斗七星が描かれている点に注目すべきである。

平成十二年秋、第五十二回の正倉院展にこれが出品されていると聞き、私は奈良へ行った。

想像していた通りの名品だった。だが黒ずんだスッポンの背にはお目あての七つの星は見えなかった。

正倉院展の図録によれば、鼈の背には裏返しの形の北斗七星が表現され、星は円く輪郭線を彫って内側に銀泥ないし銀箔をおき、星をつなぐ線は二本の浅い筋を刻んで、その間に金粉ないし金泥を塗る。また、ほぼ全面にわたりかすかに金泥らしきものが残るとある。

このスッポン形のふたものは、平成十一年に正倉院事務所が復元し、報道関係者に公開し、「コハクの目、背中に鮮やか七星キラリ」と各新聞に大きく出た。その後、兵庫県姫路市の県立歴史博物館を皮切りに全国を巡回し一般公開、私も四日市市の博物館で見た。

これは甲府市の玉石彫刻家・詫間裕氏が正倉院で実物を見ながら復元したもので、同じ色合いの蛇紋岩を探すのに数年かかり、長野県白馬村で見つけ、当時と同じ技法で正確に復元させた。目の位置がすこし変わると表情が微妙に変わってしまい、最も注意したという。

なぜ亀の背に北斗七星が描かれているのだろうか。

この宝物の制作の直接的な動機は、和銅八年（七一五）九月に背に七星の文様のある亀が献上され、霊亀と改元されたと『続日本紀』にある話と関連があろう、と以前からいわれてきた。だが「年号を変えた亀」（一一八頁）で記すように、あの霊亀の目は左が白で右が赤、大きさも異なるから関係がないと思う。

北斗は天のほぼ中心に位置し、人の運命を支配すると古代中国では考えられていた。そして想像上の大亀である鼇《ごう》が仙山や大地を支え、亀の背に文字や符号を背負う霊亀が出現したり、『史記』亀策列伝に腹に文様のある八種の亀のうち、第一が「北斗亀」という北斗七星をもつ亀で、これを手に入れた人は富貴になるという名亀も登場。さらに亀甲を用いた亀卜などのイメージと、長寿のシンボルが一体化し、北斗を背負う瑞亀が形成されたのであろう。

この合子の亀の腹は八稜形にえぐられて同じ形の八弁の花形の皿がすっぽりおさまる。この中に何を入れたのか、おそらく不老長生を願望しての薬であろう。現代でもスッポンエキスなどという、私には効能はなんとも言えないが、とても高価な薬が存在するようにスッポンは不老長生・精力絶倫のイメージがあり、それが容器とされ『抱朴子』にある金丹やら神丹とか得体の知れぬ仙薬が納められていた可能性が強い。宮内庁正倉院事務所の三宅久雄保存課長は『正倉院紀要 23』で、スッポンの形は古代中国の「天円地方」という宇宙観を反映していると見る。方形の地を円形の天空が覆うという考えで、スッポンの腹部が地、丸い甲羅が天となり、北斗七星を背に刻む点から、七星散という仙薬を入れた容器で、おそらく天皇が服用されたのではとの説を発表した。

七星散は伏苓《ぶくりよう》、地黄《じおう》など七種の薬を調合したもので、服用すれば三九日で仙人になれるとか。

それにしても北斗七星が描かれているのは高松塚古墳やキトラ古墳の天井の星宿図と、法隆寺や四天王寺の七星剣と、正倉院の七星剣という御杖刀のしこみ杖ぐらいである。よほど高貴な方の所持品で、天皇のための仙薬容器説もうなずける。

瑇瑁の琵琶はラクダに乗って

『珍宝帳』に「螺鈿紫檀五絃琵琶一面　亀甲鈿捍撥納紫綾袋浅緑臈纈裏」とある、まことにみごとな楽器、琵琶がある。

正倉院に琵琶は六面あるが、北倉にあるこれのみが五絃で他はみな四絃。五絃の琵琶は中国や西域の絵画や浮き彫りにみえるものの、実物があるのは世界で唯一これだけ。

『珍宝帳』にいう捍撥《かんぱち》とは撥面のことで、普通は革を用いるが、長さ三〇・九センチ、幅一三・三センチのこの部分には亀甲すなわち瑇瑁《たいまい》を貼って地とし、そこに螺鈿細工でふたこぶラクダに乗り琵琶をかなでる胡人《こじん》と、熱帯樹に飛び交う鳥や草花をはめ込んである。

表面の板は沢栗《さわぐり》という材で、そこに花文様を飾る。花心は琥珀、花弁は螺鈿と瑇瑁である。このデザインはササン朝ペルシア様式であることは明白。正倉院の宝物中でも最も技法が優れるものといってよい。それにべっこうが使われているのが、とてもうれしい。

表面の瑇瑁は螺鈿の夜光貝のあでやかな光にかくれてめだたないが、斑文の少ないものとやや多いものとを振り分けて琥珀の花芯の艶やかな光がよりよく放てるように心配りまでしてあるようだ。

瑇瑁は南倉にある如意にも用いられている。

如意は僧侶が孫の手のように背を掻《か》く実用具だったが、仏教が形式化して実用を離れて威儀を正す具となり、装飾化されたもの。

正倉院には九本があり、一本はクジラの鬚。四本が犀角、そして瑇瑁製が四本ある。

瑇瑁すなわちべっこうの技法は、主として下地に金箔や銀箔を押し、あるいは彩絵を施した上に瑇瑁を貼り、透視の美しさをねらったもので、こうした瑇瑁貼りは「螺鈿紫檀阮咸《げんかん》」の胴表の周縁や背面にオウムや花を飾り、その要所に瑇瑁を嵌めて用いる。その代表的なものは中倉にある「瑇瑁螺鈿八角箱」である。これは南洋産の海亀を用いている。他にも「沈香把瑇瑁鞘金銀荘刀子」という鞘にべっこうを貼る小刀や麈尾という法具の柄などにも用いられている。

現代ではセルロイドからはじまりプラスチックなど透視の美を演出できる素材はいくらもあるが、当時はそんなものはない。瑇瑁の技法は珍重され愛好された。だから瑇瑁貼りを模した仮《げ》瑇瑁《たいまい》がある。

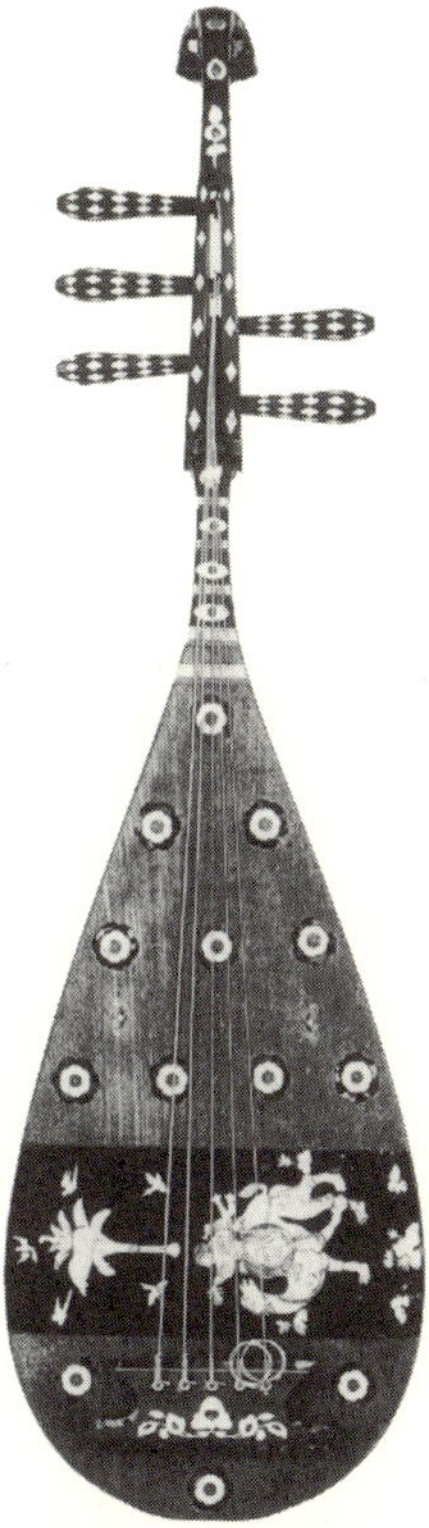

螺鈿紫檀五絃琵琶

瑇瑁の如意

（いずれも正倉院蔵）

瑇瑁螺鈿八角箱

その一例に正倉院には「緑地彩絵箱」や「仮斑竹杖」などがある。

これは瑇瑁を貼るかわりに黒褐のべっこうの斑を描いたもの。斑竹という斑紋《はんもん》のある竹も瑇瑁のようだと愛用されるのだが、この竹も入手できないから代用に女竹に斑を描いたもので、これらも瑇瑁を憧れた技法だと思う。

べっこうのステッキなど

正倉院の南倉には五本の杖があり、そのうちの二本の杖は鼈甲製である。

「瑇瑁竹形杖」と「瑇瑁八角杖」である。これについては拙書『杖』(「ものと人間の文化史 88」)で解説したが、実用の杖ではなく儀礼などで威儀を正す道具として使われたものであろう。

「瑇瑁竹形杖」はその名の通り、べっこうで竹の形を作ってある。長さ一二一・五センチ、柄径一・八センチ、T字形で、心は木で作り、その上にべっこうを曲げて張りつけて竹の管を形どり、べっこうの接ぎ目を重ねることにより竹の節を作り出し、竹枝を杖にまとわせ、まるで竹ですべてができているように作られている。石突きを除きすべてべっこうで包んである。

黄色と黒色の不規則なべっこうの斑が、まるで本物の竹のようだ。

もう一本の「瑇瑁八角杖」は、これもT字形で、全長一三五・五センチ、横木の長さ三四・五センチ、柄径二・五〜一・九センチ。横木も柄も木を八角棒状に削り、この全体をアオウミガメのべっこうで包み、八角の各稜線に象牙をはめ込み、表裏左右の四面には金箔を塗り、その間の四面には緑青を塗り、ところどころに藤《とう》と樺《かば》との段巻きをする。また八角の各稜線と横木の両端や石突きには八角形の象牙がはめ込んであり、細部にいたるまで入念な仕上げの杖である。

こうした正倉院の瑇瑁宝物の技法・材質の調査が昭和六十一年十月と翌年十月の二回に延べ一〇日間なされた。調査員は自然科学的立場でウミガメ研究の第一人者、名古屋港水族館長の内田至博士と、べっこうの文化史的研究家として長崎歴史文化協会主宰の越中哲也先生、さらに加工技術の専門家の菊地藤一郎、永沼武二氏があたられた。

内田博士によれば、模様の「斑《ふ》」を見ればあるていどは産地の推定もできるのだが、小さなパーツに分かれているので困難であった。甲羅の厚みが五・五ミリ以上の立派な素材を用い、まことに精緻な技術と、光の反射で杖を貴人が手にして歩いたときに陽の当たり具合でどう見えるかというところまで計算して、杖の横木は光を反射する黄色っぽいところを、握って手でかくれる部分は黒っぽい材料をと実に工夫して細部にまでこだわる職人わざに調査員の先生方は感嘆されている。

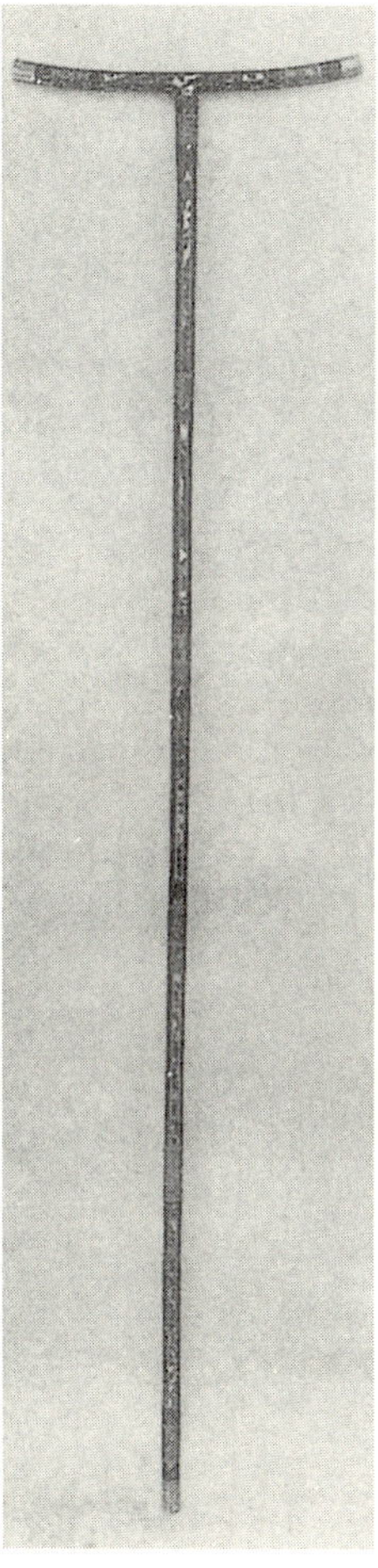

瑇瑁八角杖
(正倉院蔵)

槃竜背八角鏡（正倉院蔵）

正倉院の亀たちは甲羅が利用され加工されたものばかりでない、姿を描かれたものもある。

北倉には「白石鎮子《はくせきのちんす》」といって、大理石のレリーフがあり、これに亀の姿をした玄武が彫られている。縦二一・五センチ、横三〇センチ、厚五センチの石板には四神のうちの白虎と玄武が絡ませてある。玄武は蛇と亀からなるから、虎を合わせると三獣の絡みあいだ。

また南倉の「十二支八卦背円鏡」にも玄武の図があり、北倉の「槃竜背八角鏡《ばんりゅうはいはっかくきょう》」の鈕《ちゅう》には円形の蓮葉の上に乗る亀が付き、その左右に双竜を配す。このように亀は正倉院の宝物の中にかかわっているのである。

国宝の金亀舎利塔

奈良・唐招提寺の国宝・金亀舎利塔は亀の存在が最もはっきり見える国宝であろう。唐招提寺の開基、中国唐代の僧・鑑真（六八七―七六三）が唐より請来した仏舎利を納めた白瑠璃壺を奉安した宝塔を亀が背負う「金亀舎利塔」である。金銅製で高さ九二センチ、平安時代十二世紀の作である。

亀はいくつかの部分に分けて金銅板を打ち出して作り、鋲留めで接合され、内部は木胎が入っている。亀の頭は首が長く角と耳があり、鼻先が長く変わった顔をしている。甲羅は魚々子《ななこ》地に四弁花文を表わした亀甲文を全体に毛彫りしてある。この亀甲の上に蓮華座をのせ、宝塔を支えてふんばっている。

こうした形式の舎利塔は奈良の長谷寺や東大寺にも所蔵されているが、東大寺のは室町時代の応永十八年（一四一一）、長谷寺のは江戸時代の天保十三年（一八四二）に唐招提寺のに倣《なら》って製作したものので、国宝になっているのが本歌である。

なぜ亀が背に仏の骨を納める塔を乗せているのか、これは他に先例はない。伝承によれば、鑑真和上が仏舎利を請来の途中で難破した。来朝まで五回も渡海に失敗し遠く海南島まで流される労苦を味わい、一二年の歳月を要して来日したという。その難破して荒れ狂う海に漂流したとき、鑑真は浮かべる荻の上に座して奇跡的に助かり、舎利も竜神に奪われんとしたとき、金亀が出現し、背の上に安置して守ってくれたとする伝承がある（『東征絵巻』）。

だから金亀に乗せてあるのだというのだ

金亀舎利塔（唐招提寺蔵）

が、伝承はともかく、亀が大切なものを背負い守るとする発想は、先に何度も記したように、大地を背負い、蓬萊山や島を支えているという太古からの思想を受け継いでいるのだ。

第三章　亀の昔話

兎と亀の童話

日本の子供は早くから亀と出合っている。それは童話の「兎と亀」であり、「浦島太郎」である。兎と亀の話は「イソップ物語」に端を発している。

「イソップ物語」、正しくは『アイソポス寓話』は紀元前六世紀頃のアイソポスの作と伝えられる動物寓話集。イソップはギリシアのアイソポスの英語読み。生没年不詳だが奴隷であったが寓話を巧みに話したので解放されたとか、無実の罪で刑死したとか逸話奇行の伝記が多い。すでに紀元前五世紀に「アイソポスの物語」として動物の行動や性格に託して一般大衆に適切なモラルを説き、生きるための知恵にした寓話集が存在していた。その一つに兎と亀の話があった。

兎と亀がどちらが速いか競争をした。コースとゴールは狐に決めてもらった。

兎は足の速さに自信がある。亀なんかに負けるはずはないとあなどって、ちょっと道から逸れた所

浦島太郎絵絣（明治期）

で一休み、横になって眠ってしまった。亀は歩みはのろい、だが一度も休まずゆっくり、しっかり歩き続ける。

目が覚めた兎は、これはしまったとゴールへ跳んで行ったが亀はもう着いていた。

「イソップ物語」は親しみやすい話なので、ギリシア民族にとどまらず、中世やルネサンス期にも高い評価を得て、アフリカやアジアの寓話も組み込まれて世界文学の一つとなり、わが国にも十六世紀末にローマ字で印刷された『エソポのファブラス』がイエズス会の天草学林から初めて和訳出版された。これは西洋文学が翻訳された最初である。この原本は大英博物館に『平家物語』と『金句集』と合本して現存する。これに続いて仮名草子として『伊曽保《いそほ》物語』が文禄二年（一五九三）に出版された。

これには兎と亀を含む七〇話があり、他にも何種かの写本があって万治二年（一六五九）には絵入りの本も出版されているが、江戸時代では一般にはあまり知られていなかった。明治初期に英語版の翻訳を通して再度イソップ物語が紹介され、小学校教科書に用いられてから幼児向きの教訓話として普及した。

特に明治三十四年（一九〇一）石原和三郎作詞、納所辨次郎作曲の唱歌「うさぎとかめ」が広まって以来、日本古来の民話であると誤認され、外国の、しかも古代ギリシアの話とは思われないほど日本人の心に身近な物語として親しまれるようになった。

うさぎとかめ

石原和三郎作詞・納所辨次郎作曲

もしもしかめよ　かめさんよ
せかいのうちで　おまえほど
あゆみののろい　ものはない
どうしてそんなに　のろいのか

なーんとおっしゃる　うさぎさん
そんならおまえと　かけくらべ
むこうのやまの　ふもとまで
どちらがさきにー　かけつくか

どんなにかめが　いそいでも
どうーせばんまで　かかるだろ
ここらでちょいと　ひとねむり

ぐうぐうぐうぐう　ぐうぐうぐ

こーれはねすぎた　しくじった
ぴょんぴょんぴょんぴょん　ぴょんぴょんぴょんぴょん
あんまりおそい　うさぎさん
さっきのじまんは　どうしたの

これは誰も知っているが、他に亀がでてくる歌はあまり思い出されない。「かごめかごめ」ぐらいだろうか。

かァごめ　かごめ
かァごの中の鳥は
いついつ出やる
夜明けの晩に
鶴と亀がすゥべった
「うしろの正面だァれ」

地方によって歌詞は少々変わるが、江戸の『童謡集』（行智編、一八二〇年頃）にも集録された古い歌である。

この歌の解釈はむつかしい。遊郭の遊女の歌とか、徳川埋蔵金の隠し場所の暗号歌などの説もあり諸説紛々。そもそも夜明けの晩とはなんたることか、どうして鶴と亀とがすべったのか。私にはさっぱり手も足も出せない。

和歌山県日高郡由良町に語り継がれる民話には「兎と亀とフクロウ」というのがある。兎と亀の競争はインチキで実は亀は二匹いてスタートとゴールの亀は別だったという。空中でフクロウが合図をしながら亀を勝たせたというのだ。しかし神様は怒ってフクロウの目をくり抜いて見えなくし、亀も杖で叩かれたので甲羅にひびが入ったという愉快な話である（柳澤践夫「紀伊半島のウミガメ」、『紀伊半島ウミガメ情報交換会十年のあゆみ』）。

また南方熊楠が柳田國男に宛てた書簡に西インドのハイチ島かどこかの昔話として、鶴と亀が競争を賭けた。亀はなかなか奸謀のあるやつにて、競争のコース全部の水中に亀を一列に並べ置き、鶴が正直に水面を眺めながら飛ぶと同時に、一亀浮き上がりて他は沈み去る。その状あたかも将棋倒しのごとく、前方へ前方へと鶴に先だって浮き上がったから鶴はあざむかれて負けたというお話もあった（『南方熊楠全集　8』）。

昔話の「花咲爺」に亀が出てくるのもある。九州豊前築上郡の話として『柳田國男集　6』にある。爺が山に木を採りに入って物を言う石亀（クウヅ）を見つけて連れて帰り、これに物を言わせて金儲けをした。それを隣の慾張り爺が見て、無理を言って亀を借り受け町へ出たが、亀が一言も言わないので腹を立て竃に亀をほうり込んで焼き殺す。好い爺さんは悲しんで亀の骨の灰をもらい袋に入れて正月元旦に枯木に花を咲かせて褒美をいただくという話。

また兎と亀の後日譚も山形県上山市楢下に伝わる。

亀に負けた兎は仲間たちから恥さらしだと追放されたが、兎村に狼が子兎三匹をよこせと言ってきたのを聞いて、名誉挽回のため狼を山の上におびき寄せて崖から突き落として退治し、晴れて仲間にカムバックできたとか。

こんなのもある。「兎と亀が駆けっこして、兎はなまけて負けました。これは昔の話です。今の兎は違います。しゃにむに走りその上に、自分の行く先つい忘れ、私はどこへ行くのでしょう。これを見ていた亀さんは、笑いをこめていいました。お可愛そうな兎さん、お目々を真赤にしてまでも、そんなに駆けるのやめなさい、お道はまだまだ続きます。脚もと見つめゆっくりと、仲よく一緒に行きましょう。兎は長い耳をかた向けて、ほんとにそうだとうなずいた」(中島義観作)。

近年はどうもこの童謡が学校でも歌われてないのではなかろうか。それは「世界のうちでお前ほど、あゆみののろいものはない、どうしてそんなにのろいのか」という差別につながる思想からだろうか。居眠りした兎を笑い、亀を勤勉家としてまつりあげたのだが、歩みがのろいことがそんなに悪いことだろうか。もし水泳で競争すればどうなるか。という反省が教育界に出てきたからと思う。

アメリカの最高裁判所の大理石のペディメントには群像彫刻の一部に亀と兎が刻まれているという。

それは最高裁の性格は急進すぎてはいけないと同時に、立法府が保守一辺倒に固定すれば、その眠りを覚せて時代の進運にそわしめるべきという寓意だと聞いた。

先年ラジオで、新都都逸として「亀は兎にけっきょく勝って後で疲れて死ぬ思い」というのも面白く聞いた。けなげな亀の歩みをのろいと笑った時代が、スローもいいじゃないかと変わってきて現代に通じなくなったのはよいことだろうか。


もう誰も歌い継がない数々の小学唱歌　孫に聞かせる　園田信子

なおイソップ物語には、亀が鷲に空を飛ぶことを教えてほしいと頼み、そんなこと無理だよといわれるが、たっての頼みだと鷲の爪でつかんでもらい空高く舞い上がったが、放されて墜落。亀の甲羅は岩の上に落ち打ちくだかれて、亀裂ができたとする話や、亀が甲羅をもつのは、ゼウスが全動物を招いて宴会をしたとき、亀だけが約束を守らず遅刻し、その理由を尋ねられると、「わが家に居るのが一番」と答えたのでゼウスは激怒。それならどこへ行くにも家から離れないようにと甲羅をつけられたという話などもある。

荒俣宏氏によれば、「亀と鷲」の話はヒゲワシという鷲は亀の甲羅を岩にぶつけて割って肉を食うという奇習があるのが背景にあるのだろうという。

アイソポスの寓話は現代も全世界の人々の心の中に共通の教訓として生きつづいている。

今は昔の亀物語——亀の報恩譚

『今昔物語集』にある亀の話を中心に書こう。

ある所に亀の夫婦がすんでいた。雌亀が病気になり「猿の生き肝を食べると治るそうだから探してほしい」と雄亀に依頼した。さてどこにそんなものあるのか、猿に話してみた。「お猿さん、川の向こうに面白い所があるから連れてってあげますよ。私の背に乗りなさい」。

猿は親切な亀の言葉を信じて背に乗って川の途中まで泳いだとき、「病気の妻に猿の生き肝がよいというので肝を貰います」。驚いた猿は「なんだそうかい、もっと早くそう言ってくれればよかったのに、肝は岸の木の枝に置いてきたよ、引き返して持ってこよう。お役に立つことなら喜んで差し上げるよ」。

亀はすっかり信用して岸へ引き返すと、「馬鹿だね亀さん、どうして腹の中の肝が木に懸けられるかね」と笑った。

これは『六度集経』や『ジャータカ』にある寓話で日本にも古く伝わり、『今昔物語集』巻五にも「亀、為猿被謀語」として収められている。私も子供の頃に絵本で見たし、「猿の生肝」の話は小学校で先生から聞いた覚えがある。

韓国の昔話にはこれと同じ話が「兎の肝」となっている。

三重県志摩市片田の昔話には「猿と亀とナマコの話」となり、竜宮の乙姫さんが病気で猿の生肝を食えば全快と聞いて、亀がナマコを連れて猿を尋ねるが、ナマコが告げ口をして不首尾。そこで竜王が魚たちに亀を打たせたので甲羅にひびが入り、ナマコもせっかんされて目や口を切られ、体一面を刺されてイボができたとする。

旱魃で食物がなくなり亀は餓死を待つばかり、鵠《おおどり》がいたので食物のある所へ連れて助けてと願った。くちばしにくわえられ飛ぶ途中、「どこまで飛ぶの」と聞かれて返事しようと口を開いたので亀はストンと落下。通りかかった人にうまそうな亀だと食べられた。これは『旧雑譬喩経』や『五分律』、『ジャータカ』などに出ている饒舌を戒めるたとえ話。

亀と猿「むかしばなし」(江戸時代)

『今昔物語集』巻五―二四にも天竺のこととして同様の話が「亀不信鶴教落地破甲」と出る。これはイソップ物語の亀裂の起因の話ともつながり、和鏡の「松喰鶴鏡」などの図柄を連想させる話でもある。類似の話は「雁と亀」ともされ、ブラジルにもアオサギに運んでもらって落とされる話があるそうだ。

これも『今昔物語集』。今は昔、大蔵の大夫《たいふ》と呼ばれた紀の助延《すけのぶ》という男が備後の国へ行ったときのこと。浜で網を引いていたところ甲羅の広さ一尺四方ほどの亀がかかった。そこで助延の郎等たちが亀をもて遊び、下品なふざけ方をして、甲羅の中に首をひっこめているところへ自分の口をさしあてキッスをしようとした。その瞬間、亀は首をにょきっと出して男の上下の唇を嚙んでしまった。さあ大変、叫ぼうにも声が出ず涙を流して亀をひっぱりはずそうとするが、ますます強く食い入るばかり。仲間が刀で亀の首を切り落としたが、なお食らいついて離れない。血が流れ、大きく唇は腫れあがり、長い間この男は病み臥した。これを見た人、聞いた人、気の毒とはいえ、つまらぬ悪ふざけをして馬鹿なことよと笑われ語り伝えられた。これは巻二八―三三の「大蔵大夫紀助延郎等唇被咋亀」。

さらに『今昔物語集』には巻十七の本朝付仏法に「買亀放男依地蔵助得活」という一篇もある。近江の国甲賀郡の男が漁師の網にかかった大亀をかわいそうにとなけなしの金で買って放ったが、男が死んでから地蔵菩薩が、あの亀は自分が化身していたのだと助けてくれる。荒筋を書こうにも荒唐無稽な話である。

さらにもう一つ、巻十九の「亀報百済僧弘済恩」も、備後の国三谷郡の人が大きな海亀を憐れみて漁師から買い取り海へ放してやったが、後に海賊に襲われ海中に落とされたとき亀に助けられたお話。これも「弘済和尚と海亀」として昔は広く語り伝えられていた。

次も『今昔物語集』巻五―一九「天竺亀報人恩」の話。

連日の炎天で大きな亀が息たえだえ。これを見つけた人がよい獲物だと持ち帰ろうとしていると、一人の長者が通りかかり憐れな亀を譲ってくれという。高い値で買って傷口も洗って海へ返してやった。するとある夜、長者の家の門を叩く者があり、「いつか助けていただいた亀です。ご恩返しがしたいのですが、私どもには水の干満がよくわかり近々に大洪水がありそうです。早く船の用意をしておかれるといいですよ、その時はまたお迎えに参ります」と告げた。不思議なことだなと思いつつ国王にも話し逃避した。やはり大洪水が襲ってきた。船を亀が誘導してくれた。すると蛇や狐も溺れているので助けた。その時、一人の男が助けを求めていた。長者が救おうとすると亀は、「人間を救ってはいけない、人間ほどうそをつくものはありません」という。長者は動物よりも人間を助けねばと亀に言い聞かせて救う。だが助けられた人は狐が見つけた穴の中の黄金を長者が洪水被害者に分配しようとするのに、半分おれによこせ、さもなくば訴えると役人に密告し、長者は牢獄につながれた。一心に仏を念じる長者に蛇と狐が知恵を出して助けて宰相になる話。これは『六度集経』などにもあり、物語の前半の洪水を知らせる動物は、鮫や人魚といわれる儒艮《ジュゴン》（ザン）などとなる類似の話もある。

柳田國男の『海南小記』にも「亀恩を知る」話がある。荒筋を記すと、八重山列島の石垣島を旅してると富士屋旅館の女主人がこんな話をした。

海亀が卵を産みに浜に上がると漁師は捕らえて肉を売っていた。女主人は他の土地から嫁に来た人で、亀がかわいそうだと亀を買って海へ放すと、味をしめた漁師たちがつぎつぎ担いでくる。

富士屋の門の中へ担いで来たなら値が高くても買っていたので新しい衣も一枚だって買えませんよ、嘘だと思うなら聞いておくれと言うから、何で嘘だと思うものかおかみさん、浦島も山蔭の中納言も亀を助けたから立派な答礼を受けている。おかみさんが女だてらに鉄砲で鳥打ちしながらも亀だけは性の有るものと思って助けたくなるのも、内地の年寄が小さな石亀も放そうと思うのも、日本人には不思議な遺伝子があるのだといった話をしていると、そばに居た人がからかって「でもおかみさん、それほど助けた亀が一匹もこれから旅に出るおかみさんにご無事でとも何とも言いに来ないじゃないか」と言うか言わぬかに、伝馬船の舳先の方で「あっ亀が出た」と大声。三匹の大亀がさよならするように手を動かして船のすぐ脇を通るではないか、これには驚かぬ人はなかった。産卵期ならともかく、今は亀がいる季節ではない。まあこんな筋だが、柳田國男はもうこの社会には新しい不思議が現われて人の心の向き方を変えるような機会がまあないものと思っていたが、まだ人間界には見つくされぬ隈があったと知ったと記す。これは大正九年一月のことであった。

次は瀧沢馬琴の『兎園小説』にある話。

文政八年（一八二五）四月、北海道松前の漁場で大亀が網にかかった。浜に上げるのに五人十人の力では足りず船轆轤でようやく引き揚げると、亀は涙を流して哀れみを乞う。かわいそうに思い、亀は万年というがもう千年も長寿したのだろうから命を助けてやろう、その報いとして近年この浜は不漁だからすこし獲物があるようにしてくれと言い聞かせると、亀はキキと鳴き心得たというような姿をした。だが仲間の漁師たちは油を搾れば三〇金、甲だけでも二〇金になると承知しない。だが涙を流すのを見て誰もが哀れと海へ戻してやった。するとその翌日から獲物がにわかに多くなり、例年三〇〇〇石が八〇〇〇石にもなったという。まさに江戸時代の浦島太郎物語である。

ちなみに海亀は涙を流しているように見える。実は体内の過剰な塩分を濃縮排泄する器官が眼の上部にあり、それで涙を出して命乞いをしているように見えるのである。

山陰中納言と亀の話など

明治五年（一八七二）のある夜、伊勢に住む二十三歳の青年、大岩芳逸が夢を見た。

伊勢神宮の外宮のほとりが一面の池となり、その池の中から一匹の亀がお伊勢さんのおふだ（大麻）を口にくわえて泳いでいた。しっぽに毛が生えた霊亀であった。その彼方にはさんぜんと輝く豊受大神宮の千木が老杉の間に見えかくれ、そこへ一声、高く鳴き渡る鶴に夢醒めて思わず跪坐敬拝（大岩芳逸伝「おもかげ」）。

当時、神宮は明治維新による大改革がなされ、神職の世襲や御師の制度も廃止され、神域は荒廃、神を冒瀆する目に余る風景があちこちに見られた。この夢を見て敬神家の彼は宮域浄化に一生をささげようと決意。明治十九年に太田小三郎などと全国組織の神苑会をつくり、まず外宮の亀がすむ勾玉池を改修、ついで両宮に近接する民家を撤去し神苑を設け、やがて両宮の中間の倉田山に農業館と徴古館を創設させるのだが、それはさておき、なぜ亀が大麻をくわえている不思議な夢を見たのか。

私は彼の日頃から伊勢を聖地にしたいという情熱と読書した『大神宮霊験集記』の影響だと思う。

それは宝永二年（一七〇五）の春、おかげ参りが大流行していた時、江州阪本きせる屋十兵衛の妻が五歳の子を連れて参宮の途中、湖を渡る船から過《あやま》って子供を落としてしまった。母はもちろん乗り合う人々は驚き騒ぐが誰も救う者はない。母は狂気のようになって飛び込もうとするが止められる。そこへ大亀がぽっかりと浮かび出て、甲羅に子をすくい乗せたので急いで船を漕ぎ寄せ抱き上げて無事。あまりの不思議さに一同びっくりして見ると、亀と見えたのは御祓の大麻となって流れに消えたという。この話、幕末の伊勢神宮の神主・山口起業が『神判記實』として出版した中に、木版画の挿し絵で子供を救う亀と大麻の図が出ている。おそらく芳逸青年はこの本を寝る前に見たので夢に現われたのではなかろうか。

さて、これとよく似た話が『枚方市史』にあった。

「山陰中納言と亀」として平安時代の貞観年間、藤原高房が西国に下向するとき愛児を伴い淀川を舟で下っていると、鵜匠が亀を獲って殺そうとしていたので買いとり川に放してやり、旅をつづけていると、舟から子が落ちて、さあ大変。神仏に祈っていると先ほど助けた亀が浮かび出て幼児を助けてくれた。この助けられた子が後の中納言、従三位の藤原山蔭（八二四－八八八）となり、この亀を恩神として祭ったのが枚方市の亀道祖神であるという。

この話、『今昔物語集』巻十九－二九に「亀報山陰中納言恩」として出ており、他にも『平家物語』や『源平盛衰記』巻二十六、『沙石集』巻八、『十訓抄』などにも出ていて、よほど昔は著名だったらしい。ただし山陰が亀に救われたのではなく、山陰が大宰帥《だざいのそつ》として赴任の途中、愛児が継母に海中に突き落とされる話となっている。

こうした伝承は事実かどうかはさておき、助けた亀に連れられてとか、救われてというモチーフが浦島太郎の昔から広く庶民に浸透していて、亀はただものでない生き物とするイメージが夢に霊亀として出現しやすく、夢から覚めてもいつまでも強烈な印象を残す存在になっているからであろう。

これは明治三十六年（一九〇三）のこと。東京の浅草公園で噴水を作るため、筆塚の石製の亀を移したところ、黒い妖気が出て、空に散ったとのうわさ。調べると焚き火の残りを穴に入れ土をかけたためと判明（『時事新報』）。これも亀だから騒がれたのであり、亀は霊物で妖気を吐くものとの潜在意識をもたれていたからであろう。

南方熊楠は「瓢簞亀」という話を書いている（『全集　5』）。昭和十一年に台湾で瓢簞形の奇形の亀を獲て、京都大学の瀬戸臨海研究所で養い、岡田要博士が外国の文献にも見当たらぬ珍種だと話したが、熊楠は明治十一年に和歌山の薬屋の主人がこんな亀甲を秘蔵するのを見たし、在欧中にも数回見た覚えがあるとし、南宋の洪邁の『夷堅志』にこの亀の作り方があると暴露する。

普通の活きた亀を鉄線でもって腹を巻いて瓢状に仕立てたのだ、この本は日本でいえば鎌倉時代に記されたのだから、八〇〇年も以前に中国人はこんな亀を仕立てるいたずらをしていたのだ。

よく似たことは私も体験している。昭和四十八年頃、神宮農業館の池に真赤な亀が泳いでいると町の噂になった。たしかに不思議な赤亀がいた。それは悪戯好きな監守が亀に赤ペンキを塗ったものとわかり、館長さんに叱られた。

これもそれほど昔の話ではない。明治四十二年（一九〇九）というから私の父が幼少の頃。愛知県知多半島の先端部、南知多町豊浜の西に浄土寺があり、その境内に石の大きな亀が鎮座している。この亀にまつわる話だ。

昔はこのあたりも海亀の産卵地であった。そして亀が死んで網にかかると、海が荒れる前兆だとし、亀を厚く葬り無事を祈る風習があった。浜に漂着して死んだ亀の甲に「奉大海竜大神、伊賀上野某」と書かれていた。そこで三重県伊賀上野の某氏に連絡したら、たいそう驚いて、さっそく盛大な供養を営んだそうだ。

その話によると、ある夜、夢に亀が現われて「われは大海竜神である、われを捜し出して供養をするならお前の病は平癒するだろう」と消えたという。その人は重い病気に苦しんでいたのだ。翌日に人をやって伊勢の海を探させていたところ、二見ケ浦で網にかかって死にそうな大亀を見つけた。そこで大金を払って亀を助け、背中に「奉大海竜大神」と書いて海へ放してやったという。

某の難病はたちまち全治してお礼に造ったのが浄土寺に今もある「お亀さん」として信仰される亀の墓である。

余談になるが、私も亀の甲に文字が記されているのを子供の頃に見た。

昭和十八年頃、祖父に連れられ神戸の阪神パークへ菊人形展を見に行った。覚えているのはペンギンがいたのと、水族館の入口に大きな海亀が数匹いて、その背中に黄色のペンキで何やら字が書かれていた。

おそらく当時のことゆえ「敵国降伏」とか「撃ちてし止まむ」というスローガンだったと思う。さらに二十数年前にサメを調べに行った鳥羽水族館では「交通安全」や「確定申告は早めに」と海亀の甲に白ペンキで書かれていたり襷を掛けているのを見た。これは毎年、新聞ニュースになっていた。またどこだったか公園の池で、亀が相集まり石を積んだようになって日向ぼっこしているのを見たことがある。

「親亀の上に子亀を乗せて、子亀の上に孫亀乗せて、孫亀の上に曾孫《ひまご》亀、曾孫亀の上に玄孫《やしゃご》亀乗せて、親亀こけたら皆こけた」という早口言葉を思い出した。

ついでに、亀の謎々。

亀の上に鋸《のこぎり》一挺、なあに。答、亀甲《かめのこ》（津軽の地名）。その土地の人でないと通じません。

亀の年の下へ焼火箸を水の中、なあに。答、まんじゅう。亀の年は万年、焼火箸を水に入れればジュウ。昔の人はのどかであった。

年号を変えた亀

年号は元号ともいい、ある期間の年数の上につける名称。中国の前漢の武帝の建元元年（前一四〇）に始まるといわれ、日本では大化（六四五）から平成（一九八九）に至るまで南北朝時代の年号を含むと二四五も継続している。

この制定権は皇帝・天皇にある。古代は時をも天子が支配したということによる。そしてその制定は即位・瑞祥・災異・干支が辛酉・甲子にあたる場合などの理由であった。明治以後は一世一元となったが、それまではしばしば改元され、一年号の平均は約五年間、一人の天皇が二〜三の年号を用いていた。その中で亀がかかわるのは、霊亀、神亀、宝亀、文亀、元亀で、他にも天平や嘉祥なども関係がある。

霊亀は元正天皇の時の年号（七一五―一七）で、和銅八年九月二日に改元された。『続日本紀』によれば、左京人大初位下・高田首久比麻呂が長さ七寸、幅六寸で左目が白く右目が赤く、首に三台（大尉・司徒・司空の三公をあらわす三つの星）、背に七星を負い、前脚に離の卦（☲）、後脚に一爻《こう》（⚋⚊）があり、腹の下に赤白の二点が続き、八の字になっている霊亀を献上した。ちょうどこの時、元明天皇が譲位し氷高内親王が元正天皇として即位する時でタイミングがよかった。こりゃめでたいと霊亀と改元。この頃は和同開珎が発行され、平城宮の造宮がはじまり、『古事記』ができ、『風土記』の編纂がはじまるといった時代である。

この元正天皇は霊亀三年（七一七）十一月十七日に美濃国不破行宮に滞在中に多度山の滝がお酒になったというので、大瑞にかなうとして今度は養老と改元する。その養老七年（七二三）九月七日のこと、左京人の無位の人で紀朝臣家の婢が白亀を献じた。長さ一寸半、幅一寸、両目が赤く、その図柄を勘検させて亀を出した郡はその年の租調を免じ、親王と京官主典以上その他にも禄を賜い、紀朝臣家婢には従六位上を授けて多くの品物を賜う、と『続日本紀』にある。そして養老八年二月四日に元正天皇は譲位して首皇子が即位され聖武天皇となられ、年号は神亀となる。

神亀（七二四―二九）は白亀が献ぜられ豊年であったことによる改元とされているが、干支が甲子であったから甲子の年は革改があるのを避けて改元したのであろう。改元の準備をしていた秋にめでたい白亀がというタイミングのよさが、これまた新しい年号に亀を登場させたのである。

中国にも神亀という年号がある。北魏西紀五一八年で、中国での亀の年号はこれ一つである。

さらにこの神亀六年八月五日に天平と改元がなされた。これも実は亀に由来する。

天平（七二九―四九）は左京職から長五寸三分、幅四寸五分で背に「天王貴平知百年」という文字がある亀が献上され、大瑞物と喜ばれた。これを献じたのは京職大夫従三位藤原朝臣麻呂ら。長屋王が謀反の疑いで窮問され自殺した頃であるが、瑞兆の亀が出現するのは元明・元正ら太上天皇の厚き広き徳をかがふり天地の神々が福を奉られるからだと改元して天下に大赦をしている。

宝亀（七七〇―八〇）は光仁天皇の時の年号。神護景雲四年十月一日改元。この年の八月に肥後国より白亀が相ついで献上され、大瑞にかなうものとして即位ならびに祥瑞により改元された。阿部仲麻呂や道鏡が死んだ頃である。

嘉祥（八四八―五一）も亀の名は付かぬが『続日本後紀』では、太宰府から白亀が献じられた祥瑞による承和十五年六月十三日の改元で、仁明・文徳両天皇の時の年号である。

それから時代は下って室町時代、後柏原天皇の時の年号、文亀（一五〇一―〇四）。これは明応十年二月二十九日に改元されたのだが、代始ならびに辛酉革命による讖緯《しんい》説によるもので、出典は文章博士菅原和長の勘文には『爾雅』の「十朋之亀者、一日神亀、……五日文亀」によるという。

つぎに元亀（一五七〇―七三）は正親町天皇の時の年号で、永禄十三年四月二十三日、兵革により改元。

出典は式部大輔菅原長雅の勘文に「毛詩曰、憬彼淮夷、来献其琛、元亀象歯、大賂南金、文選曰、元亀水処、潜竜蟠於沮沢、応鳴鼓而興雨」とみえる。ただし『皇年代略記』には、元亀二年、二頭亀出現という記事があり、奇形の亀が出現したので改元したとも考えられるが、二年だから関係しなかったと思う。

長い年月、異形やアルビノの白亀も出現したであろう。だが清和天皇の貞観十年（八六八）、肥後の国から白亀を献ずる者があったとき、在原行平や群臣たちが、めでたいめでたいと賀辞を奏して大喜びしたが、清和天皇はクールであられた。「そんなことといったって、いくら水府の使いが来たって、今は国に災いが多いが必ず運が向く時は向くさ、自分ばかりが喜んでいられない、天にまかせよう」といった意の詩を作られて辞して受けられなかった。さすがご見識がおありだった。

中国の思想が根強く伝わっていた時代であったが、中国ではこの頃に亀の権威が下がりはじめていた。年号の亀も次第に頭をすくめてしまうのである。

瑞祥の奇亀

『万葉集』巻一の藤原宮の役民の作る歌に、「わが国は常世《とこよ》にならむ図負《ふみ》へる神《あや》しき亀も新代《あらたよ》と　泉の河に持ち越せる……」と、亀の背に文字のある霊亀が出てくる。これは古代中国で「千歳の亀の背に科斗《かと》の文あり、天地開闢以来の事を記す、これにより亀暦と号く《なづ》」とある瑞亀である。科斗は伏羲《ふっき》の時に黄河に現われた竜馬の背中の旋毛の形状を写したという易の八卦の図や蝌蚪《おたまじゃくし》に似た文字のことで、中国の神話の中での話。これが日本に伝わり、『日本書紀』天智天皇九年六月の背に申《しん》の字が書かれた亀や、先に「年号を変えた亀」の項に記したような霊亀が出現する。

天智天皇九年の申の字のある亀は、上が黄で下が玄《くろ》くて長さ六寸ばかりとある。申は壬申、日を貫ぬく形で上黄下玄は天地玄黄の逆で、壬申の乱を記述するための前ぶれの記事である。『万葉集』の「図負へる亀の歌」も宮殿造営の労役に召された人民の作る歌となっているが、こんな歌を平民が作れるわけがない。柿本人麻呂かよほどの知識人の作であろうし、背に文字ある亀は中国故事を知る人為的工作であったのだろう。

霊亀、瑞亀、奇亀たちは、白亀が『続日本紀』や『文徳実録』、『日本紀略』、『扶桑略記』、『古今要覧』などにぞくぞく。

黒亀、黄亀、赤亀、金色亀、毛亀、緑毛亀、両頭の亀、三頭の亀、三足の亀、六足の亀、物言う亀、中国では五色の亀や六眼の亀など、長い歴史の中ではメラニン色素欠乏のアルビノや奇形もしばしば出現した。しかしこの記録があるのは飛鳥時代と奈良時代がほとんど。ピークは明日香村の亀形石造物や亀石が作られた時代である。よほどこの頃は瑞祥ある亀に深い関心があったことが知られる。それに応えてこれでもかとばかり瑞亀が這い廻る。

①垂仁天皇の三十四年（紀元前五年）春三月二日、天皇は山背《やましろ》に幸す《いでま》。その行宮《かりみや》に向かうとき、河

の中より大亀が出たので天皇は矛《ほこ》で亀を刺すと、亀はたちまち石に化した。
②雄略天皇二十二年（四七八）、浦嶋子が亀を釣り、亀は女《おとめ》になる。
③天智天皇九年（六七〇）六月、背に申の字のある亀が出現。
④天武天皇十年（六八一）九月五日、周芳国から赤亀を貢じ嶋宮の池に放つ（嶋宮は奈良県高市郡明日香村、島ノ庄にあった離宮。以上『日本書紀』）。
⑤文武天皇四年（七〇〇）八月、長門国より白亀を献ず。
⑥元明天皇霊亀元年（七一五）八月、左眼が白、右眼が赤で七星を負う霊亀献上。
⑦元正天皇養老七年（七二三）十月、両眼が赤い白亀献上。同月また白亀出現。
⑧聖武天皇神亀三年（七二六）正月、大倭国から白亀を献ず。
⑨神亀六年（七二九）八月、背に「天王貴平知百年」の文字ある亀を献上。
⑩天平十七年、十八年（七四六）、天平勝宝四年（七五二）、同五年と太宰府や尾張国から白亀が献上。神護景雲（七六八）二年八月、九月や宝亀元年（七七〇）同三年、六年と白亀が出現（以上は『続日本紀』）。つづいて承和十五年（八四八）や嘉祥三年（八五〇）にも続々と白亀が登場（『続日本後紀』・『日本文徳天皇実録』）。貞観十二年（八七〇）や十八年、元和二、三年（八八七）にも奇亀が出現している（『日本三代実録』）が、もう平安時代になると、さすがに科学的知識も発達して白亀が珍しいからといって国史に記録するほどでもないとわかってきたようだ。

亀趺と贔屓

寺社や公園などで亀を台座にした石碑を見ることがある。

石碑は中国に起源し、方形の立石を碑《ひ》といい、円形を碣《けつ》とよび、台座を趺石《ふせき》という。

漢の時代の古い趺石は方形の方趺《ほうふ》であったが、後漢末期に碑に青竜、台に玄武など四神を彫刻するようになり、亀形の趺石が見られるようになった。これを亀趺《きふ》という。

趺石の装飾の四神が玄武に代表され、やがて蛇が除かれて亀だけの台座になるのだが、これは古代インドや中国での須弥山や蓬萊山を背負い不動の象徴とすることに由来しているのである。

亀趺の古い例は「益州太守高頤《こうい》碑」があり、南朝梁・天監十七年（五一八）の「安成康王蕭秀《しょうしゅう》碑」や「臨川靖王蕭宏碑」は亀趺が美しいことで名高い。

唐代には五品以上の人が高さ九尺の碑で亀趺が用いられる定めがあり、中国皇帝が許可した官位の高い人の墓にのみ許された。孔子も文化的偉人として死後の官位が与えられたから曲阜の孔子廟も亀趺碑である。

この制度が周辺の国家に模倣され韓国でも八世紀頃に亀趺が流行する。古都慶州の南山、昌林寺などにも二匹の大亀の双亀趺が、事績を記す石碑も亀頭も失われ無残な姿で這っている。なかには戦前に日本へ運ばれたものもある。兵庫県芦屋市の滴翠美術館の庭内の緑陰にも高麗の亀趺がのっそりと置かれているのを見た。

石碑を失った亀趺（慶州昌林寺跡）

梁始興忠武王墓の亀趺座
522年（南京甘家巷西）

最近この亀趺碑の研究をして、国家の成り立ちを考えるという『亀の碑と正統』（平勢隆郎著、白帝社）が出版された。巻末の資料にはアジア各地の亀趺碑が五〇ページ余も載っている。

日本で最も知られるのは、神戸市中央区多聞通三丁目の湊川神社の「嗚呼《ああ》忠臣楠子之墓」。楠正成のお墓である。

「青葉繁れる桜井の里のあたりの夕まぐれ」と、わが子正行《まさつら》を戒めて、父正成《まさしげ》は延元元年（一三三六）兵庫湊川に出て、敵将足利尊氏と戦い、一族郎党とここで戦死。湊川神社はその古戦場。そこへ元禄五年（一六九二）水戸黄門として知られる徳川光圀が墓を建立した。光圀は『大日本史』編纂をして、楠公こそ日本人の最大指標とすべき人物だと深く景仰したからである。

明治になって、明治天皇は正成の誠忠を嘉みされて、明治五年にここに湊川神社が創建され、神戸駅前に楠樹の森が繁茂する聖域となったのである。

なぜ亀趺の石碑にされたのかというと、碑面は光圀の自筆で「嗚呼忠臣楠子之墓」の大文字で、碑陰には明国人朱舜水《しゅしゅんすい》が撰した「楠公賛」の文章（書は岡村元春）が刻まれていることからわかるように、朱子学の影響を受けているのである。仏教と道教の影響を受けながら理と気を重んじる朱子学の思想は亀に通じるところがあるとされ、亀の胴体から竜の首が出る「螭首《ちしゅ》亀趺」が朱子学を志した者の墓の型式であった。さらに光圀公の謹書した八文字も、中国の「嗚呼有吾延陵季子之墓」に倣ったものといわれるから、その墓碑も亀趺であったのだろう。もちろん光圀の常陸太田市の瑞竜寺の墓地も儒式の亀趺であるが、同所の朱舜水のは方趺である。

湊川神社・楠正成の墓

とにかく大楠公を背負うこの亀、吉田松陰や真木和泉守や西郷南洲が涙して王政復古を決意したのをはじめ多くの人々に大きな影響を与える役目を担ってきたのである。

亀趺の大きなのは松江市内の浄土宗・月照寺にある松平不昧公の父宗衍《むねのぶ》の「天降公寿蔵碑」。巨大な亀が高さ五メートルほどある石碑を乗せて上方を向いている。

右：松平不昧公の父の寿蔵碑
左：亀趺上の庚申塔（伊勢市世義寺）

大茶人であった不昧が亡父の労をねぎらって建立した碑で、亀趺の亀は「孝行亀」といわれ参拝者が頭をなでると長生きすると言い伝えられているそうだが、そんなことを知らずに私はずっと前、日が暮れた頃にお参りしたことがあり、大きさもさりながら、のそりと今にも動きそうな気配で背筋がぞっとした思い出がある。

私が住む伊勢市には亀趺上の庚申供養塔がある。岡本町二丁目の世義寺境内で慶安三年（一六五〇）の銘がある高さ六三センチのもの。願主は大工太郎衛門とある。

珍しいのは島根県八束郡東出雲町の揖夜《いや》神社の亀趺型の石灯籠。天保四年（一八三三）銘で、亀の灯籠は少ないが狛犬のような像はあちこちにあり、これを「贔屓《ひき》」という。それは普通の亀ではない。角や耳があり顔は竜のようなのが多い。

贔屓とはいったい何だろう。

ひいきを『広辞苑』で引くと、「贔屓・贔負、ヒキの転、①気に入った者に特別に目をかけ、力を添えて助けること。後援すること。②後援者、パトロン」と出ている。『日本国語大辞典』では、「盛んに力を出すこと。また、そのさま」などとあり、亀との関連は出ていない。だが辞典に出てなくても昔からなぜか亀の像を贔屓と記し、ヒキとかヒイキといってきた。

そこで『大漢和辞典』を引く。「贔」は力をだすさま、つとめるさま、いかる、ひいき、そしてあったあった。贔屓は鼇、また雌の鼇、大きい亀。俗に竜は九子を生むがいずれもが竜とならず、体は亀で頭が竜で重いものを好む贔屓というのもあり、いま碑の下の趺にあるのがこれだと中国古書『升庵外集』が引いてある。

別に私は諸橋轍次や大修館書店を贔屓にしているつもりはないが、神社界では角のある石亀の贔屓は現在もあちこちの域内で生きているから大きな国語辞典には残していただきたい用語だ。

ついでに亀を贔屓にしたのは周防を本拠とする守護大名の大内氏であった。

大内氏の家法「大内家壁書」で亀を捕ることを禁止する「鷹餌鼈亀禁制事」を出し、亀やスッポン、蛇を鷹の餌に用いてはいけない。堅く守るべし、もし用いたとわかれば必ず神罰あり、この土地から追放さすと実にきびしい掟であった。

失脚した亀信仰

鶴と亀とが長命延齢の代表と考えたのは中国伝来である。北京の故宮博物院に行き、天安門から紫禁城の外朝に入ると太和《たいわ》・中和・保和の三殿の広大な前庭に出る。この建物は清朝建築の粋を集めた豪壮な規模で驚かされるが、とりわけ政治と儀式の中心だった太和殿は壮観である。

皇帝が昇降する大理石の階段は雲竜で飾られ、それを昇ると大きな銅製の鶴と亀が一対置かれているのが目に飛び込んでくる。

鶴と亀の背中には蓋があり、香炉になっていて、朝会で香をたいたという。この銅亀は重厚にして繊細で清代の金工技術を代表するものとされているが、現代の中国では亀の人気は悪く、イメージの最も悪い動物となっている。

なぜ古代から聖獣とされ、漢代には贔屓《ひき》といって亀の形を石碑の台座に用いるのが大流行するなど、これまで記してきたように神聖なイメージを保ってきて紫禁城の中心に堂々と置かれたほどの亀が、急にダメな動物とされたのだろうか。

日本でも鶴と亀がセットになってもてはやされてくるのは後に記すが、福神信仰が盛んとなる室町時代である。

ちょうどその頃、中国では亀に対する考え方が廃頽的享楽を連想することになり、紳士として口外を慎しまなければならなくなってしまい、鶴ばかりがもてはやされるようになる。

現代の中国では結婚式の祝いに亀がデザインされたものは、とんでもないものとして嫌われる。この亀を嫌う理由の一つは、亀《き》と鬼《き》と音《おん》が相い通じるからであった。

日本の鬼は虎の皮の褌をしめた地獄の獄卒で、鬼の目にも涙とか、鬼も十八、番茶も出花と多少は愛敬もある存在であるが、中国での鬼は死んだ人、もしくは死人の亡霊であるから、それと同音の亀はすこぶる気味の悪い音なのである。

さらに古くは亀の雄は蛇で、雌が亀だと考えられていたようである。青竜、朱雀、白虎、玄武の四神の玄武が、湯タンポに紐が巻き付いたような格好で亀と蛇が交尾する図で見るように、一般には亀同士では性交できないと信じられていたらしい。

紫禁城の階段上にある銅製の亀

この俗説がどれほど広く人々に実際には信じられていたかは不明だが、玄武の図は古代から広く知られていて、亀に蛇が巻き付く姿は見馴れていたものだったから、人々は亀という生き物は頭と尻尾が蛇で、蛇の背に甲があるのが雌と思っていたのだろうか。やがてそんなことはないと知るが、すっかり洗脳されてしまったから、今度は雌亀はこともあろうに夫ではなく、異類の蛇と相姦するものとみた。そして亀の雄は情交不能だという俗説が生まれた。

どの生物でもすべて同類と相婚するものなのに、亀はこともあろうに蛇と通じ、甲羅をもつ雄亀は情交不能の悲しさで、寝とられた妻をアレヨアレヨと見るばかり。口惜しさまぎれに二匹の囲りに自分のオシッコで円を描く。これが蛇にとって毒であり、蛇はやがて悶死してしまうなんて話にまで発展するのである。そして王《ワン》玐《パ》（王八）という言葉が生じた。

ワンパ、またはワウハチとは人を罵《ののし》る最大の悪口、罵倒語である。お前の女房にゃ間男がいるぞ、知らぬは亭主ばかり、なんて間抜けな馬鹿野郎だ、ろくでなしという意である。

ワンパとはスッポンの異名でもある。スッポンと亀は姿が似ているので中国では同類とみなしていた。

ワンパにはいろいろな語源説がある。『大漢和辞典』など参照すると、五代の前蜀の人、王建は無頼者でほしいままに盗みをするので里人が賊王八と称したのが始まりとし、明の小説でこれを「忘八」とした。

忘八とは「礼義廉恥孝弟忠信」の八字を忘れるものとする。そして俗に王八《ワンパ》とは亀のこと。亀は右の八字の徳を知らぬものとする。それゆえ今も中国人は他人を内緒で罵るとき「一二三四五六七」と言う。八を忘れたということだそうだ。

また一説に、王姓が多いため、王某八と悪口した者があり、ついに王八が侮蔑の称となったというのもあり、特に妻を他人に寝取られても平気でいる人の意となる。

さらに唐の時代に楽戸のものは全員が緑色の頭巾をつけたが、亀の頭が緑色であるから、緑頭巾をつけた者を亀といった。この楽戸の妻女はみな歌伎で、妓院を設けてその妻女に淫を売らせたので楽戸を亀といったのにもとづくという。

死烏亀《スウタイ》も王八と同じで最大の罵語。これは玄武が黒だからカラスを連想させ、さらに陰の極である死を加えて嫌がったのだ。

他にも、王八蛋《ワンパタン》、王八頭《ワンパトウ》、王八羔子《ワンパカオズ》、雑種、畜生……。いずれも、お前は女房に間男があるのを知りながら、知らぬふりして、女房が怖いので口出しできぬ哀れな甲斐性なしのろくでなしとか、性的に自分一人が満足して妻を満足させられぬ意気地なしとか、テクニックが下手で女房に逃げられて亭主の面子が丸つぶれな男だという意になる。

日本語の辞典でも亡八《ぼうはち》や忘八がある。

「仁・義・礼・智・忠・信・孝・悌」の八つの徳目を失った者の意。

放蕩にふけること、遊里で遊ぶこと、またその人。遊女屋の主人とある。

おそらく江戸時代に長崎を通じて日本に入った中国語で、不徳者を罵る言葉となったのであろう。

現代の中国では工芸品やみやげ品に亀をデザインしたものはごく少ない。私も中国旅行で亀のみやげ品を探したが、墨や置物など見つけても「日本人が亀を好きだから、日本人に売るため作らせた」とどうもいただけない声を聞いた。

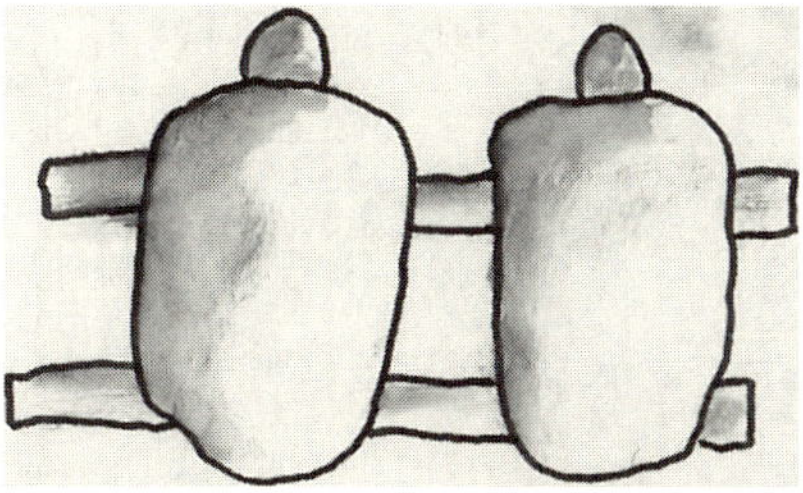

韓国の木製の鍵

韓国ではとりわけ嫌われていない様子。ソウルの仁寺洞の古道具屋で民家に用いられていた大きな木製の亀の鍵を見たし、黄鶴洞ビョルク市場では食器や水滴や置物などあまり多くはないが目に入った。

韓国の民具では天理参考館に、李朝後期の盲覡という盲目の男のミコが占いに用いた木製の亀があった。算亀《サンクイ》というこの木亀は、亀形の胴の中へ三枚から五枚の葉銭とよぶ孔あき銭を納め、呪文を連呼しながら振り、亀の口から出る銭の表裏と枚数で吉凶を判ずる銭占である。これを亀占（コブクチョム）という。また亀形の鉄砲に用いる硝薬入れも見た。

韓国の知人に亀のイメージを聞いた。「長寿の生きものでしょう、とりわけ嫌な動物と思いませんよ」。

おそらく韓国にも玄武の北や黒の陰気なイメージと、玄武神の図の亀と蛇との不倫と見なされる陰惨で嫌悪の情はもたれていたのであろうが、漢字文化が失われ、亀と鬼が通じることが忘れられ薄められて、もう韓国の現代青年には何とも思わない生物となっているのだ。

ところで平成元年二月のこと、名古屋市港区の名古屋税関で釜山港へ輸出されるクサガメ五〇〇匹が通関検査で引っかかった。体長一五から二五センチのクサガメが一七個のケースに入っていた。産地は岡山など中国地方の川や池から集められたもの。カメの卸問屋があり、韓国から毎年二月に注文が多くあるという。いったい何に用いるのか、日本での絵馬のように合格祈願に用いるという説や、亡くなった人の名前を甲羅に書いて川へ流す供養説などあちらの知人に聞いても諸説紛々。

台湾では亀を助けると良い事があるという言い伝えがあり、給料日に貰ったばかりの給料を全部使って街頭で売っている小亀を買い占めて川に逃がしてやる人もいるとか。タイでは格闘技のキックボクシングの試合の前に亀を池に放流すると神の加護を得て勝利するという俗信があるとか。仏教と精霊崇拝の根強い国である。中国大陸では失脚したが、台湾や韓国では縁起ものとされているらしい。

第四章　スッポンと鼈甲

『和漢三才図会』の亀とスッポン

『和漢三才図会』百五巻は大阪の医師寺島良安の編で正徳二年（一七一二）頃に出版、その巻四十六、介甲部（亀類・鼈類・蟹類）にいろいろな亀が登場する。
この江戸時代の図解入り百科事典は漢文で記され、明治期まで約二〇〇年間は広く信頼されていたが、いかんせん現代の生物学の分類ではなく荒唐無稽なことが多い。それを了承して気持ちを軽くされて読まれたし。

吉弔（きっちょう、キッチャウ）
最初からすごいのを登場さす。竜の子供である。竜はいつも卵を二つ生み、その一つが吉弔となる。嶺南（広東・広西地方）産で、蛇の頭、亀の身体で水に宿り木にもすむ。

吉弔

水亀

水亀（みずかめ、シユイリイ）、**玄衣督郵**（げんいとくゆう）

和名は美豆加女。『本草綱目』にいう、亀の頭は蛇の頭と同じ。それで字の上は它につくり、その下は甲・足・尾の形を象《かたど》る。它は古《むかし》の蛇をあらわす字である。

甲殻虫類は三百六十種あり、神亀がその長《おさ》である。その形は☲〔離〕に象《かたど》り、その神《しん》は☵〔坎《かん》〕にある。上は隆《たか》くて文様があり、これは天の法にのっとることを示している。下は平らになって理《すじめ》があり、これは地の法にのっとることを示す。陰に背《そむ》き陽に向かう。蛇の頭に竜の頸《くび》を持ち、骨を外に出し肉を内がわに包んでいる。腸は首《こうべ》に属していて、よく任脈に通じ、広い肩に大きい腰で、卵生して思抱する。息は耳でする。雌雄は尾で交わり、また蛇と夫婦になったりする。いまの人は底の甲をみて雌雄を弁別する。秋冬は穴にこもって大気を導いて体内に引き入れ、（導引。道教で長生の術としている）、春夏は蟄《あな》を出て甲を脱ぐ。それで霊妙で多寿なのである。軽々しくこれを殺してはいけない。亀は老いると神異をやどす。

年齢が八百歳になるとかえって小さく、銭ぐらいになる。夏は香荷《はす》に遊び、冬は藕節《はすのふし》にこもる。息には煤煙のような黒気があり、それで荷心《はすのしん》にいても、その状態ははっきり分かる。あるいは、亀は鉄の声《おと》を聞けば伏し、蚊《か》に吸われれば死ぬ。香油を眼にぬると水に入っても沈まない。老桑でこれを煮ると爛《ただ》れやすいなどという。

秦亀（いしがめ、ツインクイ）　筮亀《ぜいき》、山亀
和名は以之加米《いしかめ》。秦亀は各地の山中にいる。ただ秦《しん》（陝西省）地方には老亀が多く、きわめて大きくて長寿だから秦亀という。冬月には土中にかくれ、春夏秋には出てきて渓谷に遊ぶ。大きくて卜《うらない》に用いるものを霊亀という。百歳になるとよく変化するものを筮亀という。蓍草《めどはぎ》の下に伏し、巻耳《みみなぐさ》（ナデシコ科）・芩葉（蔓草の一種）の上で遊ぶ。近世では亀卜を知るものは稀になり、貴ばれなくなった。甲は器物の飾り、頭や前臑骨《すね》は〔陰乾にして〕身につけると山に入っても迷わない。

蠵亀（うみがめ、イイクイ）　蟕蠵《じい》、霊蠵《れいし》、屓贔《きひ》、蚼鼊《こうへき》
この亀は海辺で生まれ山に居て水食する。瑇瑁《たいまい》の属で、大きさは笠ぐらい。指爪はなく鳴き声がジイと聞こえる。甲を亀筒という。黒珠があって文様は斑で錦文のよう。ただし薄くて色の浅いものは器にできず、ただ貼飾に用いる。鼆䵦《めいま》というのも蚼鼊に似て甲が薄く肉味はきわめて美《よ》く、膏《あぶら》は三斗もとれる。

秦亀

瑇瑁（たいまい、タイムイ）　玳瑁
海洋の深いところで生まれ、亀に似て殻はやや長く、背に一二片の甲があり、黒白の斑文が互いにまじわってできている。甲のまわりのひだは鋸歯のようにギザギザで足はなく、四つのひれがある。前は長く後は

蠵亀

瑇瑁

短い。みな鱗があり甲と同様の斑文がある。
一度交《つる》むと二度とは交まない性質があり、抱卵せず傍でじっと卵を見守って、そうして卵をかえす。これを護卵という。老成したのは甲が厚く色が鮮明。小さいのは甲が薄く色は暗い。大きいものは手に入れにくいが、小さいものはときどき手に入る。これを捕えたときは必ず逆さまに亀をつるし、熱い醋《す》をそそぐと甲は削《そ》げて手加減に応じて落ちてくる。これを柔らかく煮て器を作る。鮫の皮でこすってととのえ枯木の葉でみがくと光り輝くと『本草綱目』を写す。

漢方薬の項で記すが、甲は毒を解し熱を清涼にする功が犀角《さいかく》と同じくらいある。痘の出る前にこれを解し、玳瑁と犀角をまぜて日に三服すれば予防にもなり、軽くてすむ。また玳瑁の遺精を撒八児《さんはちじ》という。これは金のように貴重だというが、その功はここに書かず一六二頁にゆずる。

この甲は文匣《ふばこ》、香盒《こうばこ》を装飾し、櫛、笄、耳かきなどをつくる。黒紫色をしていて日光に映すと白、赤、黄の檪文《もくめ》がある。艶美で愛すべきものである。けれども脆《もろ》く折損しやすく、折損すると継補しにくい。近頃、工人が櫛歯の折れたのを継ぐのをみると、すこしも痕《きず》が見えない。これは炙り温めて接ぐからである。

緑毛亀（みのがめ、ロツマ・ウクイ）緑衣使者、俗に蓑亀《みのがめ》という。

『本草綱目』に、蘄《き》州（湖北省）の特産物だが、これを養って売るものは渓澗《たにま》から取り水缸《がめ》の中で、魚鰕《えび》を餌にして飼う。冬は水を除く。久しくすると長さ四、五寸の毛が生える。毛の中に金線があり、背骨に三稜がある。底甲は象牙の色のようである。その甲の大きさが五銖《しゅ》銭ぐらいのものを真物《ほんもの》とする。他の亀も久しく飼えば毛が生えてくるが、ただ大きくて金線なく、底の色が黄黒色なところが異なっていると書かれている。

思うに、たいていの画工が画く亀の図にはみな長毛があり緑毛亀のようである。しかしわが国ではほとんど見ないものである。応永二十七年（一四二〇）に河州（大阪府）から緑毛亀が献上されたというが、普通の水亀が甲の上に藻苔《こけ》を被っていて毛のように見えるのである。

摂亀（こがめ、へびくいがめ、シツクイ）呷蛇亀《こうだき》、陵亀、鴦亀《おうき》、蠳亀《えいき》、和名は古加米

小さい亀で各地の丘陵にいる。狭小で尾は長い。腹は小さく中心から横に折れて、よく自ら開いたり閉じたりする。蛇を見ると呷《の》んでこれを食べるとある。だからこの肉を食べてはいけない。甲も用いるほどではない。

緑毛亀

摂亀

賁亀

鶚亀（がつき）　一名は水亀
南海に生息、長さ二、三尺、目は鶚《みさご》のように側面にある。名は前の水亀と同じでも同一類ではない。

旋亀（せんき）
鳥の首にへびの尾で声は木を破るよう。これを身につけると聾が治るが、鶚亀や旋亀はわが国にまだいるとは聞かない。

賁亀・三足亀（みつあしのかめ、フンクイ）
『山海経』にある。『唐書』や『宋史』には両頭や六足、六眼の亀が献上された話あり。

鼈（すっぽん、ピイ）　鱉、団魚、神守、河伯従事、和名は加波加米、俗に須豆保牟
『本草綱目』に次のようにいう。鼈は甲を持つ虫《いきもの》で水居陸生。脊は盛り上がって脇に連なっている。亀と類は同じである。四縁に肉裙《ひだ》がある。耳はなく目が聴《き》く役目をする。すべて雌ばかりで雄はなく、蛇や黿《げん》を夫とする。だから黿の脂を焼くと鼈を誘《おび》き寄せることができる。
夏日に卵をかえすが、影によってかえすという。つまり卵生して思抱する（実際は抱卵せず、遠く

離れて思いだけを卵にかけて孵化させること)。

鼈のようすは日影の移るのにしたがってかわる。水中にあるときは上に必ず浮沫《あわ》があり、これを鼈《べつ》津《しん》という。人はこれで在り所を知り捕える。

鼉が鳴けば鼈は畏れ伏す。天性、互いに制し合うものがある。また鼈は蚊を畏れる。蚊に喰われると死ぬ。死んだ鼈を蚊とともに煮ると爛れる。それなのに蚊を薫《くす》べるのに鼈甲を用いる。物が互いに報復するさまはこのようなもので不思議なことである。

魚の数が三六〇〇になると蛟竜《みずち》はこれを引きつれて飛び、納鼈が守っていれば魚はその難を免れる。それで神守ともいう。

鼈甲は厥陰肝経、血分の薬、老瘧《ぎゃく》を断ち婦人難産、瘧にきく。肉を食べるときは頸の下にある醜という軟骨を去ること。鶏子《たまご》と莧《ひゆ》菜と一緒に食べるといけない。肉を刻んで赤莧《ひゆ》で包んで湿地に置いておくと旬日を経てみな生の鼈となる(変な話だ)。また猪、兎、鴨肉、芥子《けし》を忌む。

鼈

納鼈(のうべつ、ナツピイ) 納鼈

『本草綱目』に納鼈とは裾がなくて頭、足の縮まないもの。毒があり、食べると昏倒するとある。

納鼈

能鼈

能鼈（みつあしのすっぽん、ネンピイ）　三足鼈

肉には毒があり食べると死ぬ。ここまで記して以後は中国の亀伝説の項に移そうかと考えたが、そのまま書いておく。

『本草綱目』に曰く、昔ある人が三足のスッポンを手にいれ妻に烹《に》させて食べ終わって寝たが、しばらくすると形は化して血水となり、ただ髪だけが残った。隣人はその婦が謀殺したと疑い官に訴えた。県知事が調べたがはっきりせず、そこで三足鼈を捕え婦に命じて前のように料理させ、それを死刑囚に食べさせた。すると同じように化してしまい訴えは解決。だが知事はひそかに言った。能鼈に毒があるとはいっても、このようになるとは考えられない、理外の事態の生じるのもまた臆断により判ずべきではないと。

『山海経』には食べても害はないとある。たとえ毒があるといっても骨肉までいっぺんに化してしまうほどのものではないといたって頼りない。

珠鼈（たまがめ、チユイピイ）

『本草綱目』に澧水《れいすい》と高州（広東省）の海中にいる。状は肺のようで四目六足で珠が足にある。『淮南子』には、蛤、蟹、珠鼈は月と一緒に盛衰するとある。

朱鼈
南海に生息し、大きさは銭ぐらい。腹が赤くて血のようである。波に浮かぶと必ず大雨があり、男がこれを身につければ刀剣でも傷つけられぬ守りとなり、女がつけると媚《び》色がでるとこれまた結構な亀さん。

黿（げん、イユン）
甲を持つ虫《いきもの》で最大。ゆえに字は元につくる。元とは大きいということ。南方の江湖に生息。大きいものは囲が一、二丈。状は鼈に似て背にこぶがある。頭は青黄色で大きく頸は黄色。腸は首につき肉は五色で白いところが多い。

珠鼈

黿

鼈を雌にして卵を生み、卵を抱くこともなく孵化さす。そして黿が鳴けば鼈が応じる。黿の脂を焼けば相感作用で鼈が近寄ってくる。卵は円大で鶏か鴨の卵のようで一産に一、二百個を産む。人はこの卵を掘り塩をつけて食べる。なかなか死なず、老いると魅《み》に化す。肉をえぐっても口はなお物を咬もうとする。この脂で鉄を磨けばつやが出て光る。
明の『五雑組』（十七世紀初）には、これを殺して肉を割《さ》いて桁《けた》に懸けておくと人のいないのを見て自ら垂れて地面に下りてくる。人声がすれば肉を縮める。肉をえぐり尽くしても腸が残り首とつながっていれば数日間生きている。鳥がこれをつかむと逆に鳥をかみつくとあるからすごい。

『三才図会』には、鼉は自ら好んで腹を江岸に干す性質がある。漁人はそのときを伺い竹を接《つ》いでこれを釣る。すばやくやらねば逆にやっつけられるとある。

和尚魚

和尚魚（おしょういお、ホウシヤンユイ）　俗に海坊主という。

『三才図会』に、東洋の大海中に和尚魚というのがいる。状は鼈に似て身体は紅赤色。潮汐に乗ってやってくるとある。

身はスッポンで人面、頭に毛髪なく、大きなのは五、六尺。漁人はこれを見ると不祥とする。漁網も役に立たない。たまたま捕えて殺そうとすると両手を胸の前に組み、泪《なみだ》を流して救いを乞う様子をする。そこで「命を助けてやるから今後わたしの漁にあだをするなよ」といえば、西に向かい天を仰ぐ仕草をするので放してやるという。

筑前では海亀を海坊主といい、讃岐では亀入道という。

鎖国の時代に編集されたこの本邦最初の百科事典は広く流布され、明治の初年まで啓蒙書となっていたから、こうした不思議な亀たちの存在も信じられていたのであろう。

スッポン料理

私がはじめてスッポン料理を食べたのは、鹿児島県にネムリブカの話を聞きに行き、ついでにカツオ節と天然記念物のオオウナギを取材に行ったときで、『魚の文化史』を執筆する前だった。案内をしてくださった九州海洋科学技術センターの川俣実隆氏が、鹿児島市内の専門料理店でご馳走してくれた。

真赤な生き血で乾杯し、頭と目玉をまず主客が箸をつけるのだとすすめてくれる。沸騰してぐらつく土鍋の上にはかわいい目をした頭が動いている。グロテスクで食べるのをしばし躊躇していると、女中さんが「大事なお方にだけお付けするのです大丈夫ですよ、さあ、どうぞ」と上手にすすめる。ままよと口にする。

生首を切り落として搾り取った生き血は最も強精剤になるという。赤ワインが入っていて口当たりがいい。亀頭をかぶりつくには多少抵抗があったが、あとはうまい！　おいしい、コクがある。すっぽん鍋、吸い物、脚の付根の肉の空揚げ、心臓とレバーの刺し身、そして雑炊。ごちそうさまでした。

『和漢三才図会』には、九州の人はスッポンを嗜み、肥前（長崎県と佐賀県）の人は特に好む。肉ひれ（甲羅のふち）は煮ると鯨皮のようで柔らかく味は甘美だが、生では堅くて牛皮のようで食べられない。だが好事の人はこれを食べることを賭ける、馬鹿げたことだと書いてある。九州男子を絵に描いたような川俣さんは自称「うつけもの」。ちゃめっ気たっぷりで軽妙洒脱なお方だから、女中さんと示し合わせて目玉を剝く目玉商品を食べさせてやろうと私を担いだのだ。後日スッポンを食べるたびにその話をすると笑われる。まあそのおかげで思い出のインパクトは強い。

スッポン料理一筋の老舗で最も名高いのは京都市上京区下長者町通千本西入六番地の「大市《だいいち》」。築三〇〇年という黒光りしたお店で、十七代目の堀井六夫氏がとりしきる。

スッポンは骨のままブツ切りにする。この捌き方に秘伝ありという。煮えたぎる赤楽の土鍋の中で肉が踊るが下に火はない。木枠の台に載っているのにいつまでもたぎっている。非常な高温で一気に炊き上げるのが秘訣とか。

汁は醬油と酒と生姜の搾り汁。こくがあるが脂っこくなく、肉は軟らかであっさり。

スッポン料理といえば「大市」と、檀一雄や木下謙次郎、小島政二郎、吉田健一……美味求真の文筆家が随筆でたくさんとりあげている。いずれも冬に京都へ行く楽しみはスッポンにありという。ただし招待でもされないと懐が心もとない。一人前が二万三〇〇〇円、お代わり五〇〇〇円ほど。三人で行き五人前を注文してもまだ充分に食べた気がしないとは吉田健一氏。なぜあんなに旨いのか、鍋一面に脂が浮き、しつこい食べものの感じだが、それは見ただけの話で、食べれば滋味そのもの、むしろ淡白である。聞いたところ料理法は簡単らしいが、他の料理と組み合わさずに、スッポンが食べたくなったらスッポンしか出さない店に行くことにかぎる。身体が芯から温まる。でも夏でも厭《いと》わないと、グルメの皆さん絶賛される。

京人とすっぽん鍋の店にあり　森田峠

古代の中国では動物性蛋白源としてとうぜんスッポンは食用にされていた。『韓非子』（前二三三）には乙子の妻が市で鼈を買う記事があり、鼎の中の鼈の羹を指でなめて怒られた記録があるように、周、春秋、戦国の昔から愛好されていたのだが、漢代になると「忘八《ワンパア》」の仲間だと嫌われるようになる。

　これについては先に記したが、池辺に卵を産むスッポンは、その上を通るものに精を受けて発育すると考えられ、ワンパアといえば「貴様は誰の子かわからぬ」と本人と母親を同時に侮辱する言葉になり、亀の仲間は食膳に供しない建前になった。

　ところがあんな美味なものを美食家の漢人たちが追放できるはずがない。名前を変えて魚の仲間だとした。

中国の料理人（河合五郎太『スッポン雑話』より）

　甲魚、円魚、団魚、水魚、元魚……まったく漢字の国は便利である。現代も「両種活魚」というと甲魚《スッポン》と鱔魚《タウナギ》。「淡水五大名魚」には鯿、魴、鮊、鯉、鼈とスッポンが入っていて、北京には甲魚専門店がある。

　日本でも銅鐸の絵にあるように縄文・弥生時代

から親しまれて食べられていた。登呂遺跡からも骨の出土例があるが、姿がグロテスクだから強壮用になっていても表面には出てこない。やっと江戸時代になると料理書にのそりと姿を出しはじめる。『本朝食鑑』（一六九七）には、炭火で甲を焼き黄色くなれば中の肉はよく炙《や》けて甲から離れると、はなはだ原始的な残酷焼を紹介する。

喜多村筠庭の『嬉遊笑覧』によれば、団魚《すっぽん》は下品なもので売ることも稀で『寛永料理集』に真亀は吸もの、さしみ、石亀も同じとある。真亀とはすっぽんをいえり、浪花にてはもとより好て食べたるものなりと、スッポン料理は西日本からはじまったとする。そして『諸艶大鑑』に大坂の天満で丸魚《すっぽん》突きを世渡りにする人がいて、ヤスでもって突く絵があり、「元禄曾我」には乗合船の中で京の人と大坂の者が京にスッポン料理はないが、大坂にはあると言い争いをする話がある。近年のように流行は全国一律に起こるのでなくて土地により早晩があったのだ。そして江戸では寛延・宝暦の頃（一七五〇）、葭簀の小屋で売られるあさましき料理だったという。そして近世の関西の方言で、スッポンのことを「まる」（丸・円）といった。滑稽本『浮世風呂』（一八〇九—一三年）に「丸とは何だェ」「御当地でいふ鼈じゃがな」とか、雑俳集に「うまいこと丸で一ぱいやりました」など出てくる。

関西ではスッポン鍋を「まる鍋」といい、全国各地でも日本料理の冬の高級料理となるのは明治中頃以後である。

そのスッポン料理の効用は、貝原益軒の『大和本草』（一七〇八年）や武井周作の『魚鑑』（一八三三年）によると、常に鼈を食せば終身白髪を生ぜず、皺寄らず滋潤少年の如しと、現代の若返り術の宣伝も顔負けである。

現在の中国料理では、円魚《イエンユイ》、団魚《トワンユイ》、甲魚《チャユイ》、水魚《シュイユイ》、牡丹魚《ムーダンユイ》といって、スープの煮物や蒸し物にし専門店もある。中国では南方で古くから食べる風習は根強かったが、北方では遅く、そのせいかあるいは亀の悪いイメージのせいであろうが、北京地方では慶事の食事には用いない。上海や台湾には専門店があるもののとても高価で、ブタ肉で水増ししたり、ブタ肉にスッポンの爪を付けた手の込んだものもあるそうだ。また強精補酒《チャンチンプーチユウ》や黿魚酒《ユアンユーチユウ》という白ワインに甲羅のエキスを配合したスッポン酒もある。

缶詰のスッポン・スープ

フランス料理では高級料理に添えられる美味で高価なスープは「トルチュ」という。トルチュとは英語のタートル、亀のこと。スッポン・スープを、コンソメと割ってセロリで生臭さを消してある。

スイスでも「レディーカーズン・トルチュ」といえば世界的に有名なスープの呼名である。西洋ではスッポンだけのスープより牛肉などでとったスープストックとまぜて用いることが多い。肉はあまり食べないようだ。

亀の肉やスープの缶詰やびん詰もヨーロッパにあり、かつてはドイツ製など市販されていた。だがアオウミガメの缶詰はワシントン条約で取引禁止されている。

スッポン料理は強精食でとても美味であるが、高価なので庶民は食べたくても手の届かぬ憧れの食べ物であった。だから模造品もたくさんできた。

元禄時代にも「魚焚鼈《うおはんべつ》」というのが京都の大徳寺で正月十五日に売られた記録がある。これは豆腐を四分の一くらいに切り煮たもので、俗家で亀を焼いて食べたのを豆腐で似せたという。

スッポン鍋や吸い物には生姜汁《しょうが》を臭い消しに用いる。生姜ととても相性がよい。そこで鳥肉料理などでも生姜汁を使えば「すっぽん仕立て」というようになった。また「どん亀汁」という茄子のへたを去り縦に二つに切り斜め十字に包丁目を入れると、亀の甲羅に似るので、それを鍋で煮る料理など、すっぽんあやかり料理は各地にたくさんある。

博多名物の筑前煮も「亀煮《がめに》」という。これは骨付鶏肉のぶつ切りと野菜の煮込みだが、文禄元年(一五九二)秀吉が朝鮮出兵のとき、大軍が博多で宿営した際にガメとよばれるスッポンを獲ってきて「ガメ煮」にしたのが鶏肉に変わったといわれる。

亀を食う村・食わぬ村

私が子供の頃から朝夕に仰ぎ見る伊勢の朝熊山《あさまやま》は「岳《たけ》さん」とよばれ、標高五五五メートル、山上に金剛証寺がある。寺伝によれば欽明天皇の勅により暁台が伊勢神宮の鬼門鎮護のため建立したと伝えるが、実際にはそんなに古くはない、平安時代であろう。それはともかく、暁台という僧は亀を食って何百年も長寿を保った、と鎌倉末期に虎関師錬が著した高僧の事績を記す『元亨釈書《げんこうしゃくしょ》』にある。

まさか坊さんが山の上で池の亀を常食していたわけがないから伝説にちがいないが、もしこの坊主が亀を食べたとしたらスッポンか海亀であろう。

殺生禁断の僧が亀を食べたのがバレ、おそらく若い頃のスキャンダルがいつまでも伝わり、しかも長寿であったがゆえに、暁台さんは亀を食ったから長生きしたと伝説が残ったのではあるまいか。

漁村において海亀を好んで食べる地域と、食べない地域とはっきり分けることができる。伊勢・志摩地方の場合、亀が大好きなのは鳥羽市の坂手島、大王町の浜島や船越、志摩市の和具などである。

ここでは亀が網にかかれば大喜び、肉は親類縁者に配り、もし分け前がないと「水臭いやつじゃ、わしを忘れているのか」と言われるほど。ところが隣りの島や村では「あそこは亀を食う村だ」と顰蹙を買う。

現代では差別問題にかかわるので、あまり言わないが、それはいわゆる部落差別ではなく別の差別である。

私は以前、鮫を調べていた頃、漁村を歩いて亀を食う村もしくは人と、食わない村を調査しようと思ったことがあった。面白いテーマだと張り切ってみたところ困難が生じた。なかなか複雑な関係が存在し、とても私一人ではできないとあきらめた。

鳥羽市文化財調査員で海の博物館の学芸員だった野村史隆氏も、四〇年ほど前までは船越へ行くと、道辺に食べた亀の甲羅が菅笠のように水瓶や肥壺の蓋にされて並んでいたと語る。

同じ鳥羽市で坂手島とも近い神島の漁師は「亀を食うなんて、わしらにはとんでもない、網にかかれば酒を飲ませて海へ返してやる。そうしないと大漁もらえんぞ」という。

和歌山県でも田辺市江川以南の紀伊半島南端では食べる所もあるが、ほとんどは卵は食べるが肉は食べない。

伊豆諸島では海亀漁が古くからあり、アオウミガメ、アカウミガメを食料としていたが、昔は食べなかったのが伊勢から出稼ぎに来た海女が亀を食べたので顰蹙を買ったとか、アラフラ海へ真珠採りに行ってあちらで亀の味を覚えて帰った漁師が食べ始めたのにつられて村の人は味をしめたなど面白おかしく伝わるが、縄文遺跡からも亀を食料とした残滓がある。

橋口尚武氏の「伊豆諸島の郷土食」(『季刊ヴェスタ』29、味の素食の文化センター)によれば、江戸時代の『伊豆日記』(寛政八年、小寺応斎著)には八丈島で「大なる亀を得たりとて、もちて来る。肉多く味よし。油多し、とり貯えて灯油とする。ヤスで突き捕る」とあり、神津島の郷土資料館には海亀用離頭銛というヤスが残されている。

伊豆諸島では二月頃にシンマモンと呼ぶ南西からの潮のとき海面に浮かぶ習性をもつ亀を待つ。和船を波間にただよわせ(くったらかす)亀を何日でも待つ。一番銛で仕損じたら次に亀がノギ(呼吸)をする海域に船を進めて待って突く。

新島の若郷では七種類の海亀漁法があったという。亀漁をカメコギといい、オヒキ、ノギツキ、ヒ

新島の大亀（羽倉簡堂『南汎録伊豆諸島巡見日記』天保９年）

海亀用離頭銛

ルオイ、ネゴシツキ、ネガメヅキ、シキコギ、ヨトボシといったそうだ。そのなかでも初亀漁は一年の漁模様をきめる重要な行事と位置づけられ「カメコギは旧正月になってハツガメを乗せると初めてその年のすべての漁の口明けになったものだといい、ハツガメを乗せることは村人にとって異常な興奮であったらしく、亀を突いた漁師と乗せた船は神の恩寵に叶ったものとして大きく村人に祝福された」（坂口一雄『伊豆諸島民俗考』未來社）。これは昭和の前半までの光景で、飢饉の年は一匹の亀で旧若郷村が二日凌げたという記録もあるそうだ。

御蔵島ではアオ・アカどちらも食の対象として、塩茹でした頭は特に美味とされ、「亀の目を食べるとモグリが強くなる」といわれ、神津島では「冬の海亀は腰巻きを質に入れても食え」といわれていたらしい。また高知県の室戸阿南海岸の村では味噌で煮る鍋料理があり、とてもうまいそうだ。ただし臭いが強く、なぜかムカデが亀の脂を好物だといい、ムカデを寄せぬためにと必ず屋外で調理し、鍋も平常とは別のものにし箸も竹や木で即製して使い捨てにするという。だが味をしめるとやみつきになり、冬は体が暖まる（『聞き書　高知の食事・日本の食生活全集39』農文協）。

一方では亀の肉は食べないという地方や人がいる。

沖縄本島中頭郡読谷村では、中国への使者の蔡譲が台風で難破したところ亀に助けられ無事に帰ったので、その恩義で蔡門中は亀の肉を食べない。名護市屋部の人も、高知県宿毛市沖の島母島の浜田氏も、祖先が亀に助けられたとか、亀に乗って渡来したとかで亀肉をタブーとしている。

伊勢・志摩での亀を食べる地域の共通点は何だろうかと、野村史隆氏らと話し合っていて、どうやらカツオ漁のあるところの人が亀を食べるのではという結論になった。

カツオ船で遠洋へ出て、カツオばかり食べてカツオの味に飽きたところで亀を食い、こりゃいけると馴れになり、家へ持ち帰り村へ広がったのではなかろうか。そう簡単には言えないがそれも一理がある。

海亀を食べるかどうかは、イスラム社会の豚や、ヒンドゥー社会の牛などの肉食タブーほどではないが、今後注目したいテーマである。

日本のほとんどに浦島太郎の話が普及し、愛すべき動物を保護しなければかわいそうとの思想が高まり、かわいい亀を殺して食べるなんて惨酷だ、恥しいことだとタブー化が広がり、食べることを羞

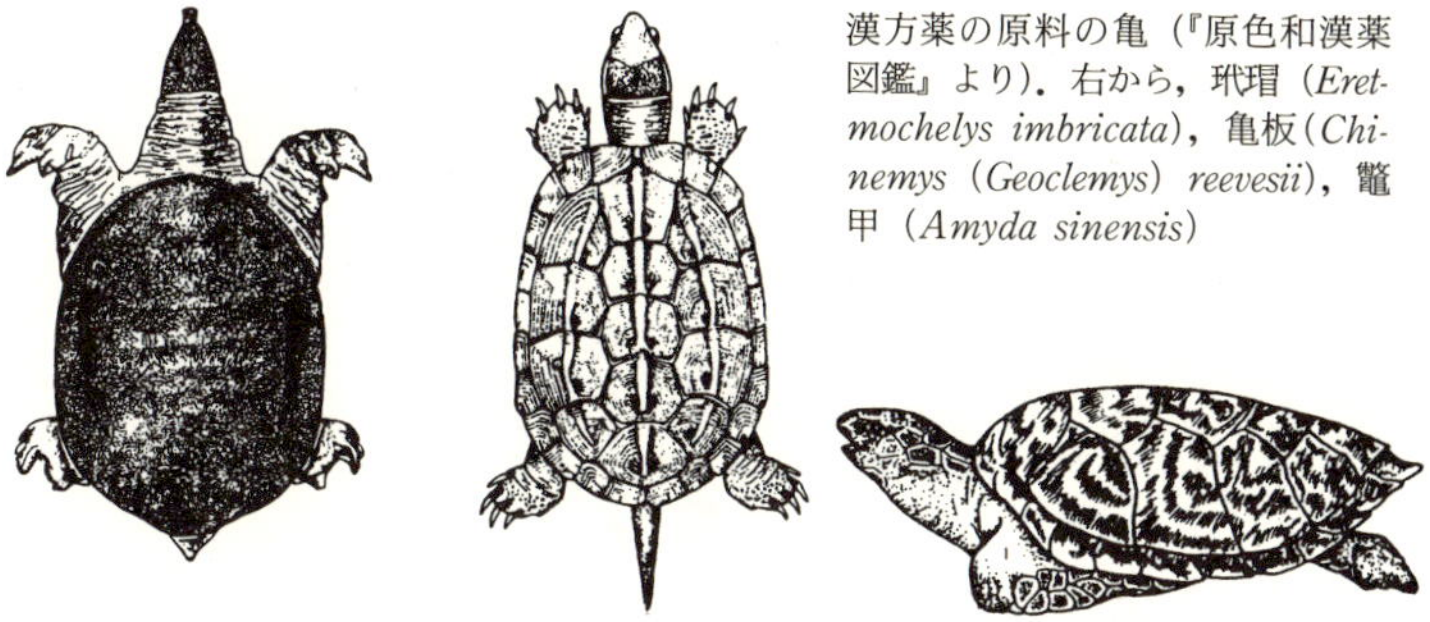

漢方薬の原料の亀（『原色和漢薬図鑑』より）．右から，玳瑁（*Eretmochelys imbricata*），亀板（*Chinemys*（*Geoclemys*）*reevesii*），鼈甲（*Amyda sinensis*）

じるようになり、たとえ食べてもそれを言わない仕来りが近年できてしまっているのであろう。

漢方薬の亀

「鶴は千年、亀は万年」といわれるように古くから亀は長寿で、めでたく、しかも力強い動物として親しまれてきたから、それにあやかり強壮の薬材とされてきた。

『原色和漢薬図鑑』（難波恒雄、保育社）によれば、亀が薬材とされるのは、鼈甲、亀板、玳瑁である。

鼈甲《べっこう》（AMYDAE CARAPAX）

『神農本草経』の中品に収載されている。

中国では団魚甲（江蘇、湖北）、水魚殻（湖南）、団魚殻（江西）、鼈蓋《べつがい》（陝西、河南）、脚魚殻（湖北）、上甲（湖北、甘粛、河北）、甲魚（江蘇、浙江）、鼈殻《べっこく》、鼈蓋子《べつがいし》（山西）、王八蓋子（河北）なども称す。

スッポンの背および腹甲の生乾品、または皮膚の軟質物を除いた骨質乾燥品で、一般には背甲が多い。

成分や薬理作用は未詳。薬能は味鹹、気寒であり、陰を益し、熱を除き、能く結を散じ堅を軟らかくする効がある。そのため骨を清くし、羸《るい》を扶《たす》け、陰虚、血熱、瘀血が停滞して痞《つかえ》をなす症に常用される。

熱を退けるには生のまま用い、堅を軟らかくし痞を消すには醋炙して用いるが良い。

蘇頌は「今はあちこちにあるが、岳州（湖南省岳陽県）や沅江《げんこう》（湖南省沅江県）産で甲に九助のあるものが勝れたものだ。薬に入れるには醋で黄色く炙いて用いる」という。

『衛生宝鑑』には、「鼈甲は煆竈灰《かようかい》一斗、酒五升に一夜浸し、膠や漆のように煮て用いるのがさらによく、桑柴灰を用いるのが最もよい」とある。

注意したいのは鼈甲といっても細工物にする海亀のタイマイの甲のことではない。一七三頁で記すように、江戸時代に瑇瑁の甲で作る装身具が大流行し、ぜいたく禁止令で止められてしまったとき、商人は瑇瑁ではないスッポンの甲で作ったのだと言いのがれて鼈甲といったから今も混乱しているので、本草でいう薬用鼈甲は海亀ではなくスッポンである。

用途は、解熱、強壮、駆瘀血薬として、肺結核、マラリア等の発熱など。処方例はいろいろな薬材をミックスして「鼈甲煎丸」、「黄耆鼈甲湯」、「鼈甲散」など。

亀板《きばん》（TESTUDINIS PLASTRUM）

『神農本草経』には上品として「亀甲《きこう》」という原名で収載されている。

中国では淡水産のイシガメ科のクサガメ類の腹甲で、烏亀殼《うきかく》（湖南省）、下甲（湖北、山西、河北省）、烏亀板（江西省）などといい、主産地は湖北、安徽、湖南、江蘇省など長江流域に多く、この他に広東、四川、貴州、福建、陝西、河南省や上海市にも産し、インドネシアやフィリピンなどでも産する。

成分は膠質、脂肪、カルシウム塩などで薬理作用は未詳。

薬能は足腰がだるく痛むのを治し、滋陰補血、難産に主効ありとたくさん書かれている。

鼈甲と亀板は効用が似ており往々いっしょに用いられるが、鼈甲は肝、腎を益し熱を除き、亀板は心、腎に入り、陰を滋し、鼈甲は清熱の効が勝り、亀板は陰を益す力が強いとする。

亀板の原料になるクサガメは一年を通じて採取できるが、八月から十二月に多く獲れ、亀を殺して筋肉をとり去り、腹甲を洗って日光または風で乾かしたものを「血板《けつばん》」という。これに対して亀の尾部から特製の木工具を挿入して肉と内臓を共に除去した殼を水で煮た後、残った肉をとり去り腹甲を日乾したものを「湯板」という。

血板は光沢があり、皮が付き、血液のついた跡などあるのが品質がよい。湯板は光沢がない。

亀板は洗ってから鍋に砂を入れ強火で砂が軽くなるまで強火で炒り、その中で表面がやや黄色になるまで炒り砂をふるい分けてから酢に漬ける。亀板一キロに対し酢三〇〇グラム。これを水洗いし日

漢方薬の亀　右上：鼈甲，右下：玳瑁，左：亀板

乾させてから煮つめて膠質の塊を作る。これを「亀板膠」という。

さらに中国のことゆえ複雑にして奇怪な製法だが、殺した亀を長期間水に浸し残った肉を腐らせて甲と分離させ、表面の皮膜が脱落してから洗って匂いが無くなるまで水に浸し、日乾しの後に鍋で二昼夜ほど強火で煮るとクリーム状になる。これを濾過して再び濃縮し冷却。切片にして日乾し、長さ二・六センチ、幅二・五センチ、厚さ〇・八センチほどの琥珀に似たやや緑色の褐色の塊とする。サクサクとして柔らかく透明なものが佳品である。

この亀板膠と鹿角膠《ろくかくきょう》を混合した「二仙膠」（亀鹿二仙膠）というのもある。これらは腎陰虚に起因する衰弱や子宮出血などに有効で、滋養効果は亀板より亀板膠がより優るとある。

処方例はいろいろ配合して「大補陰丸」、「亀鹿二仙膠」、「亀柏姜梔丸」、「亀甲散」など。

玳瑁《たいまい》（ERETMOCHELYOS CARAPAX）

『開宝本草』に瑇瑁の名で収載されている。現在は、玳瑁、明玳瑁、文甲などと呼ばれる。

李時珍は「その功力は毒を解するもので、毒物から媢嫉《ぼうしつ》（ねたむこと）されるものの意味で名付けられた」という。

海亀のタイマイの血や肉も薬用とするが、ここでは背甲を薬材とする。

背甲を剝がすには、よく沸《わ》かした酢をタイマイにかけると容易である。これを水洗いし、沸騰した湯に浸す。すると膨張し柔軟になり、各鱗片がさらに十数枚の薄片に剝がれる。これを温水に浸して柔らかくなるのを待ち二センチ平方の小塊に切る。もし厚ければ清水に一日浸し蒸気で熱し銅銭の大きさに切る。

用いるときはこの切片を鍋で炒り、膨張したら鮫皮と磨粉や滑石粉を用いて細粉にする。

タイマイは熱帯海岸に多く、主産地は、台湾の基隆、蘇澳、膨湖島、福建省、広東省。

成分と薬理作用は、膠質などを含むが詳細は不明。『本草綱目』には痘毒を解し、心神の急驚、傷寒の熱結、狂言を鎮めるとあり、功は犀角と同様で古方では用いていなかったが宋時代に至宝丹で初めて用いるとある。

処方例は牛黄、麝香、犀角などと配合して、「至宝丸」、「中風経験方」、「玳瑁丸」など。

さらにアオウミガメの脂肪は薬品と練り合わせて膏薬とするにも貴重であった。

漢方薬をあつかう薬舗の看板に海亀の甲羅を用いたり店先に飾ったりしてあった。

近年、健康食品として鮫軟骨商品とスッポン商品が人気がある。

スッポンエキスという飲料や、スッポン姿蒸焼や粉末がいろいろの滋養素の材料とミックスされて粉末やカプセルになっている。

昔からスッポンを食べると、肌が美しくなる、元気が出て風邪を引かない、体が暖まる、精力がつくといわれてきた。私にはその効力を云々する資格がないが、いかにもスタミナがありそうな動物だから、大昔から信じられているのである。

亀の民間療法と迷信

耳鼻科の薬に亀の小便を用いるという室町や江戸時代の話がある。

耳の聞こえないとき、石亀の小便を耳に入れるとよいという。その小便をとるには亀の口へ山椒《さんしょ》を一、二粒入れるとおしっこをするというから笑わせる。これは蜀山人の『一話一言』などにあり『看聞日記』には、応永二十三年(一四一六)四月二十六日、御所様(後小松)が御耳が聞こえなくなられ、どうすればよかろうかと医師に申すと、宇治川の亀を捕えてきて水で洗って、あお向けにして鏡の影を見せると小便をするから、これに良薬を合わせて御耳に入れるとよろしい。良薬は私が献上しますゆえ、亀を捕ってきてくださいといったとか。まるでガマが鏡にうつる自分の醜い姿にタラリ、トロリと蝦蟇の油を出すように、亀がおしっこを出すとは愉快である。この話『古事類苑』方技部で見つけた。

また亀の尿を墨に入れて字を書くと後の世まで消えないという俗説が本草の本に出ている。弘法大師の入木道というのも亀のおしっこで墨を磨ったという伝説があるが、入木《じゆぼく》は王羲之が書いたものは墨が木に深く染み込んだという故事から転じて、墨跡・書道のこと。まさか亀の尿にそんな効力があるはずはない。その尿を取るには、漆塗りの光沢のある折敷の上に亀を置き、鏡を見せると自分の影を見て精汁をタラリ、タラリとか。荷葉《はすのは》の上に亀を置き鏡を見せるとか、紙撚《こより》に火をつけて亀の尻にあてるとゆっくりだが尿が出てくるとか、猪の毛や松葉にて亀の鼻をこそばゆくさせると失禁するとある。だが無理して取った尿では効きめに難ありという。

さらに石亀の尿で磨る墨は木に染むばかりでなくて、石に字を書けば石の中にまで徹り、甲州伊沢川に日蓮上人の書いた石題目があるが、これはこうして書いたので消失しないと『三河雀』(「近世文芸叢書」)にある。

また『閑田耕筆』には、亀尿は小児の亀背《せむし》を治すとして尿の取り方をこれまた伝授するが、馬鹿々々しいのでやめておく。

亀を蒸焼きにして食べると寝小便がなおる(愛知)。

下痢したときは海亀の塩漬を食べる(鹿児島)。

産婦に亀の生血を飲ませると血のめぐりがよくなる(佐賀)。

あかぎれに亀の脂をつける(北海道アイヌ)。

腹痛を治すには亀を放してやるとき「助けてやるから俺の病気を治してくれ」という(奈良)。

亀を浄血剤として食べる。亀は海人草を常食しているので薬となる(沖縄)。

スッポンは増血に効果があるといわれ、結核にはスッポンの首を切り、血を飲むことは昔から各地でなされた。

スッポンの生血は病人の精をつけ、万病に効く。コレラにかかったときに飲む（岡山）。

秦亀（石亀）の尾を取って陰乾にして虫歯の痛むところに嚙み合わせれば、しばらくして痛みが止む。これは効験あると寺島良安は『和漢三才図会』でいうが、この亀の頭やすねの骨を身につけると山で迷わぬナヴィゲーションの役目をするというのだから信用はならない。

瑇瑁の精液を撒八児《さんはちじ》という。何にきくか知らないが、鮫がこれを吞食して吐き出して年を経て結成したものは金のように貴重で、偽物は犀牛の糞でつくる。本物と称しても本当の玳瑁の遺精かどうか験証するすべはないというのだから噴飯物だ。

スッポンの爪を五月五日に衣の襟《えり》の中へ収蔵すれば物忘れしなくなる（『和漢三才図会』）。

痔にはスッポンを味噌汁に煮て服すとよし（『私家農業談』）。

スッポンに喰いつかれると雷が鳴るまで離れない（全国的にいう）。食いつかれると死ぬまで離さない（奈良）。もし食いつかれたら水の中に入れるか、鼻の穴をふさいでやると離すという。

亀を殺すと罰が当たる（新潟県西頸城郡）。

亀を殺すとその家は絶える（富山・愛知）。

亀を殺すと背が丸くなる（富山県氷見郡）。

亀を虐待すると病気になる（愛知）。不具者を産む（三重・大阪）。一族が難船する（和歌山県西牟妻郡）。甲羅を割ると長生きできぬ（京都府北桑田郡）。

亀の子が縁の下に入るとその家は火事になる（岐阜・茨城）。その家の人が死ぬ（島根）などと凶兆とされるが、壱岐島では家の中に亀が歩み込むのは吉兆とする（『日本俗信辞典』）。

亀を食べると目がつぶれる（愛知）。妊婦が食べると歩けない子が生まれる（岡山・広島）。

亀に唾を吐きかけるとできものができる（愛知）。海亀を飼うとその家には病人が絶えない（和歌山県東牟婁郡）。亀を飼うと子ができない（群馬県佐波郡）。

亀の夢を見ると富貴を得る（広島県比婆郡）。

寝る時に亀の泳ぐまねをして寝ると竜宮へ行った夢が見える（新潟県西頸城郡）。

亀の夢を見ると長生きする（愛知県丹羽郡）。

亀にかまれると癩を病む（沖縄国頭郡）。

盆の精霊流しの日に水浴びするとトチ（スッポン）に尻の玉をぬかれる（愛知・三重）。

亀の背に自分の名を書いて逃がすと字が上手になる（奈良）。

亀が屁をひると化けて出る（愛知）。

漁師は網に亀が入ると酒を飲ませて放す（高知・和歌山・秋田）。そうすると大漁になる（宮城・島根・長崎）。運が良くなる（愛知）。長生きできる（大分）。

千葉県東葛飾郡では、海亀を捕獲すれば亀を台八車などに乗せて市中を巡り、酒を飲ませ御馳走を与えて帰し、金銭に換えない。また和歌山県では酒を飲ませて梯子の上で踊らせてから放すとか、腹に「南無阿弥陀仏〇年〇月〇日某これを放つ」と朱書して酒を飲ませて送り出したという。

池に亀を入れると、亀はその池の主となり、大雨や洪水の時にその池の魚が躍り出て落ちることがない（『農業全書』）というのも、亀がリーダーとなって生物の管理をしてくれるという伝説である。亀の行動から天候を予知したものも多い。

亀が浮くと雨となる（大分・香川）。岩へ登ると雨（岐阜県高山地方）。甲羅干ししていると雨が近い（愛知県南設楽郡）。亀が木に巣をつくると大水になる（愛知）。山へ登ると大水（岐阜県加茂郡）。

海亀が産卵に際し、海辺の近くで産めばその年には台風が来ない。草むらに産めば大風があるとか、その科学的根拠は定かではないが結果から解釈してそうなって伝わった話が各地に存在する。

亀が甲羅干しをよくするのは、体温を上昇させるための熱源を日光に頼っているので、日光浴は活動するために欠かせない行動である。

スッポンの養殖

新幹線だと見えないが、東海道線で上り下りすると、浜名湖のところで車窓からウナギの養殖池が見える。あの中にスッポンの池がある。

静岡県の浜名湖といえば養鰻業発祥の地でウナギだけと思われがちだが、スッポンも浜名湖の特産である。池には水車が回っている。水車のついていない池で、上り板という板が多数ついているのがスッポン用の池であり、区別ができる。

農水省水産統計室の調べでは平成十年のスッポン養殖量は全国で六五三トン。長崎県が一二二トン、

スッポンの養殖池（静岡県舞阪町・服部中村養鼈場）

静岡県一二一トン、佐賀県一〇三トン、大分県七六トン。この四県で全体の六五％を占める。そして静岡県舞阪町が抜群で一〇一トンを占めている。

スッポンの養殖の始まりは慶応二年（一八六六）のこと、江戸深川に住む服部倉治郎（一八五〇―一九二〇）が東京砂村の長州候邸内の池沼から重さ五〇〇匁（約一・九キロ）のスッポン一匹を得て飼育を試みたところ、こりゃいけるぞということになった。倉治郎は金魚や鯉など飼うのに興味があり、スッポンも数匹を入手して飼いはじめる。

そして明治八年（一八七五）産卵を確認し幼鼈の数が増えた。だが池の構造や設備が不完全で逃げられ、飼育方法も要領を得ず、研究を重ねつつ、明治十二年に武蔵国葛飾郡千田新田字千田、現在の東京都江東区深川千田町の約二ヘクタールの池沼を利用し、金魚や鯉、鮒、鰻とともにスッポン養殖に専念することになった。

スッポンは爬虫類である。爬虫類を飼育繁殖させる例は世界的にみてもきわめて少ない。これは世界で初めて日本人によってはじめられたのである。

服部倉治郎は明治三十年（一八九七）に愛知県幡豆郡一色町に愛知県水産試験場が設立された時、依頼されて調査に出張の途中、東海道を走る汽車の窓から浜名湖畔を眺めて「ここはいい所だ」と感嘆の声を上げ、舞阪駅で途中下車。養魚池に最適の環境だと直感し、いったん帰京したのち水利、土地、交通、工事の難易など調べ、明治三十三年（一九〇〇）静岡県浜名郡舞阪町に約八ヘクタールの養魚池を創設したのである。

浜名湖は古くからウナギが名物。『毛吹草』（一六四五年）や『和漢三才図会』にも遠江名物「荒井（新居）の鰻」と出てくる。もちろん天然ウナギだが、養殖も明治二十七年頃から細々と那須田又七がやっていた。倉治郎はそれをも譲り受け経営することになった。中心はウナギであったがスッポンも共につづけた。

服部倉治郎は養魚の技術もさりながら、販売面も周到綿密に調べ着実に事業を進め、大正三年（一九一四）には株式会社服部中村養鼈《ようべつ》場を設立して現在に至っている。

私は倉治郎と、神宮農業館を創設させた尊敬する明治の物産学者田中芳男との接点を調べている。まだ具体的な文献に出合っていないが、同時期に同様の関心を二人は持っている。田中芳男は各地の養魚場を点検しているし、水産博の審査員をずっとしているから、「やあ服部さん」「これはこれは男爵」といった仲だろうと推察できる。

神宮農業館には第五回内国博（一九〇三年）出品の「鼈発育標本（火酒浸）」と「鼈卵発育標本」が

あった。

「鼈卵発育標本」は産卵当日、一週間経過、二週間経過（二壜）、三週間経過（二壜）、三〇日目（二壜）、四〇日目（二壜）、五〇日目（二壜）、六〇日経過の火酒（アルコール）浸のビン入標本一三本。

「鼈発育標本」は稚鼈（一〇頭）、一歳鼈（四頭）、二歳鼈（二頭）、三歳（一頭）、四歳（一頭）、五歳鼈（一頭）。いずれも東京市深川区千田町服部倉治郎贈とある。残念ながらこれは昭和三十九年三月に廃棄処分した。当時の担当者は茶色に濁ったビンの中が気持ち悪かったと言っていた。他にも「鼈餌料標本」七壜、牛肉搾粕、乾鰯、酒粕、蚕蛹、麦糠、駒背、鰹荒粕。第二水博出品の新潟市淡水漁業連合会贈や下総山武郡日向村産の火酒浸「鼈卵」や、東京で飼育した剝製などもあって、明治中期に養殖に関心が高まっていたことがうかがわれる。

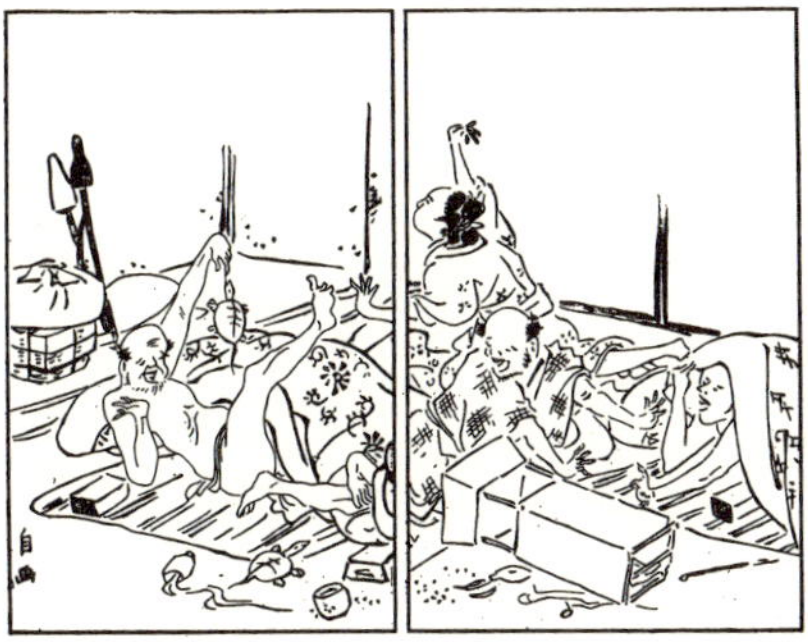

夜中のスッポンに弥次・喜多びっくり
（『東海道中膝栗毛』）

現在では天然ものはほとんどなく、すべて養殖といってよい。また養殖ものの方が美味なのだが、昔はあちこちにすんでいた。『東海道中膝栗毛』でも、遠州浜松附近で弥次喜多さんが泥亀《スッポン》を子供から買って食べようと藁苞《づと》へ入れ床間へ置いて忘れてしまい、夜中にごそごそと出てきて、おったまげる話がある。

柳田國男も遠州三河地方の紀行文で「ポンの行方」（『全集

2「秋風帖」』）として、渡世の川漁でスッポンを売りに来る人がいて、村人からポンとかポンスケといわれていた。小流に亀のいる穴を見つけて、いればきっと捕えると記す。

本富《ほんぶ》安四郎という人の「薩摩見聞記」（明治三十一年、『日本庶民生活史料集成 12』三一書房）には、「薩摩の川には滋養となるスッポンが多い。農夫が耕作する田より掘り出すことも珍しくない。スッポン一枚が並形で五〜六銭、大きなアユやウナギ一尾が一銭だからスッポンは商売になる。遠方へ送りたいが輸送がまだ未発達で途中で七、八分は死んでしまう。これを捕る名手がいて、鉄棒の先のすこし曲がったのを持ち、水田を見廻りスッポンの足跡を探り、泥中よりわずかに鼻先を出しているのを見出し鉤ではね返して捕ふるなり、素人ではとうてい見つけること能はず、金二円を出せばその法を伝授すると云えり。捕ったスッポンは常に家へ蓄へ置いて求めれば何枚にても得られる。ただし明治中期になり田に生石灰を濫用するようになってからきわめて稀に棲息するのみ」と記す。

現在は静岡県舞阪のような露地池と、温泉を利用する温室池での養殖に分けられる。

スッポンは一五度以下になると砂泥中に潜って冬眠する。すると成長が遅くなり出荷するには三〜五年かかる。

服部中村養鼈場の場合、養殖場は三区に分かれ面積約二一万八〇〇〇平方メートル（約六万六〇〇〇坪）、生産量は年に約一〇一トン余。需要は十月から翌四月頃まで、主に東京、大阪、京都など大都市に出荷する。なかでも京都の「大市《だいいち》」は老舗で、ここが一番の上得意。東京では六本木の「冨綱」とか。飼育池には何匹いるのですかという子供のような質問に専務取締役の服部真久さんは「さあて、四〇万匹ぐらいかな」と答えてくれた。

台風や大雨で逃げ出すこともあり、サイズを同じにしなければ共食いするから水位調節が大変。親池と飼育池に分け、当歳鼈は水深五〇センチから一メートルで面積は三～六アール。三歳になると水深一・五メートルで一六～三三アールと広くする。

産卵は生後六～七年でするが、若いと卵が小粒で数も少なく発育も不良。そこで一〇年以上飼育した親鼈から卵をとる。

産卵は五月中旬から八月下旬まで、その期間に一頭が四～五回、一回に一五～二〇個を産む。卵はピンポン玉を小さくしたような直径一五ミリほど、重さ二～三グラム。池の中に設けられた砂地の堤に深さ一〇センチほどの穴を掘りピラミッド形に卵を産む。そして土をかけてわからなくして池へ戻っていく。それを人手で集めて孵化場へ移し、埋め戻して五〇～六〇日間、二～三グラムの稚鼈にしてから三～四年、五〇〇グラム以上になれば商品として出荷する。

給餌期間は冬眠から覚めて池底から這い出した四月下旬頃から十月上旬まで。以前は魚肉、エビ、カニ、貝など餌料を与えていたが、現在は冷凍魚と魚粉を主成分とする配合飼料を一日二～四回水辺に投餌する。餌の食べ過ぎが心配だし、孵化場の温度と湿度の管理など大変である（舞阪町経済観光課編『水産の舞阪』平成九年参照）。

大分県内水面漁業試験場や岐阜県吉城郡上宝村福地の奥飛驒温泉郷や、九州、山陰の一部の温泉地では温泉の熱を利用して促成養殖を軌道に乗せた。

冬眠をさせないと一年で出荷できるのである。キロ当たり四〇〇〇円という高額商品だから各地で事業がなされてはいるが、むつかしいそうだ。

鼈甲の文化史

もう時効になったから書ける。三〇年ほど前に東京のあるデパートで神社の社宝展があり、静岡の久能山東照宮から借用した徳川家康の眼鏡を展示した。

これは国の重要文化財に指定されている日本最古のメガネ。おそらくポルトガルかスペインの伴天連からの献上品で「目器《めき》」とよばれた手持ち式の鼻眼鏡である。

それが展示準備中にポッキン、パラパラと折れてしまった。関係者の驚きたらありゃしない。全員まっ青になった。「えらいこっちゃ国の重文だぞ、文化庁に届けなくちゃ、叱られるぞ、大変だ」。狼狽する中で一人の紳士が「私にまかせなさい、なんでもないですよ明朝までお預かりします」とハンカチに包んで持ち帰った。

その目器は枠が黄色透明の鼈甲製。作者は中国人の玳瑁細工人とも長崎の喜道《きどう》ともいわれるが定かでない。

担当する学芸員はもとより関係者一同は眠れぬ一夜を過ごした。ところが翌朝「はいどうぞ」と出されたのは、ばらばらになっていたのに疵痕一つない。

紳士は銀座の老舗のメガネ屋の社長。「私の方こそ家康公の眼の度数を計らせていただけました、こんなチャンスはめったにないですよ、べっこうはどんなに破損しても修復が可能です」。

べっこうは鼈甲、玳瑁、瑇瑁と書かれ、海亀の一種のタイマイの甲羅。主成分は角質（炭素五五％、酸素二〇％、窒素一六％、硫黄二％）で半透明、樹脂のような光沢があり、モース硬度はほぼ二・五、比重一・二九、屈折率一・五五。ガラスのない時代では唯一といってよい物を透視できる素材であった。

鼈甲製品は虫害もあり古いものは伝わり難いが、漢時代の環や佩や方箱の断片が朝鮮楽浪郡貞柏里の石巌里古墳から出土しており、唐代には笛、梳《くし》、簪《かんざし》、筵《むしろ》などいろいろとあり、黒と黄の模様のとり合わせの面白さと透視性、さらに比較的に細工が容易なことで古代中国で大いに発展していたようだ。先に記した正倉院の宝物にもみごとなものがいろいろ残されている。

わが国で最古の鼈甲製品は、平成二年に聖徳太子の少年時代の宮跡とみられる奈良県桜井市の上之宮遺跡で検出された断片である。

古い例としては、東大寺蔵の如意や京都太秦の広隆寺の玳瑁扇など遣唐使により伝来された荘厳具。国宝になっているのは大阪の道明寺天満宮所蔵の菅原道真公遺愛品「玳

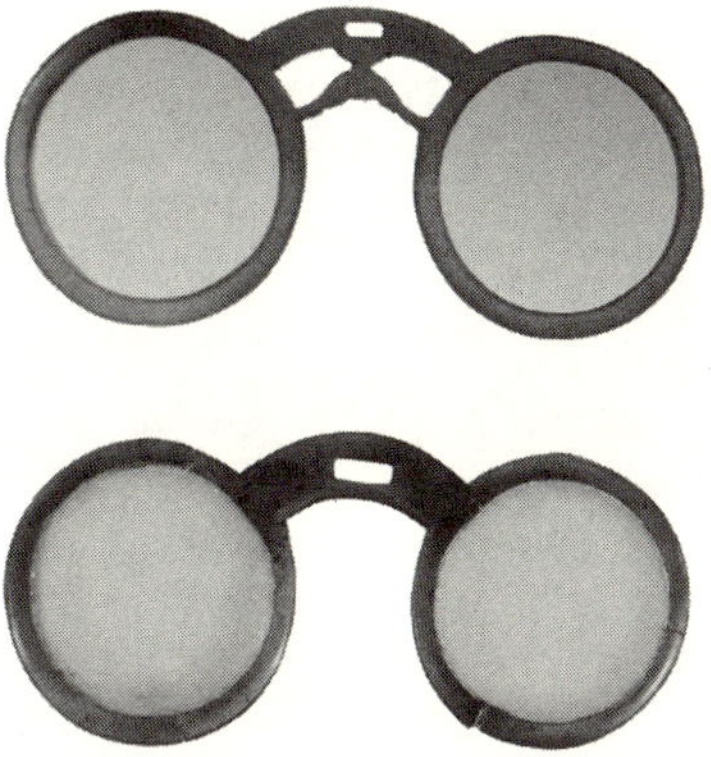

徳川家康愛用の目器（久能山東照宮蔵）

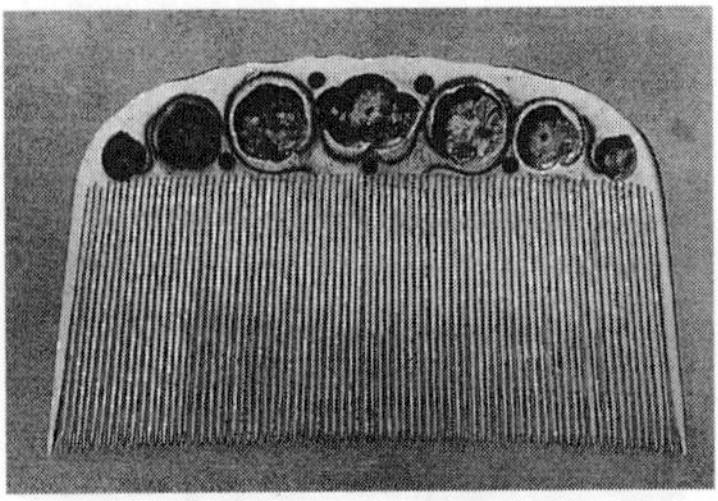

天神さま遺愛の国宝の櫛（道明寺天満宮蔵）

瑁装牙櫛」がある。これは象牙製の歯の細長い幅一〇センチ、高さ六センチの櫛で、棟の両面にそれぞれ七個の花形と峰（背）には紡錘形を彫りくぼめ、朱を伏せてその上に玳瑁をはめ込み、下の赤い色が透いて見える飾り挿櫛で唐からの舶来品であろう。

これは平安時代の品であるが室町時代になると遺品は少なくなる。遣唐使船が廃止されて唐文化との交流が途絶えたからであろう。しかしすべてが舶来品ではない、国産品もあったであろう。その一例として『彦火々出見尊絵巻』に漁師の家で亀の甲羅を干している絵があることに注目したい。おそらく太古から利用していたであろう。

鼈甲製品がもてはやされるようになるのは近世になってからである。その原料のタイマイは南洋で獲り長崎貿易で輸入されたから、さぞや長崎地方には細工品が残っているだろうと考えるが、長崎代官の家にも「べっこうかみさし壱つ」の記録が延宝四年（一六七六）に出てくるのみという。おそらく高価であったというより、流行していなかったからであろう。

江戸時代の上流武家の女性や富裕な町人は金、銀、象牙、鶴の脛骨、鼈甲などの笄を用い、一般人は木製の漆塗りかせいぜい銀。ハレの時には鼈甲を使うことが夢であった。

装飾具の流行は遊女からはじまることが多い。だが鼈甲の髪飾は江戸初期には遊女が用いることもなく、明暦年中（一六五五〜八）までは大名の奥方でなければ鼈甲は用いなかったが、寛文・延宝頃から民間にもこの挿櫛が流行しはじめ、元禄の頃になると遊女が笄《こうがい》や櫛、簪を用い出し、享保以降十八世紀には大流行してくる。

井原西鶴の『好色一代男』には「べっ甲のさし櫛は本蒔絵で銀三匁五分」と出てきて、よくこれが高価であった例にあげられるが、これは安くふっかけてからかった話であり、とてもそんな価ではなかった。『西鶴織留』には財力豊かな奥方は「すき通りの瑇瑁のさし櫛を銀弐枚（八六匁）であつらえ」、また『世間胸算用』には「小判二両のさし櫛」と、元禄より時代が下るとどんどん高くなり、上等品は現在でいえば数十万円になったのだろうか、遊女など特別な人にしか手にできなくなる。『今様二十四考』（宝永六年）には「女の頭に白米三石を頂くと申すと大力と思うだろうが、べっこうの櫛のことじゃ」とある。米三石分もしたのだ。

そこで寛文八年頃（一六六八）には贅沢品として玳瑁細工を禁止した。商人は玳瑁じゃない鼈の甲だとスッポンに名前だけすりかえて今に鼈甲の名が伝わってしまったのである。玳瑁は持ち渡り禁止で輸入はストップしたが、これは人気が高いから元禄頃にまた暗黙の内に再輸入がはじまる。なにしろこれは小量で高価とあって密貿易には都合よく『長崎犯科帳』には鼈甲の櫛がオランダ屋敷から持ち出されたり抜荷されたりといった犯罪がたくさん出ている。特に宝暦から文化年間が多い。

文化元年（一八〇四）長崎奉行支配勘定役として赴任してきた太田直次郎（蜀山人）は、江戸に帰るとき土産に鼈甲の簪を購入したが、二本で七〇〇匁とあまりに高価なので「けしからぬ事に候」と書いている。その美しさと斑の面白さを珍重して好まれたのだが、タイマイはそう捕れるものでない

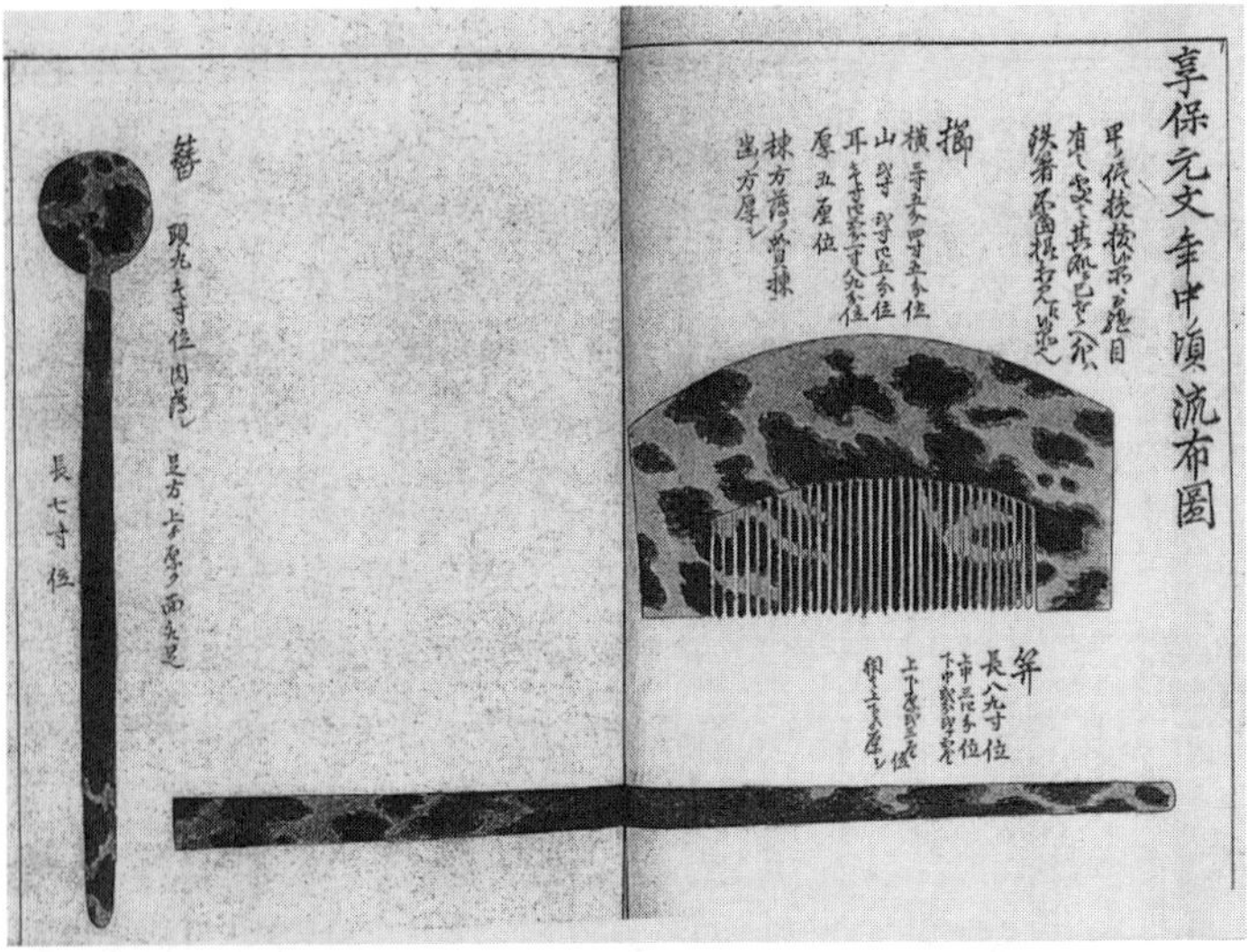
享保元文年中頃流布圖
櫛
厚五厘位
笄
長八九寸位
簪
長七寸位

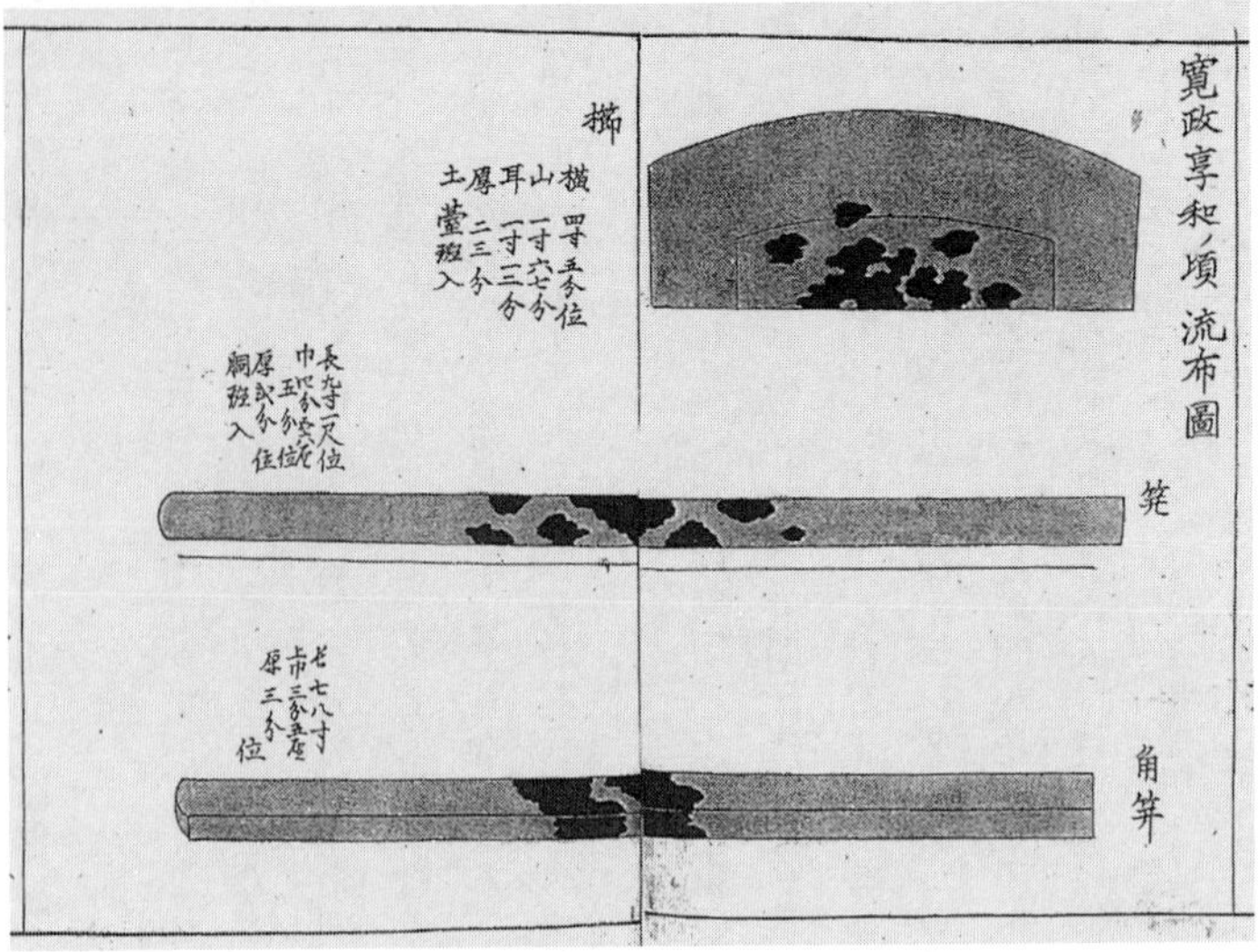
寛政享和ノ頃流布圖
櫛
横 四寸五分位
山 一寸六七分
耳 一寸二三分
厚 二三分
土薹斑入
長九寸一尺位
巾四分五分
厚弐分位
胴斑入
笄
長七八寸
巾三分五厘
厚三分位
角笄

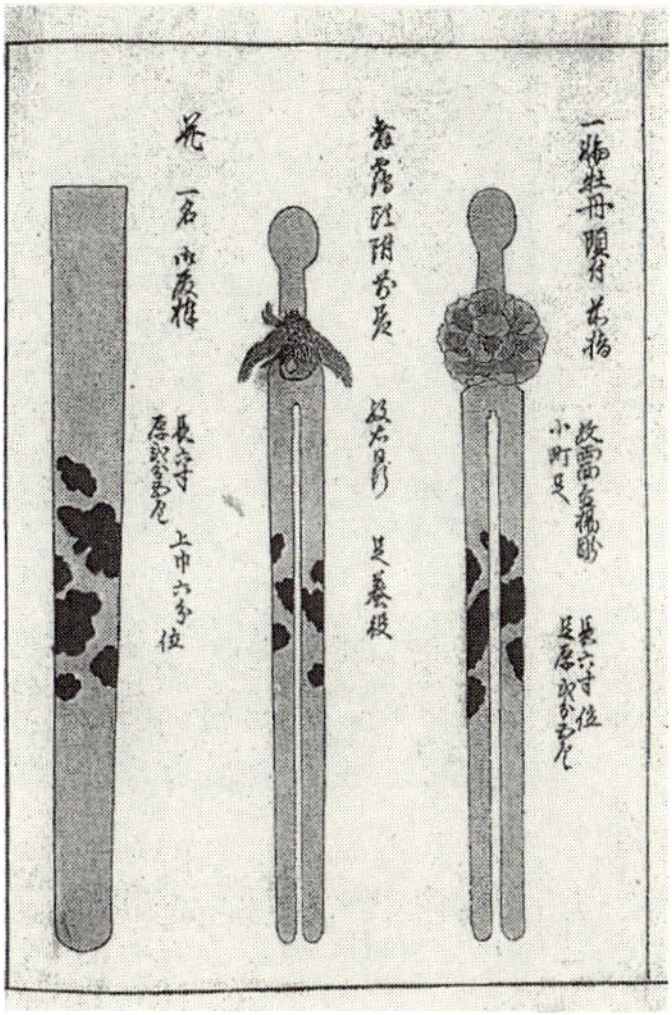

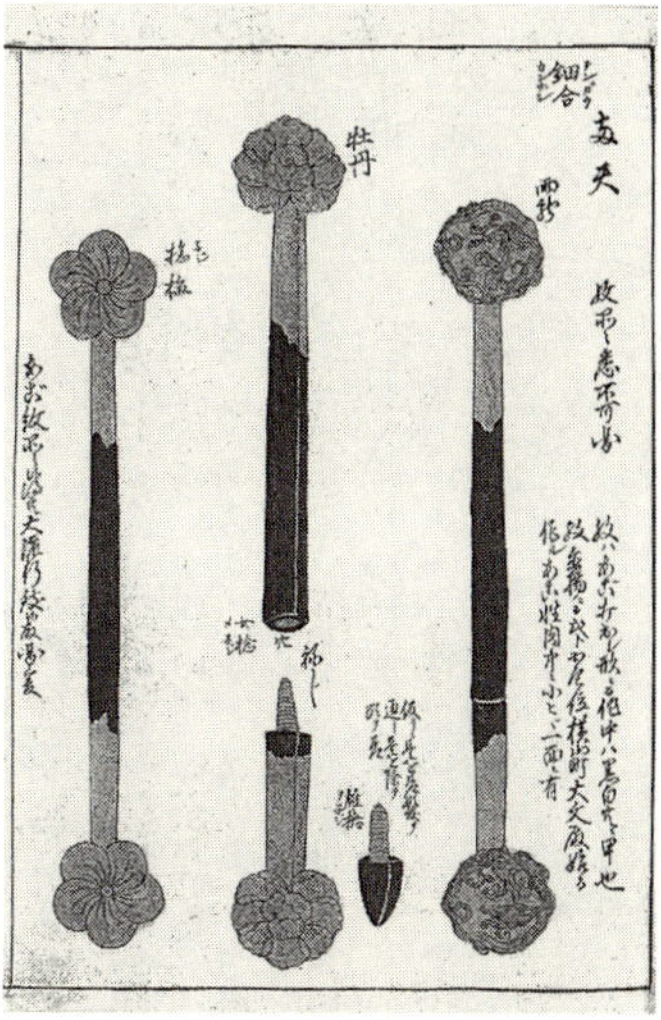

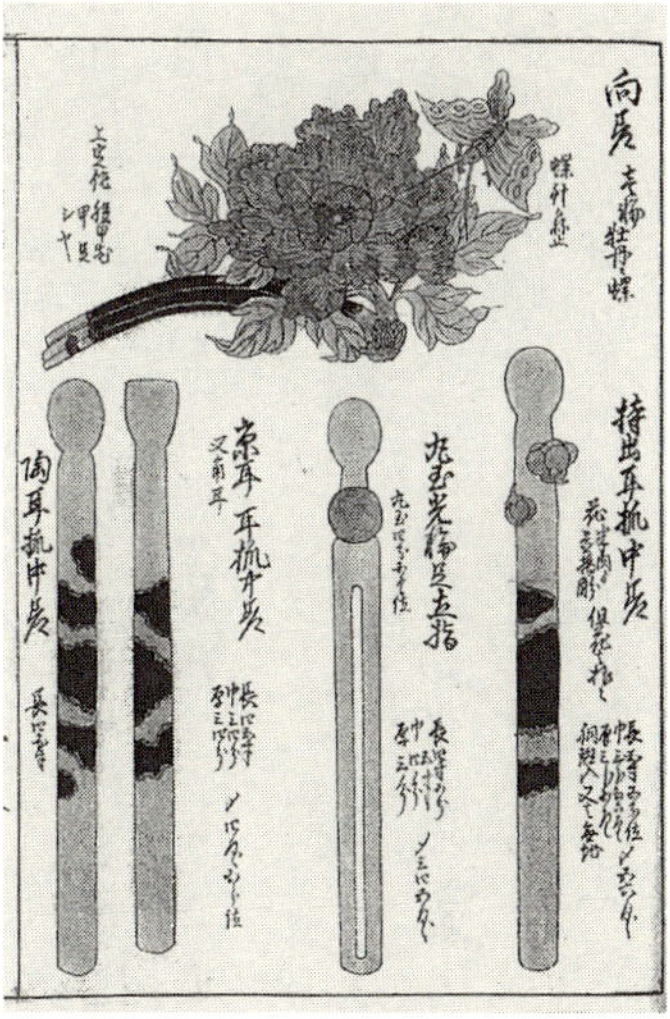

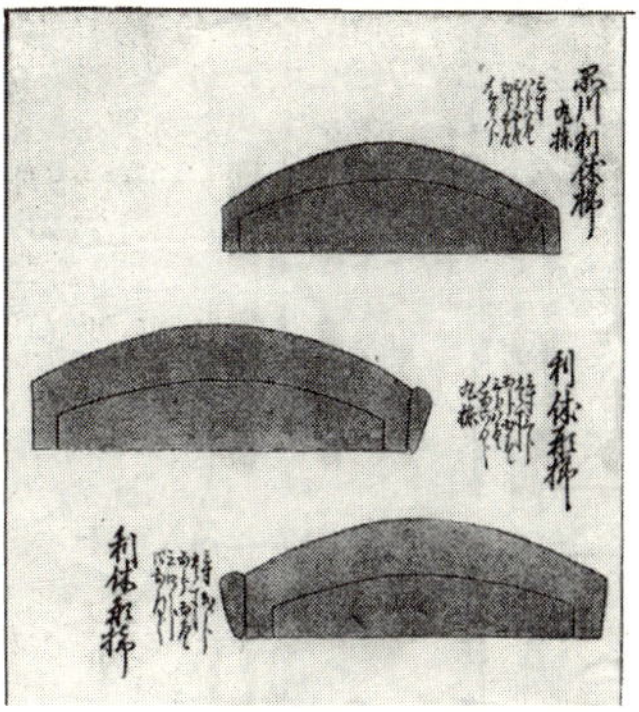

『玳瑁亀図説』に見るべっこうの髪飾具

鼈甲のかんざしをつけた花魁（高橋由一画「花魁」東京芸術大学芸術資料館蔵）

から自然に高価になってきたのだ。そこで安永頃（一七七二—八一）から鼈甲の代用品として庶民用に牛角、馬爪を用いて表面に斑を描く「にたり櫛」というのができた。

『歴世女装考』には、朝鮮べっこうは朝鮮産の水牛で櫛笄を作り、天明の頃から和牛の角からも作り、馬の爪も使い職人はバズというとある。

江戸時代の娘といえば八百屋お七を思い浮かべる。彼女の風俗を記した『天和笑委《しょうい》集』（一六八三年頃）には「銀ふくりんに蒔絵かきたる玳瑁の櫛にて前髪おさえ」と当時の娘たちに好まれて流行していたことがわかる。この流行は明治になっても続き、特に黒鼈甲に高蒔絵を施したものが好まれた。しかし豪商で知られる鴻池家の妻女の髪飾りは鼈甲を用いることなく、玳瑁まがいという馬爪《ばず》の四方張りや、春慶塗りの木製を用いていたと『浪華百事談』は伝える。

鼈甲といえば、今もカステラとともに長崎を連想させるが、ここにはオランダ人が持ってきて四〇〇年近い歴史がある。しかし享保年間に多くの「べっ甲屋」があったというものの、細工屋がどこに何軒あったかわからぬという。その歴史的研究は『長崎の鼈甲細工』（渡辺庫輔・渡辺武彦、昭和二十九年）という小冊子があったのみで、あまりなされていなかったようだ。それは技術の真髄は秘法、口伝だったからである。

長崎市立博物館長の越中哲也先生が業界の方々に聞き取り調査してまとめてくださったのによれば、明治十五年頃から大正にかけて、鼈甲屋は十数軒から二四軒ほど家内工業的な生産様式でなされ、江崎、坂田、二枝、田崎、藤田などの名が知られ、多くの職人は長崎から神戸へ進出したそうだ。

昭和五十八年現在で長崎には三つの組合があり、これに加入している鼈甲店が六七軒、従業員は約一〇〇〇人。組合に加入していない個人営業も多いという。

一方、東京でも名が知られた店はあり、今でも文京区千駄木や、江戸東京博物館の近く蔵前橋通りや浅草橋に鼈甲店があり、昭和五十七年二月には「江戸べっ甲」として東京都の伝統工芸品として指定を受けている。そして長崎が置物など飾り物を主製品にするのに対し、江戸では髪飾り・ブローチなどアクセサリーを主にして現在に至っている。

ついでに記しておくと、鼈甲は男性器の張形にも使われた。張形は独り遊び、笑い道具などとよばれる牛の角などで作った淫具で、男子禁制の奥女中などが使ったそうだが、この高級品は鼈甲製で湯につけて温めて用いたという。この陳列販売は文化元年（一八〇四）と天保十三年（一八四三）に禁令が出されていたが密かに使われつづけられていたという。

一生を亀で楽しむ奥勤め
亀の子をはらむだろうと長局
べっ甲を下かいへおとす長つぼね
（『末摘花』）

鼈甲は明治期に外国人に人気が出て、明治六年（一八七三）ウィーン万国博に出品した鼈甲製品は約五〇点。万年青《おもと》鉢植置物、鳥籠、虫籠、文箱、烟草入、名札入、末広、巻莨《タバコ》立、手札皿、髪差、時計鎖、櫛笄、襟耳鎊、鈕扣《カフスボタン》、紙切、日差帽、盆、手拭挟などが長崎と東京の業者から出品されている。東京は新井半兵衛と川尻彦兵衛が奮闘している。

明治十年（一八七七）に開催された第一回内国勧業博覧会に出品された鼈甲製品は、

置物　鼈甲・珊瑚　梅鶴亀台蒔絵付　東京南茅場町　鼈甲師海野政次郎
置物　菊と牡丹の花籠　両国元町阿部文蔵
同　鳥籠　鼈甲円形管製　北品川宿岡本定次郎
箱　鼈甲斑点雲形蒔絵　下谷下車坂町高田兼二郎
帽子　斑鼈甲兜形網代組裏黒ビロード付　東京蛎殻町一丁目小蝶六三郎
置物　籠中に梅鴬　鼈甲・珊瑚・銀　浅草甚内町上総屋熊次郎
同　花の鉢植　鼈甲・珊瑚　東京南茅場町高橋磯五郎
扇子　鼈甲親骨・象牙中骨絹地人物彩色画　浅草寺地中梅園院片岡伊兵衛
盃　鼈甲パラフ梅に雀の蒔絵　横浜本町天羽兼蔵

他に懸額（奥州松島の景）とか裁紙刀、櫛・笄などが出品され、一等の竜紋賞牌は江崎栄造・清造、二等鳳紋賞牌は福田馬蔵、三等花紋賞牌は河内定吉・木原伝兵衛他。

明治十四年の第二回内国博の有功賞には瑇瑁小匣の江崎栄造や櫛笄の金子伝八や木原伝兵衛の名が

見える。

明治二十八年の第四回内国博には、長崎市今魚町江崎栄造の鼈甲薬籠蓋小唐櫃。そして明治三十三年(一九〇〇)のパリ万国博でも長崎の江崎栄造は文具、箱類、タバコ入れ、化粧道具などを出品。セントルイス万博でも長崎の池田長太郎が刻莨入等で銅牌賞。明治四十三年(一九一〇)ロンドンでの日英博覧会でも名誉大賞が江崎栄造、銀賞が二枝貞治郎、銅賞が京都の藤井喜代松、大阪の速水琢斎、神奈川の川口栄蔵に与えられている。(『明治期万国博覧会美術品出品目録』による)。

一九四九年のエリザベス女王の結婚式のお祝いに鼈甲製洋服ケースがパリ市から贈られているがこれも日本製であろう。

明治時代の『農業館列品目録』(神苑会・田中芳男編、明治三十三年)によれば「擬甲」とよぶ鼈甲まがいの製品がいろいろ作られ、水牛蹄、縞水牛角、牛蹄、馬蹄、和牛角などの延板が東京産であり、これを「朝鮮鼈甲」といった。上等は白色で黒は格別の用をなさず、ボタンや櫛にする。また鶏卵の蛋白をもって製した半透明の固形物を玳瑁の腹板に擬し「卵甲」とよび、その櫛もあった。

こうして憧れの鼈甲に似たものが作られていたが、明治十年頃に神戸と横浜に輸入されたとんでもない品に関係者は「こりゃ鼈甲そっくりじゃないか」と驚きの目をむいた。

人造鼈甲、セルロイドである。

セルロイドは一八六九年(明治二)に米国ニュージャージー州アルバニーの印刷屋、ジョン・ウエスレト・ハイアット兄弟により発明されていた。

鼈甲製の眼鏡フレーム
上：江戸末期
下：明治初期

日本でも明治四十一年に三菱商事、鈴木商店などが中心になり三井財閥がかかわって二つのセルロイド会社が設立、一九三〇年代には日本が世界一の生産国となる。それは原料となる樟脳が旧植民地の台湾で産出したからであった。

セルロイドは成形が容易な上にあらゆる色に着色でき、鼈甲の斑も思いのままに作れる。欠点は加熱すると急速に燃えるのが玉に瑕であったが、鼈甲業界は大打撃であった。だが紛いものは紛いもの、本物の人気は根強かった。特に眼鏡のフレームが一番親しまれた。

鼈甲は人間の爪と同じ成分の蛋白質だから肌に馴染む、しっとりとした温かみがある。私も用いているが本物の良さはある。

だが近年、業界は最大のピンチを迎えた。ワシントン条約「絶滅のおそれのある野生動植物の種の国際取引に関する条約」でタイマイが輸入されなくなったのである。

鼈甲の原料はすべて海外に依存している。平成十一年にも密輸入して関税法違反で罪に問われ懲役刑になった人がいる。種の保存は大切なことだが業界の苦慮もよくわかる。むつかしい問題である。

鼈甲の資料館は商品を中心とする日本べっ甲協会の「日本べっ甲文化史料館」(長崎市中町二―二三)と工具を中心とする「べっ甲資料館」(長崎市魚の町七―一三、江崎べっ甲店内)や「長崎市べっ甲工芸館」(長崎市松が枝町四―三三、旧長崎税関下り松派出所)がある。

鼈甲細工の技法

玳瑁については文献が少なかったが、昭和五十七年に東京鼈甲組合連合会が『復版「玳瑁亀図説」天・地』(編者金子直吉・校者石川泓美)を出版された。

これは天保十二年(一八四二)金子直吉著の復刻解説版であるが、実に貴重な文献である。さらに平成四年には長崎市立博物館長で長崎史談会長である越中哲也先生が『玳瑁考――長崎のべっ甲を中心にして』(純心女子短期大学付属歴史資料博物館発行)を出された。この両書を主として参考にさせていただいて鼈甲細工の技法を書くことにする。

鼈甲細工はタイマイ(二九六頁参照)の甲で作る。しかし鼈甲とはスッポンの甲という意である。スッポンの甲は柔らかくて細工にできない。実は先に記したごとく、江戸時代に玳瑁の甲で作った装身具が大流行し、あまり贅沢なので禁止令が出された。ところが商人は玳瑁ではなくスッポンの甲で作ったのだと言いのがれてタイマイの甲のものを鼈甲細工というようになり、禁制がとかれてからもそのままで現在に至っている。長崎において現在誰も玳瑁細工とはいわず、ベッコといっている。

『玳瑁亀図説』（天保12年（1841）刊）のうち，「玳瑁亀之図」（金子一玳画）

タイマイの背甲羅板は一三枚あり、これが瓦《かわら》を並べたように一枚一枚が前方のが後方を半ば被って重なっている。だから元禄時代には玳瑁のことを「十三枚」ともいった。その一枚ずつに名前がつけられている。

襟甲　俗にトムビ甲　首のところの甲羅で鳥のトンビが羽を広げているような形だからであろう。一匹分一三枚の内、この襟甲は他の甲より肉が薄く色合がいささか劣る。黒斑があり背面に篠《しの》を突きたるような、うわ瑕《きず》あり、これを砂摺という。

肩甲　肩にあたるところに左右に相対す甲羅で俗に鮒《ふな》甲。フナの形に似るのだろうか。色合はトムビ甲と同じ黒斑だが、下《しも》の方がトムビ甲より厚い。

大甲　俗に暈甲《おもこう》　目方多き故か、赤いトロケ斑で色合きわめてよろし価貴し。

尾ノ脇甲　左右に相対す。俗に銀杏《いちょう》甲、ヤキメシ甲とも。赤斑、肉合は暈甲より厚く色合も暈甲に次ぐ。

背通り尾ノ甲　俗に背の暈甲。肉合きわめて厚し、色合銀杏甲に次ぐ。背の中の甲を俗に背甲といい、背通り五枚の終わり中高し。甲にはすべて杢目あり、自然と生じた形態にて雲のごとく水のごとく奇なり実に図に写し難い。

笹亀甲　笹の形というから側面であろうか、この中で暈甲のごとき黒斑が少なき物を上透という。

緑甲　異名櫛爪、伐爪《きりづめ》ともいう。きわめて肉厚。

このように少々すっきりしない記載だが一匹の甲が一三枚あり、その一枚ずつに名前があるという

『玳瑁亀図説』より

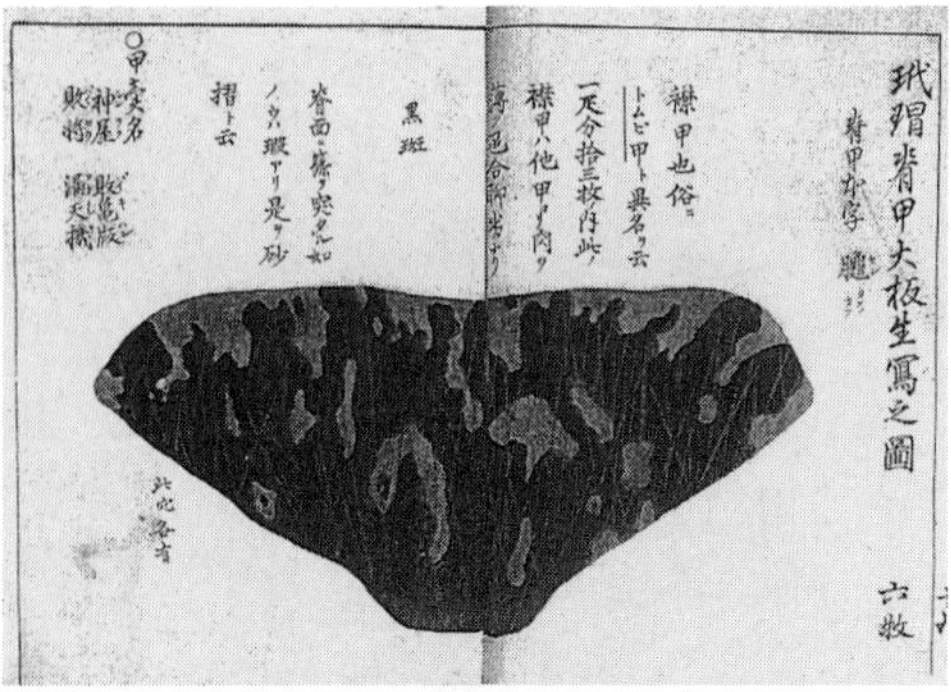

玳瑁背甲のうち襟甲

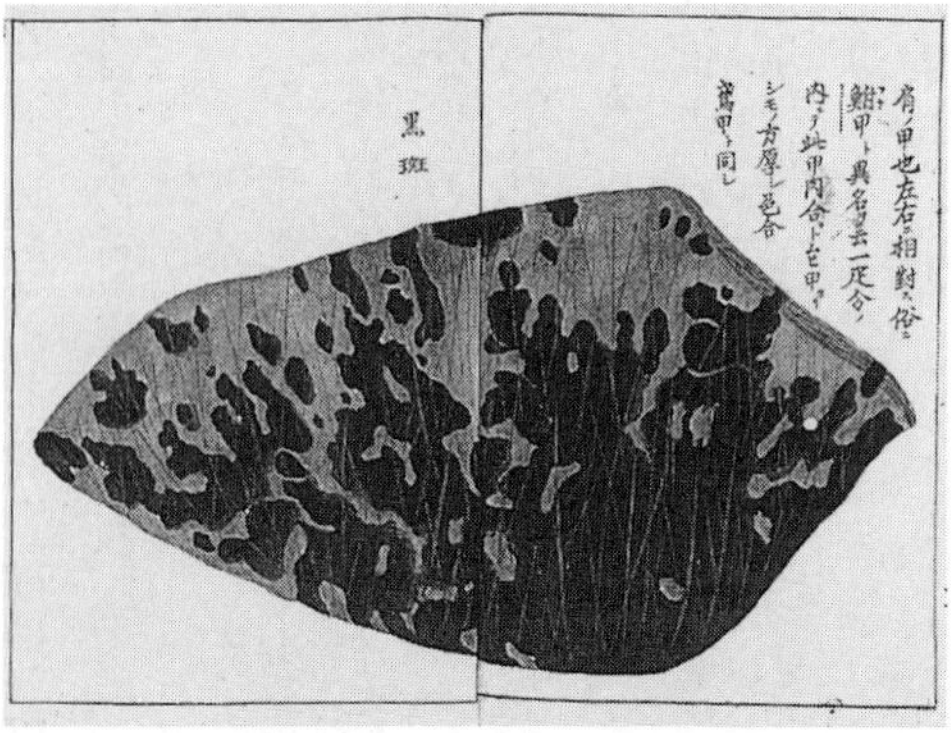

肩の甲

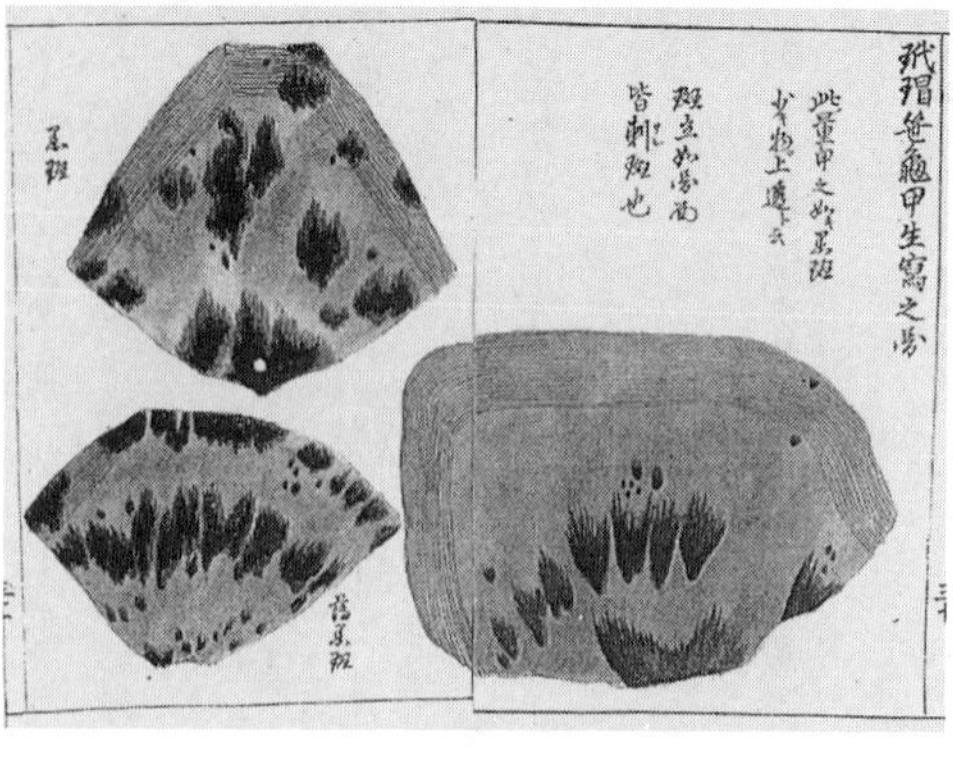

玳瑁笹亀甲

のはきわめて興味深い。材料に名が多いということは、それだけ大事にされていたのであり、鮑でも鮫皮やフカヒレでもそうであった。大きくて厚い部分は大切にし、小さくてもきれいな黄色の斑が入ったところなどは何枚も重ねて帯留めや簪などに上手に使うのである。

『玳瑁考』によれば、大正から昭和初期の材料の分類は、

上甲　甲一面に飴色の部分が多く斑少ないもの。石目（表面）に疵やカキブゼがないもの。

中甲　甲一面に飴色の部分と斑の部分が入り交じりその割合がおよそ半々のもの。

並甲　斑の部分が多く飴色が少ない。疵、カキブゼ付着が多いもの。

爪甲　側面に密着する甲。

この当時、大部分がシンガポールから輸入されていた。ジャワ、セレベス、ボルネオ諸島で採集してきたものをシンガポールに集めて、主に華僑が取り扱っていたので「南京甲」と呼んでいた。それをドンゴロス（麻袋）に包み、籐《とう》で編んだ籠や木箱に入れて送られてきた。これは永沼武二氏の父、義之助さんの話である。

さてこの製作過程は師弟間においても厳格な秘技としてきたので荒筋しか書けない。

輸入されてきた原料は甲羅が剝されているがそのままでは使えない。水気のある土中に一週間か一〇日ほど埋め、土中のバクテリア菌の作用で甲の附着物の肉骨を完全に漂化し、めくれ上がったものをはぎ取る。この方法にも秘伝があるが公開伝授せず秘中の秘とする。地方の細工人は煮沸したり他の方法でもってするが、これは大事な工程で素材の質を低下させる。

剝取った甲は曲がっているので、炭火で焙って万力でプレス締めをする。鋳鉄製板の冷却を応用して熱した甲を急速に人力により最大圧力を約五〜七分加える。この工程を工匠は万力で打つという。また布地を湿らせたのに素甲を包み、鉄板を炭火で焼いて約一〇分プレスして風乾させる方法もある。

こうして一匹の亀から一三ブロックの平面ができる。色や模様は個体差が大きいので、出来上がりを想定しながら継ぎ合わせて一定の厚味になるように吟味する。この段取りが重要である。

鋸で切断し厚すぎる箇所は削り、薄い部分には他の甲を重ね合わせ、斑点のバランスや色合わせをし、悪い所は切り捨て継ぎ合わせ、斑点を望みのままに生かして細工するものの大きさに合わせて糸鋸で切断する。

継ぎ合わせるには、雁木ヤスリという特殊ヤスリとサンド・ペーパー、木賊《とくさ》、小刀の順で表皮や薄皮を取り除いて完全に汚物、湿気をとり、手の油気や汗を付けぬように注意する。油気や汚物があれば接着しない。

除去が終われば清水にちょっと浸し、柳の薄板を水に浸して甲を挟み、上から炭火で焼いた鋏とよぶヤットコ、もしくは鉄板を焼いたものに柳板で挟み合わせた甲を挿入し、万力で充分に締め圧縮すると、蒸気により甲自体の粘力で接着し、ほとんど合わせ目が不明な一枚の甲となる。

こう書けば実に簡単と思われよう。だが焼けた鉄板の温度を水に浸したその瞬間の水玉の上がり具合や、水一滴の音で加減調節する微妙な勘が必要で熟練を要する。

鼈甲の接着には糊や接着剤は不用、水と熱だけである。

このことはいつ誰が知ったのだろうか。おそらく古代の中国人だったのだろうが、日本人に秘技をそうやすやすと伝えることはなかっただろう。きっと昔は一枚甲を切りぬき、多くの不用な切屑ができていただろうが、器用さと勘の良さで長崎の職人が秘技の癒着技術の習得に成功したのであろう。今では切屑の小片に至るまで巧妙に素材と接ぎ合わせてすこしも廃棄することがない。

この秘法は一般にはもちろん、斯界の師弟間においても教えず、師匠から一人の弟子に長期間の訓練ののち跡継ぎをする者にのみ口伝で伝えてきた。

だが天保十二年に金子直吉が絵図と文章に記録した。それは「熱箸を水桶に浸し、加減能くさまし是に挟む。箸の先へ一粒の水を施して之を見るに、シウ引と云う位をよしとす。挟み置く事、たばこ一服の間位、云々」と職人ならではの文である。これを貴重な記録と復版された「江戸べっ甲」の組合連合会に感謝したい。

そしてちょっと裏話だが、水牛角爪、馬爪など擬甲と鼈甲を接ぎ合わせるのを「張り甲」といって、表面のみに鼈甲を出す。この技法は水ではなく鶏卵の白身を用いるとか、これは元文年間（一七四〇頃）に博打好きな無名の一職人により考案されたと伝わっている。

鼈甲に金具を付けるには、その部分に穴を明け金具を熱した鏝《こて》で圧押すればよい。櫛に蒔絵をするには青貝などを形抜きにし、鶏卵の白身で前記した方法で付けるという。

そして研磨と艶出しである。昔は鮫皮と木賊、今はサンド・ペーパー、そして椋《むく》葉、これは絶対に必要。椋の葉は土用に採集し風乾、保存、これを水ですこししめして柔軟にして研磨。さらに鹿の角を焼いて製した微細な粉末のツノコを鹿の揉皮につけて磨く。最後には「手艶」といって、手の油気を充分に除き根気よく磨いて仕上げる。近年はハブ磨きといってグラインダーでやるが、やはり伝統的な人力のほうが優れているそうだ。長崎市魚の町で名高い眼鏡橋のすぐ近くにある江崎べっ甲店は創業が宝永六年（一七〇九）という老舗の専門店。六代目の江崎栄造氏は鼈甲業界でただ一人の無形文化財に指定されている（昭和三十二年）。

第五章　亀のエピソード――雷鳴るまで離さんぞ

亀と鶴とは名コンビ

古代中国には三神山という伝説上の神山があった。もとは五神山で大亀の背に乗っていたことは先に記した。二つの山が海中に沈み、渤海には蓬萊山、方丈山、瀛洲《えいしゅう》山となっていた。

この一つ蓬萊山は山東半島のはるか東海にあり、不老不死の仙人が住む仙境だと紀元五世紀頃に神仙術を行なう方士が説き、そこにある神薬を入手しようと燕《えん》、斉《せい》の諸王はこの山を探した。海岸からそう離れていないとされる二山は近づくと風波が起こり船を寄せつけない。そこで望みを蓬萊山にしぼって秦の始皇帝は方士の徐福を遣わした。おそらく幻の山は蜃気楼だったのだろう。

司馬遷の『史記』にあるこの話、日本にも早くから伝わり、蓬萊山は理想郷として詩歌や絵画の題材とされ、庭園様式にも取り入れられ、やがて正月の祝儀に用いる蓬萊飾りになり、これには必ず鶴亀が関係してくる。

蓬莱山と蓬莱飾り

蓬莱、蓬莱盤、蓬莱台などといわれる飾りは、神山を形どった台上に松竹梅、鶴亀、尉姥など飾って、祝儀や酒宴の飾りものに室町時代頃からされた。それが三方台、食積、春盤、島台、鏡餅と次第に簡略化されつつも現代に至るまで、正月や結納の飾りなどに伝統として引き継がれ、亀も水引き飾りとなり名残りをとどめている。

宮中や将軍家では屏風や蚊帳、新生児の衣服や御産室を飾る犬張子、さらに御祝儀物の御台人形などにも鶴亀の文様が用いられてきた。

この平成の御世においても天皇・皇后両陛下には敬宮愛子殿下のお健やかな御成長を祈願され、幼児の人形の「天《あま》児《がつ》」と「犬張子」を贈られたと漏れ承る。

この犬張子にも亀の図が付けられている。宮中では皇太子御生誕の際に作られたが、職人がいなくなり秋篠宮や紀宮には贈れなかったと承る。今回は両陛下の強い御意向で伝統的技法で作られたそうで、こうして皇室が日本の伝統をお守りくださっているのはうれしく有難いことである。

庶民も鶴亀はめでたいシンボルとして産衣の図柄にした。だが安物は鷺やスッポンのように見えた。

安産衣さぎとすっぽん舞ひ遊び
すっぽんと鷺で赤子は食始め
鶴も居る亀も居るしと乳母ほめ

一昔前までは漁師の一世一代の晴れ着に万祝があり、これにも鶴亀がデザインされることが多かった。

食物史家の平野雅章先生によれば、「二条城文華典」という徳川将軍家の新年勅使饗応料理の飾付は、目を奪うほど豪華絢爛であった。

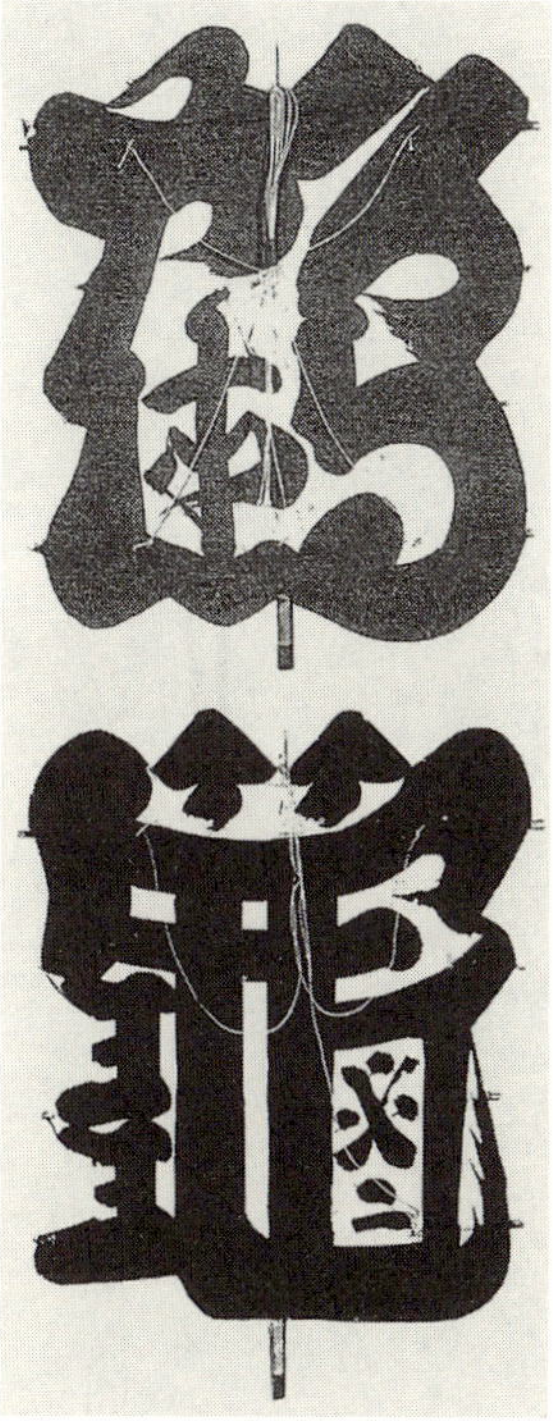
出雲大社の祝凧の鶴亀

鶴亀の蠟燭立（江戸時代）

このメニューはとても書ききれぬが、床間の蓬莱飾りの洲浜台に亀甲台を置き、その上に木彫の亀を載せ、その上に椿、桜、梅、竹、松、籔柑子、橘など七種の造花を立て、松の枝には木彫の鶴が三羽止まる。これを中心に両端に木彫の蓑亀二匹を置き、からすみを盛り付ける。他にも高砂台として鶴亀を飾るなどすごい飾りの公式料理で、伊勢海老、あわび、松茸……と亀のお飾りもかすんでしまいそう。

さて昔から「鶴は千年、亀は万年」といわれるが、いつ頃から言い出されたのだろう。この古い文献は中国の漢代（紀元前一三〇年頃）の百科全書『淮南子《えなんじ》』の「説林訓」にすでにある。その頃は、「鶴寿千歳亀三千歳」などといわれていたようで、亀は万年とは定まっていなかったが、区切りも語呂もよいから、鶴千年に対して万年と、大きく定年を延ばしてもらったようである。

鶴と亀がコンビを組むようになったのは、長寿代表コンビというばかりでなく、白い鶴に対して亀は北方の神、玄武の黒であり、鶴亀のカップルは、天と地、陽と陰、白と黒を示す対照であった。

「亀は万年の長寿」の俗説や思想はずっと古くからあり、すでに記したように中国では大地や宇宙を亀が支える神話があり、これはインドや中央アジアにも分布する話であった。

亀が海中に浮く蓬莱山などを支えて途方もなく長生きする話は中国の伝説の項で記したが、これは、インドの聖典『マハーバーラタ』にある話。

インドラデュムナという仙人が、仙人でいられる時効がきて天界から墜落。この世では誰も自分の名を知らないので、昔の名声を知る長寿の者はいないかと尋ねまわる。智恵者のフクロウが言うには、鶴なら知っているだろう。そこで鶴に聞きに行くと、私より大昔から湖にいるアクパーラという亀なら知るかもしれないというので、亀に会いに行くと、涙を流して、「忘れはしませんよ。あなたは大昔、私の上で火を焚き祭りをした方ですね」。まあこんなお話。

アクパーラとはヒンズー教で原初の亀の意だそうで、鶴は千年、亀は万年の故事のこれもルーツの一つであろう。

わが国で鶴と亀とがコンビになった早い例は、平安時代初期の『古今和歌集』の序に「鶴亀につけて君を思ひ人をも祝ひ」とあるのや、平安時代末の『梁塵秘抄』であろうか。これは後白河法皇により編纂された歌謡集で巻二には祝歌が七首収まる。その冒頭歌に、

万劫経る亀山の　下は泉の深ければ　苔生す岩屋に松生ひて　梢に鶴こそ遊ぶなれ

つぎが、

万劫亀の背中をば　沖の波こそ洗ふらめ　いかなる塵の積もりゐて　蓬莱山と高からん

鶴亀の意匠（江戸末期）

海には万劫亀遊ぶ　蓬萊方丈瀛州　この三つの山をぞ戴ける　巌に練ずる亀の齢をば　譲る譲る君にみな譲る

海には万劫亀遊ぶ　蓬萊山をや戴ける　仙人童を鶴に乗せて　太子を迎へて遊ばばや

黄金の中山に　鶴と亀とは物語り　仙人童の密かに立ち聞けば　殿は受領になりたまふ

宝光渚に寄る亀は　劫を経てこそ遊ぶなれ

須弥を遥かに照らす月　蓮の池にぞ宿るめる

御前の遣水に　妙絶金宝なる砂あり　真砂あり　砂の真砂の半天の巌とならむ世まで君はおはしませ

まことにめでたい祝歌、これは中国古来の神仙思想を背景にしつつ、わが国独自の鏡の松喰鶴や松に鶴と蓬萊山に見立てた亀山や亀の文様に融合し、歌謡から芸能、文様など工芸デザインから文芸へも、めでたさのシンボリズムとなって発展したのである。

万劫経る亀山の……という『梁塵秘抄』の今様の祝歌は『平家物語』や『曽我物語』などにも広く伝承され「伊勢神楽歌」の滝祭の歌にも、「いや万甲年経る亀山のいや下なる泉が深ければ……」と出てくる。

能「鶴亀」　左がツレの亀（森田拾史郎氏撮影）

結婚式でよく謡われる「鶴亀」の謡は入門曲であるからよく知られている。

〽 庭の砂《いさご》は金銀の　庭の砂は金銀の
珠を連ねて敷妙の　五百重の錦や瑠璃の
枢《とぼそ》　硨磲《しゃこ》の行桁《ゆきげた》瑪瑙《めのう》の階《はし》　池の汀の鶴亀
は　蓬莱山も外《よそ》ならず　君の恵ぞありが
たき君の恵ぞありがたき

能の「鶴亀」は各流儀にある曲だが、喜多流でだけ「月宮殿」と呼んでいる。

能の「鶴亀」は脇能の中でも短く上演時間は約四〇分。時代は中国唐、皇帝は楊貴妃との恋で知られる玄宗皇帝。その皇帝が月宮殿に行幸遊ばされ鶴と亀とに舞を舞わせるのである。

筋からいえばたあいもないが、亀は万年の劫を経、鶴も千歳を重ぬらんと舞う祝言性が人々に喜

稲穂の亀の飾りもの

鶴亀の飾り結びの壁掛け

ばれ新春を祝う能とされた。

また長唄や常磐津、地歌にも「鶴亀」があり、沖縄舞踊にもされている。

「つるかめ　つるかめ」と不吉なことがあったとき払い除ける縁起直しの唱え言葉もある。たとえば玄関で朝、靴を履くとき紐がぷつっと切れてしまった。こりゃ縁起が悪いと「鶴亀鶴亀鶴亀鶴亀」と唱えたりする。

鶴亀の齢《よわい》願わば箸取りて　つるつる飲むな　よくぞかめかめ

大正時代から戦前までよく言われた食卓での呪文みたいな言葉である。「噛めば万年、つるは千年、長生きしたけりゃかめかめ」とも言う。

饂飩《うどん》博士といわれた博物館学の恩師・加藤有次先生によると、武蔵野台地の新田開発は江戸幕府の政策のもと玉川上水、野火止用水の開通にともない急速に進められたものの、分厚い関東ローム層台地での水田で米が作れず、麦と芋が中心だったので、水呑百姓の盆・正月の御馳走は各戸で作る「うどん」と「ゆでまんじゅう」。そして冠婚葬祭の本膳は、隣組の人たちの手打ちうどんだった。特に結婚式には「ツルツル、カメカメ」といいながら手打ちうどんを食べた。めでたい鶴亀にかけた食べ物が貧農の歓びであった。

さした盃　中見てあがれ　中はつる亀五葉の松　（酒宴歌）

ついでに記すと、瓶《かめ》に桜など花を生けるのは平安時代から続く大和心のうるわしい風習であるが、これは花をすこしでも長くという「亀（瓶）は万年」の発想からと、本居宣長大人は申されたとか。

鏡の鶴亀——蓬萊山で舞い遊ぶ

鏡は朝夕眺めるものであり、婚礼調度品にもなくてはならぬものだったから、おめでたい図柄を鏡背の文様にする。名コンビの鶴亀もとうぜん多い。

特に鈕《ちゅう》という円鏡を手にするための紐緒を結ぶつまみの鈕座を亀にかたどる亀形鈕は多い。これは古くから唐鏡にあり、早くより和鏡の中にも取り入れられた。しかし平安時代は簡単な亀形で、しかも図柄の鶴や小鳥は大きくはばたいて飛んでいるが、亀はごく小さくしょんぼりしていた。

ところが鎌倉時代以後になると、この亀さん次第に元気が出てきて肉高となり、背の甲の文様も亀甲紋から花菱亀甲紋と複雑で立派に成長してくるのである。

そして平安時代には水辺風景を示すのんびりした洲浜文様であったのが、鎌倉時代になると岩の上に松があり、波の打ち寄せる洲浜に竹が生え、鶴と亀が遊ぶ蓬萊鏡といわれる図柄に流行が変化する。

中国人が夢をみた蓬萊の図といえば、「松喰鶴蓬萊山蒔絵袈裟箱」の大亀が山岳を背にするものを思い浮かべるが、鏡の文様はそんな厳しいものではなく、より女性的でよりおめでたく『梁塵秘抄』や『平安物語』の「蓬萊山は千歳ふる　万歳千秋重れり　松の枝には鶴巣くひ　巌の上には亀遊ぶ」という今様を図案化しているのである。

さらに室町時代になると鈕の亀と絵柄の鶴とが舞い遊ぶようになり、双鶴と中央にある亀鈕が接嘴する形式が出現する。

そしてこれまで松喰鶴といわれ松を喰わえて飛んでいた鶴が亀を喰わえて飛ぶ、あのイソップ物語の寓話のようなのが出てくるのは面白い。

中世になると古代の道教思想の蓬萊から和風の蓬萊へ、つまり大海で山岳を背負う大亀の世界から、

洲浜松楓双鶴鏡（熊野速玉大社蔵）

蓬萊八稜鏡（熱田神宮蔵）

松楓双鶴文鏡（国宝、熱田神宮蔵）

梅花散双鶴鏡　イソップ物語のように亀が空を飛ぶ（熱田神宮蔵）

柄鏡（江戸時代）

松と竹と梅が栄え鶴亀がいる身近な理想郷へ変わってきたのである。

さらに江戸時代になると柄鏡が一般化され鈕の亀は姿を消してしまう。

そして蓬萊図も鶴や亀が子供をたくさん連れて遊び、子孫繁栄を願い子宝に恵まれたいという庶民の生活感情が表わされているものに変形され、鶴亀文様も松竹梅と合わせて吉祥文様とされるのである。

つる亀をなでると仕廻《しまい》　鏡とぎ　（『柳多留』）

なお名古屋市の熱田神宮に蓬萊鏡の名品が多いのは、ここが東海の蓬萊だという信仰があったからである。

亀の美術——日本人は亀が好き

日本人は亀が好きである。飾りの置物や美術工芸品や絵画にも長寿のシンボルとして、あるいは縁起の良い生きものとして古代から現代まで愛されている。

大きなものでは日本庭園での造園に蓬萊に因む亀山、亀島、亀石が存在する。

絵画では国宝「鳥獣戯画」の乙巻に角の生えた玄武が二匹と残欠にスッポンがちらりと顔を出すの

をはじめ、近世には円山応挙の「百亀図」など円山派や四条派の画家もたくさん描いている。伊勢地方の画家の磯部百鱗や中村左洲や月僊も、亀に乗る仙人など好んで亀を画題とした。だが亀の美術はどうも紋切形が多くてあまり面白味がない。

その中で私の目に付いた面白いものには、誰が描いたか亀と蟹の図。蟹が鋏で縛られた亀の紐を切ってやる図の掛軸を若い頃に骨董屋で見たことがある。何を意味するのかその時はわからなかった。ところが最近、美術書を眺めていたら、刀の鍔や重箱の蒔絵のデザインに同じような図柄があった。五匹の亀が紐で縛られていて、その紐の結び目を蟹が鋏で解こうとしている図である。その解説に、三河万歳のセリフの最初の文句「とくわかに御万歳」の祝い詞に見立ててあるとあった。つまり、徳若にを〝解くわ蟹〟とし、亀は万年だから五匹だと五万歳となるとするシャレだ。昔の人の頓知に脱帽。

徳若とは常若《とこわか》の変化した語で、常若は伊勢神宮の式年遷宮のめざすところで、永遠に若々しいさま。

そうだったのか、常若に万年という

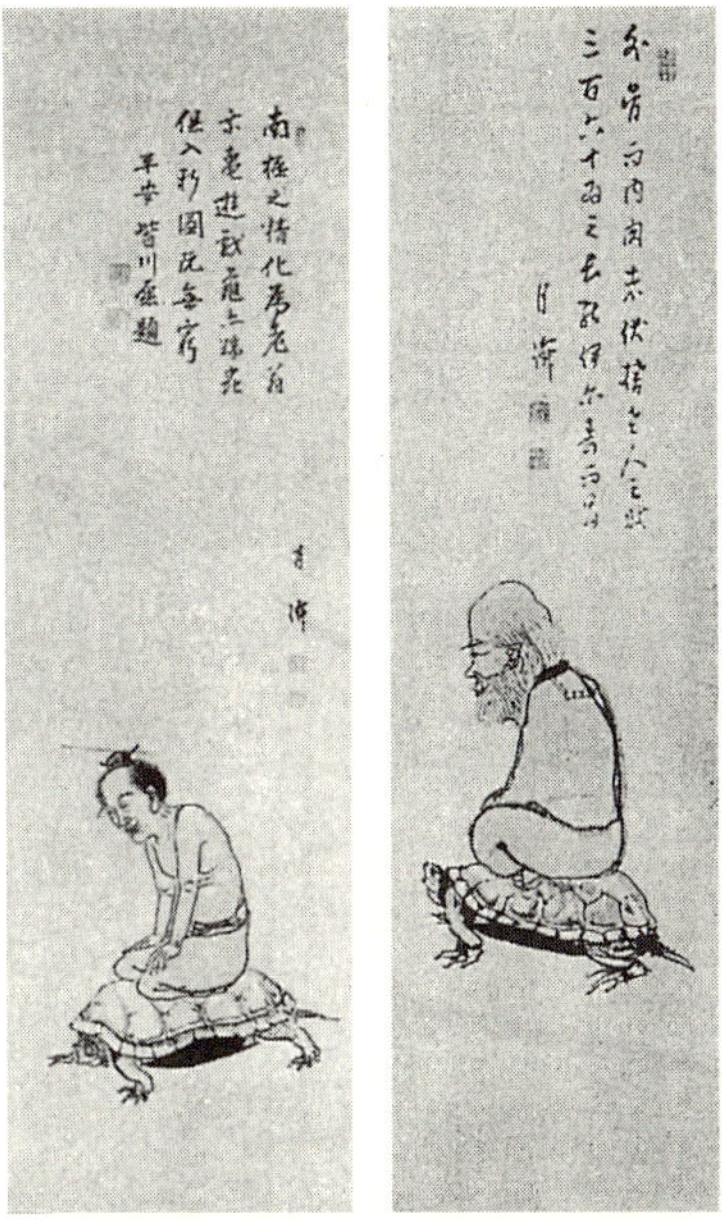
亀に乗る高士　月僊画（神宮徴古館蔵）

おめでたい図柄だったのだと謎がやっと解けた。

亀を中国の神仙思想の不老不死の仙人の住む蓬萊山と共に、松竹梅や鶴と一緒に描く鏡や、正月掛けの軸、七五三の千歳飴の袋に至るまで、さまざまな吉祥文様になっているのはこれまでも記した。ここで特に書いておきたいのは、亀は水霊を示す生き物であり、大陸での竜と通じるものであること。だが中国では先に記したように亀の人気が急没落し、竜が主力となり、日本でも亀甲のデザインは鎌倉から室町に大流行するが亀本体の姿は竜に負けてしまったようだ。

竜は空想の動物であるから自由にデザインができる。刀剣や武具にも力強い竜が広く用いられるが、亀の方は年老いて緑苔を生じた姿の蓑亀として格好はつけたものの迫力に欠ける。公家文化は、ゆったりと堅実に亀のような歩みを理想とするが、武家ではやはり竜虎の勢いが好まれた。だが日本人の意識の中にも亀と竜が思想的に相通じる霊獣とされてきたことを忘れないでいただきたい。

亀の造形は箱形であるから、物入れの器とされ、茶道では香合の形にふさわしいのでいろいろなデザインの香合が古くから作られてきた。名高いのは「交趾《こうち》大亀香合」。中国の南部地方産で形物色絵の稀品とされ、明治四十五年に藤田香雪翁が九万円という破格の高値で買い、手にするなり莞爾として他界した逸話がある、藤田美術館蔵の名品。また「分銅亀香合」も有名。これは身が純金の地金を量る分銅形で蓋が延寿に因む亀甲で、商人好み。

亀甲文は釜の地文や棗《なつめ》、能衣装にもされる。

亀の形をした印章のつまみは漢の時代の公印に用い、亀鈕《きちゆう》・亀紐といわれた。

亀香合　二代山田常山作（昭和初期）

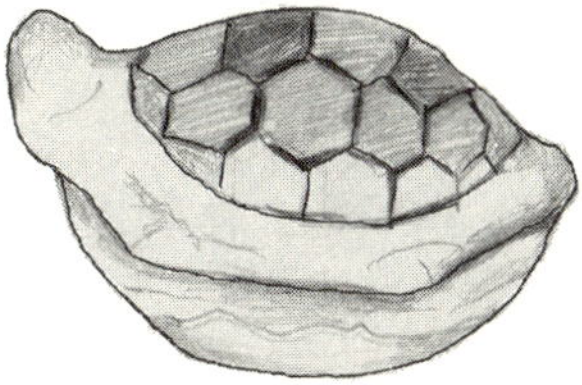

交趾大亀香合（中国明代，藤田美術館蔵の写生）

亀はかわいい姿であり古くから亀形の器物やアクセサリーは多く、今でもブローチやネクタイピンや金財運がよいと銭亀のペンダントなどがお守り代わりに使われている。

古いものは長崎県壱岐の笹塚古墳出土の金銅製の亀形馬具。文具にも亀形の硯、墨、筆架や筆置、墨置、それに亀滴といわれる亀の形をした水滴や文鎮の類がたくさんある。

かわいい亀は子供に愛され玩具となる。生きた銭亀はもちろんだが、唐代の玩具として陶製のかわいい亀が発掘されており、子供が下げて遊べるような把手が付き、小穴があり笛になっているものもある。

日本でも江戸時代の玩具と思われる亀や鳥の土人形が名古屋城の三の丸遺跡などから出土している。素焼の手捻りで甲羅は型押し、二、三センチから六センチほどのかわいいもので、昔の子供たちがこんな亀さんと遊んでいたと思えばほほえましい。

京都の伏見や江戸の今戸焼、山形県米沢の相良人形など民芸の亀乗り童子や亀捧げ、亀抱き童子などの人形がある。

私も子供の頃、亀の玩具を買ってもらった。伊勢みやげの張り子

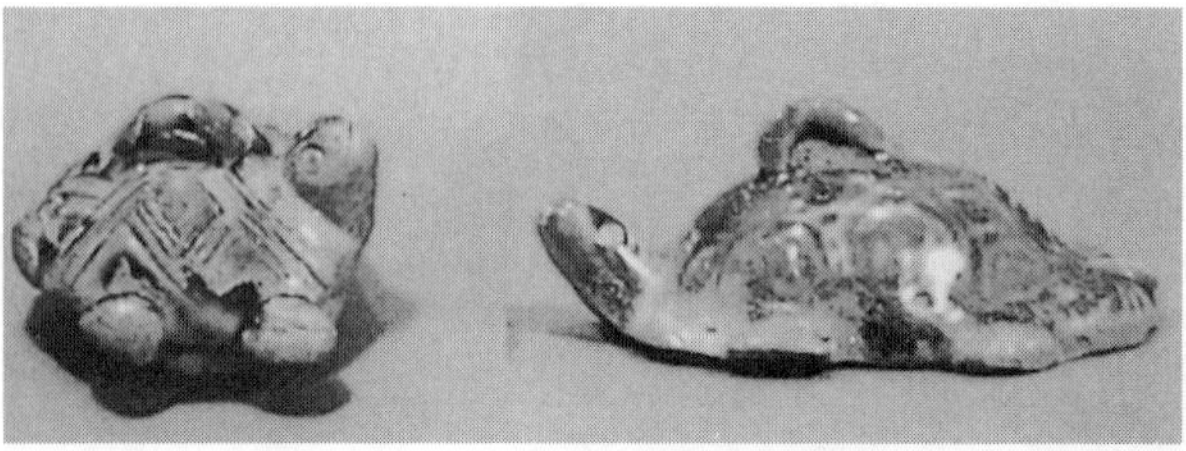

唐代の子供の玩具（3×8 cm，湖南省長沙窯址出土）

伊勢地方の赤い張り子の玩具

名古屋城下発掘の土人形（江戸時代）

からくりの盃台（江戸時代）

亀甲変わり形陣笠

実物の亀の甲を加工した
煙草入れ（とんこつ）

の赤い亀さんで、甲の真中にある糸紐を引くと、からくりの仕掛けでコトコトと前に進む。こうした木屑を糊で固めて作られた厄除けの赤い練物玩具は、今もあるにはあるが、もう現代っ子には単調すぎて人気がないから、みやげ物店でも出合うことは少ない。

私が面白い、大人の玩具として欲しいと思ったのは、柏崎市の資料館で見た、からくりの亀の盃台。酒を注いだ盃を亀の背中に置けば、亀はカタコト動き出し、盃を取ると止まる。なんとこれはからくり儀右衛門作とあり、本名は田中久重、東芝の創設者である福岡久留米出身の幕末の偉人の作品だった。

木彫りの亀の首を引き抜くと中が眼鏡入れになっている江戸期の細工物も見た。これには角館の武村文海作とあった。亀は鈍足でのろまということで武人はあまり好まなかったと思う。だが刀剣の三所物《みところもの》や冑の前立《まえだて》に亀をデザインしたものがある。これは霊亀玄武と見て縁起よしとしたのであろう。

①

亀の美術・工芸品
①中島仰山画「アオウミガメ」（国立科学博物館蔵）
②久保浩「瑞鼇（ずいこう）」ブロンズ
③村田整珉「鋳銅書鎮」
④藤原啓「備前大亀の置物」
⑤帖佐美行「香合（菊香る庭の想）」
⑥竹の根で作った亀の置物
⑦お田植神事用扇（伊勢神宮，江戸時代）
⑧能に用いる蓬莱図の中啓
⑨中村左洲「群亀」（三幅対の内）

②

③

④

⑨

⑤

⑥

⑦

⑧

亀の実物の甲羅をそのまま利用した変わり形の陣笠を売り立て目録で見た。
陣笠は冑をかぶらない雑兵が戦場で用いたヘルメットだが、廃物利用といおうか、風流というか、アカウミガメと思われる甲羅の裏面を獣毛で補強して、表面は金漆を塗ってある珍しい江戸中期の一品だ。

とんこつという煙草入れは、農民や猟師など野外で働く人々が使ったものだが、これにも実用と風流と珍品を好み喜ぶ人が工夫した実物の小さな亀の甲羅を加工したものを、東京渋谷のたばこと塩の博物館で見た。また会津の白虎隊伝承史学館にも同様の火薬入れがあった。

博物画の代表的なのは中島仰山のアオウミガメ図。これは平成十三年秋に上野の国立科学博物館で開催された「日本の博物図譜　十九世紀から現代まで」展にはじめて一般公開されたもの。明治十年に小笠原島で捕獲した亀の原寸大のみごとな図である。

彫刻では平櫛田中の「霊亀随」。昭和天皇の養育係で最後の殿様といわれた浅野長勲公が広島の宮島の向かいの大野の別荘で杖を突いて歩く姿である。先年、神宮式年遷宮記念美術館で展示して、大きさとリアルさに圧倒されたが、なぜ亀が居ないのに霊亀であるか。それは中国の故事に「福徳円満な人が街を行くと祥瑞ある亀が随って行く」というので九三歳の公が長寿なのは霊亀が守っておられるだろうとの意。実はこの作品にはもう一つ小さなのがあり、この方には実際に小さな亀の子が左後方に随い「霊亀」という題になっているそうだ。

圓鍔勝三の作品にも亀を持つ少年像「砂浜」がある。

これは昭和二十一年第二回日展の特選で、戦争が終わってもう二度と戦争はこりごりと思っていたところ、長男の元規氏が池から亀を釣り上げて見せに来たので、亀を持つ少年で平和の喜びを彫り上げたと『わが人生』で語っておられる。

亀甲文様と亀の紋章

自然の形態から美しい規則性を見つけて割付や幾何文様を作るのは洋の東西にある。西洋では蜂の巣（ビーハイブ）、東洋では亀甲の六角形の組み合わせがその一つの代表であろう。亀の甲殻を幾何学的図形に見立てたのは世界に広く分布するが、古くは中国や朝鮮にあり、亀甲が組み合わせられた亀甲繋文の古い例としては、中国西秦時代の建弘元年（四二〇）銘の仏像の衣に描かれているのや、朝鮮百済の武寧王妃の墓（五二一年築造）出土の木製の頭枕や、熊本県江田船山古墳出土の百済から伝わる五世紀の金銅製沓《くつ》。また東京国立博物館蔵の栃木県足利市助戸古墳出土の鉄地銀象眼鞍金具や頭推大刀《かぶつち》の柄頭などに見られる。

正倉院や法隆寺には蜀紅錦《しょくこうきん》とよばれる中国の成都で作られた織物が飛鳥時代に輸入されたのが伝わり、その中にすでに亀甲文様がある。そして奈良時代になると、正倉院宝物の「浅紅地亀甲花文纐纈」や「棊局龕《ききょくのがん》」などに用いられ、奈良時代後期には文様として完成されている。

亀甲の六角形は外からの力を分散し外敵から身を守る自然の生んだ合理的な造形である。この神秘

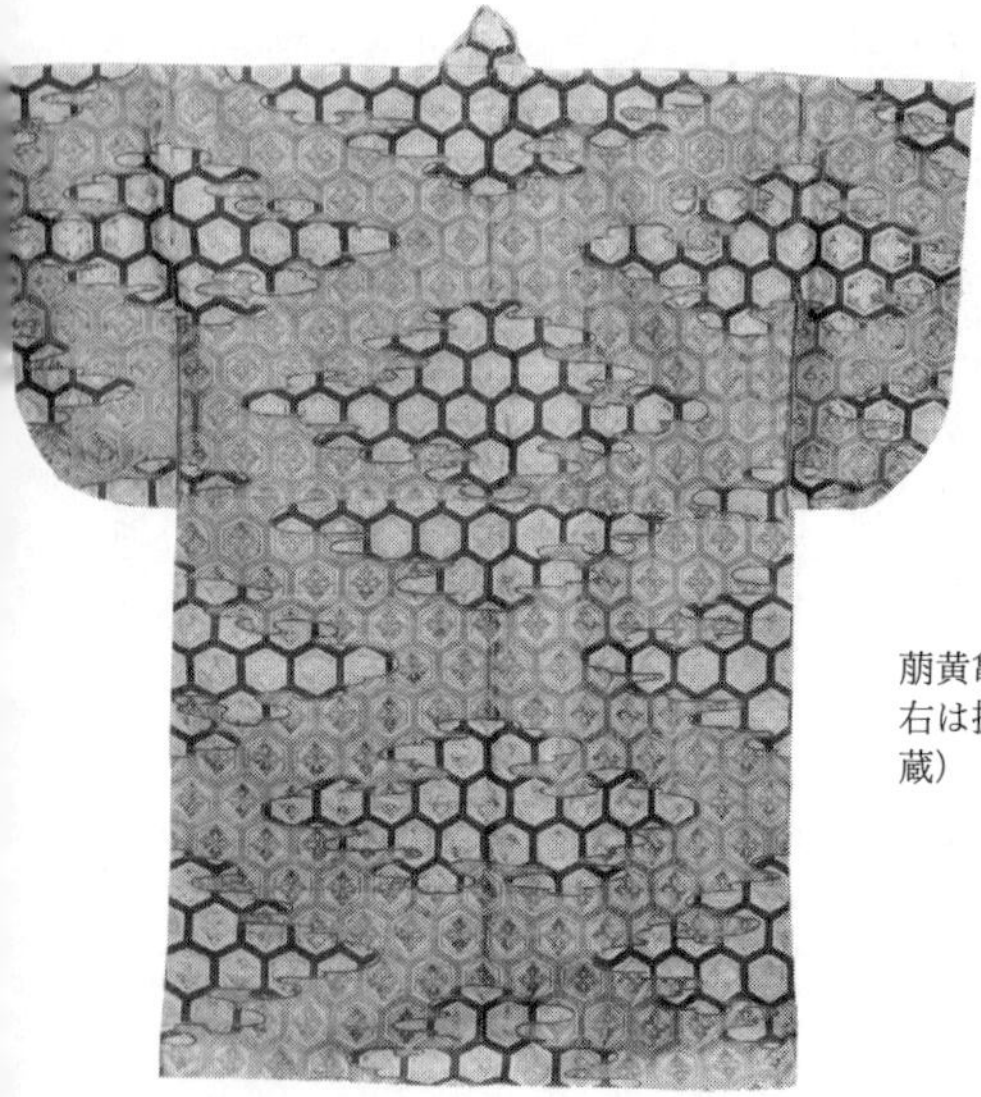

萌黄亀甲花菱文様縫箔打掛
右は拡大図（重文，高台寺蔵）

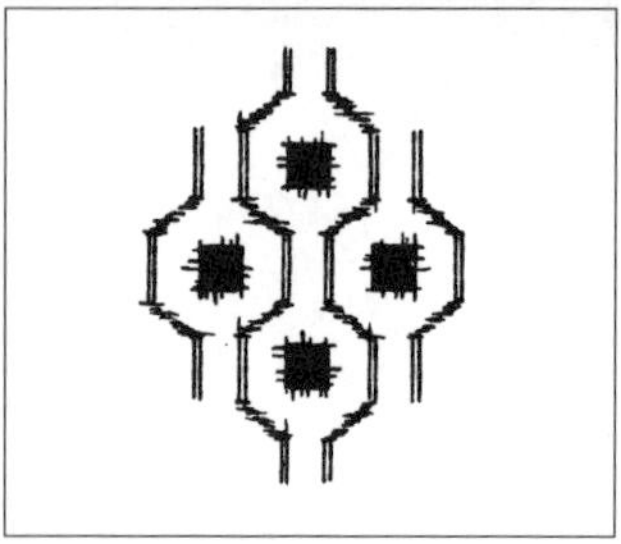

琉球絣の亀甲ビック

亀甲花菱文

小紋　右：亀尽くし，左：亀甲文（江戸時代）

伊勢型紙

的な形に魅力を感じ、さらに織物としては幾何学的な構成が機械の工程上ふさわしく、単独より連結文様として多く用いられる。だが日本人にとっては無味乾燥な幾何構成の文様ではあきたらぬ。そこへ自然のやわらぎと動きを感じさすものを加えたい。そこで平安時代以後になると、亀甲の六角形の内部に唐花や菊、鶴などを充塡して、さまざまに変化する亀甲文様ができたのである。

また亀甲文は松鶴図と組み合わされて蓬萊文となり、春日大社蔵の重文「亀甲蒔絵手箱」に代表される吉祥性に富む文様となる。

亀甲文様が特に好まれたのは鎌倉から南北朝時代であろうか。礼装の衣冠の指貫《さしぬき》という袴の、特に幼年向き地文には必ず亀甲文様とする約束があったり、能装束や小袖、打掛など格調高い儀礼用の着物。長寿・瑞祥文様として工芸分野の婚礼調度品にも広く用いられるようになる。

その中で豪華なのは豊臣秀吉の妻の北政所所用と伝えられている「萠黄亀甲花菱文様縫箔打掛」。この京都・高台寺蔵、重文の桃山時代の打掛は、全体を亀甲文と花菱文を刺繡で縫いつぶし、亀甲の内を金の摺箔《すりはく》にし織物とみまがうばかりの意匠である。

近世になると庶民も吉祥文様として愛好するようになるが、なにしろ亀甲文は格式が高い。もっとくだけたものをと考案されたのが、楽しい遊び心をもつ亀甲文様や亀尽くし文様であり、一見してそれと見えない江戸っ子らしい粋なものもできた。また琉球絣の文様にも亀甲のビックというのがある。ただしこの吉祥文も職業などにより忌み柄とされた。花柳界や証券界では頭を引っこめるとか手が合わないと嫌がられた。

（上から）
水に光琳亀
一筆亀
三ツ違亀
鶴亀

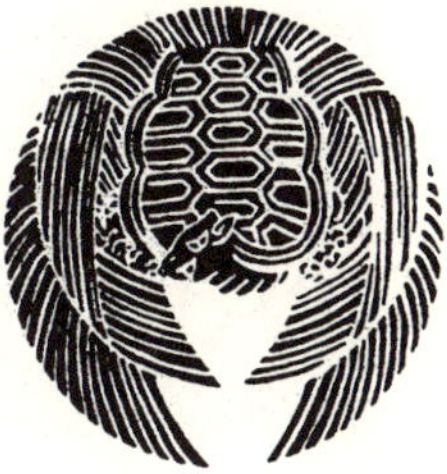

（上から）
浮線亀
上り亀
下り亀
真向き亀

（上から）
光琳亀
二ツ亀の丸
水に亀

紋章にも亀紋がある。

家紋には神仙思想と長寿延命を願い霊亀を採用し、耳のある亀や蓑といわれる総毛《ふさげ》を持つ蓑亀が多い。亀という文字を図案化した「亀字崩紋」や「一筆亀」、尾形光琳がデザインした「光琳亀」もあり、亀に毛が付くか付かぬで本家と分家を区別することもある。

亀紋を用いる家は森氏や亀丸の六角氏。

出雲大社の紋
上：二重亀甲剣花菱
下：子持亀甲に有の字

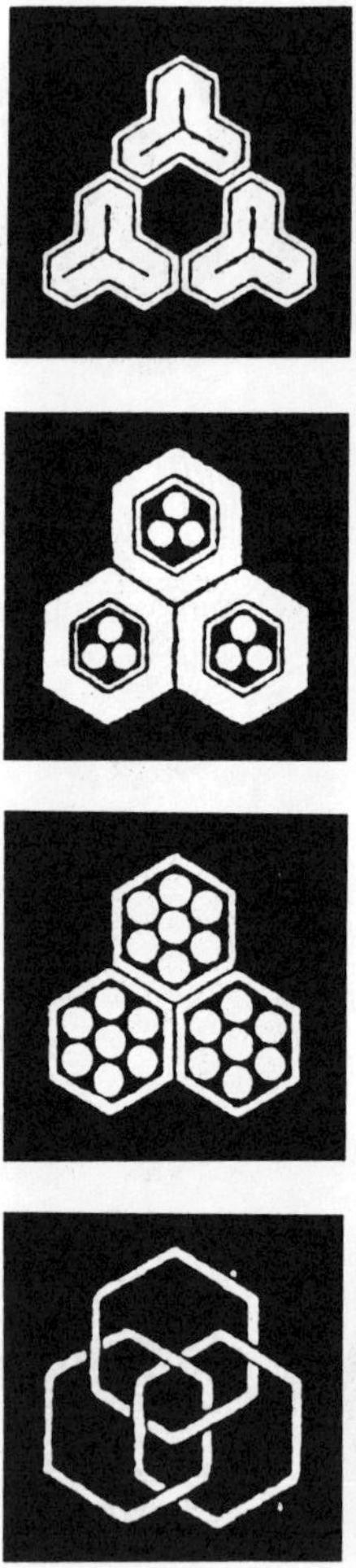

（上から）
毘沙門亀甲
三ツ亀甲三星
三ツ盛亀甲に七曜
（六郷亀甲）
三組合亀甲

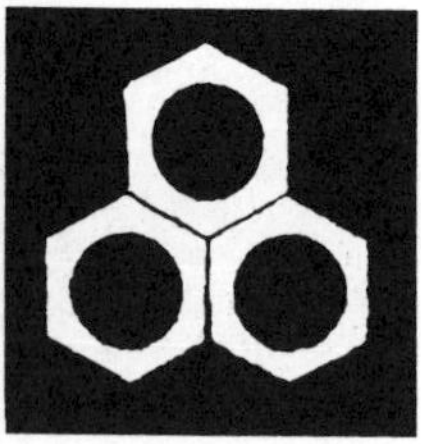

三盛ぬけ亀甲

亀の甲に由来する亀甲紋は六角形の輪郭の中に唐花のある「亀甲唐花文様」が原形で、亀甲だけでは淋しいから花などをとり込んだのであろう。

最も知られるのは出雲大社の神紋。なぜ用いたのかとの一説に、出雲は日本の北に位置するので中国の五行説の北方の守護神、玄武すなわち亀甲紋だとする。また島根県東部から北陸地方にかけての出雲文化圏にある神社の社紋に六角形が多いのは、竜宮伝説と海を渡る民族にルーツがあるのではという人もいる。

現在の出雲大社は「二重亀甲剣花菱」であるが、古い紋は亀甲の中に「有」という字である。これは十と月の二文字を組み合わせて「有」という字にしたので、出雲では十月に全国中の神々が集合されて会議をする伝説があり、各地では神無月だが、出雲では神有月というのにつながるとする。

亀甲紋にも多くの種類がある。用いる家は二階堂氏、浅井氏、亀田氏、奥山、福島、木内、能勢、内藤、堀氏などという。『見聞諸家紋』という室町時代の武家の家紋の記録には二階堂政行は「三つ亀甲」、小田知憲は「亀甲に酢漿草と二月の文字紋」、宇都木、中村氏は亀甲に菊、湯浅氏は大文字に亀甲などとある。家紋は昔から変わらず続くように思われるようだが、変化や変更が多い。

神使の亀

神使とは神の使者、つかはしめとも称して神に縁故ある特定の鳥獣虫魚などで、春日大社の鹿、熊野の烏、八幡の鳩、稲荷の狐がよく知られる。

亀は京都市右京区嵐山宮前町の松尾大社である。

『倭訓栞』に松尾の亀は亀尾山の号に本づきとあり、「大和豊秋津島卜定記」には、日本の中心、国中の秀、天下無双の勝地なる平安京の西に鎮座する松尾の神は、日向の国から来臨され、亀を使者と定めることは、昔、火酢芹命が海辺で塩土老翁が現われて目無し片間の小船という籠で編んだ舟を作り海底に深く入り、竜宮の玉の御殿に三年留まり、上津国がこいしくなり帰らんとすると、海神が大竜に乗りて帰りたまえば当社の使者と定むなりと、亀と竜とがまじっているけれども、『雍州府志』には、松尾神社の神徳は、弓矢の神、寿命神、酒徳神、酒醸者がもっぱら尊崇する酒福神で亀が使者となる（以上『古事類苑　神祇部』による）とされ、社伝では亀と鯉とが神使とされてきた。

この大社の宮司は佐古一洌氏、私の友人であるが彼の前宮司・中西守氏によれば、松尾大明神は太古の昔、水の流れの荒い瀬は鯉の背中に乗り、ゆるやかで深い淵は亀の甲羅に座して保津川をさかのぼり、丹波の国の民情を視察されたと語り伝えているそうだ。そして兵隊だった氏が終戦を揚子江右岸の九江で迎え、小舟で脱出し大河の明けゆく水面を監視するとき、とんでもなく大きい怪魚がズボーンと飛び上がるのを見たという。

それは三メートル以上ある大鯉で、横腹の鱗の一枚が大人の手のひらほどあった。昔から揚子江には草魚の大物がいると伝わるが、その幻の魚の姿を前宮司は垣間見たが、そのことは生前めったに人に語らなかったという。そして太古、神はもちろん、人間でもやすやすと背中に跨がれるほどの大きさのあのような鯉や亀がいた遠い祖先の思い出や発想が端を発して、松尾の大神の神話伝説になっているのではと随想を記されている。

松尾大社は秦《はた》氏の氏神であった。現在の祭神は大山咋神《おおやまくいのかみ》と市杵島《いちきしま》姫命とされておられるが、海を渡って来られた神であっただろう。

境内には背後にそびえる松尾山から流れる小渓流の御手洗川があり、霊亀の滝というのがある。そして亀の井と称する霊泉があり、清冽な水がこんこんと湧き出ている。

この亀の井の亀の口から湧き出る水を酒造家はいただいて帰り、酒造の際に混和すると酒が腐敗しないという。

いま酒造の神として松尾大社の御分社は全国に一一一四社もあり、ここが総本社である。

京都・松尾大社の亀の井

他にも亀を神使とする神社がある。
千葉市中央区登戸三丁目の登渡神社。宮司の星次百太郎氏はこれまた友達だ。大昔この地に祭神を勧請したとき亀の背に乗り海を渡って来たとの伝説があり、この神社では亀の飼育を禁じている。
神奈川県相模原市の亀ケ池八幡宮は慶安年間に徳川幕府から寄進された境内地の池に、たくさん亀がいたことから万年長寿にあやかり亀ケ池と称し、平成九年には親子亀と長寿の翁亀を抱く大きな狛犬を建立した。
仙台市川内亀岡町の亀岡八幡神社も文治五年（一一八九）に相州鶴岡

八幡宮を勧請したとき、霊亀が出現したので亀岡と号したという。こうした伝承のある神社は各地に多い。

石川県小松市安宅町の安宅住吉神社。ここは神亀石があり亀石の項で書いたが（八一頁）神使の亀を捕えず、捕えれば酒を飲ませて元に返す。

石川県加賀市大聖寺の菅生石部神社。氏子がもし蛇や亀を食べれば一生諸願満足することなし。

恩師岩本徳一先生の『神道祭祀の研究』によれば、他にも広島県の世良八幡神社、福島県の太田神社、岩手県の日高神社も亀を神使としているという。

亀は酒が大好きで、亀を捕らえれば酒を飲ますと伝わる。この本が上梓すればまず一番にわが親友、松尾大社の佐古一洌宮司の元に駆け参じ、亀の井の清水をごくりといただくのを楽しみに執筆を続けることにしよう。

亀の祭りと信仰

熊本県八代市妙見町の八代神社は「妙見さん」といわれ、秋の例大祭の神事は、博多の筥崎宮《はこざき》と長崎の諏訪神社と並び九州三大祭りの一つになっている。

この「八代神社妙見祭」の神幸行列には江戸時代の絵巻物さながらに、「亀蛇《きだ》」という大亀の作り物が出る。祭りに登場する亀で日本一大きいのはこれだろう。

亀蛇は「ガメ」の愛称で親しまれ、頭が竜で首が蛇、甲羅の長さは約四メートル、幅二・五メートル、首を延ばすと四メートル、重さ約一四〇キロの亀。

木製の骨組みに和紙を幾重にも貼り肉付けし、頭や甲を形どる綿入りの布団を乗せ、大海を渡る波しぶきを友禅染にした水引幕が巻かれている縁起のいい神獣である。

神幸行列は一五〇〇人、長さ一キロにも及び、さまざまな出し物が出るが、出町《でまち》のガメが一番の人気者。これを担当するのはガメの中に入り演舞をする中組で、ガメを担ぐ四名と首を振らす首役一名、この五名構成の二組一〇名が交代でする。他に警固組が一五名と、全体を見守っている役が六名の他、四〇人ほどが役割を受けもつ。

妙見祭の亀蛇

この祭りの由来は大昔、妙見神が中国大陸から亀蛇の背に乗って海路来臨された伝説にちなむ。

祭礼の起源は定かでないが、現存する記録では永正十二年(一五一五)十月八日に実施とあり、現在は十一月二十二日にお下り、二十三日がお上りとされ、ガメの尻尾の赤い毛を財布に入れるとお金が貯まり、神棚に供えて祈ると病気が治るとして先を争って取り合いをする。

兵庫県揖保郡新宮町牧の河内神社の八月十四日の夏祭りには、

スッポン踊というのがなされる。

鉦や太鼓で「すっぽんでんや、もうでんや」と唱えながら社殿を三周した後で踊るというが、人身御供を要求したスッポン退治をした祝い踊だとされている。

富山県上新川郡大沢町の多久比例志《たくひれし》神社には三月の不定期日に亀祭りがなされる。通称を「ガメ祭り」といっている。

昔、神通川にガメとよぶ亀が多く、氾濫などひき起こすので、三月になると地区ごとに水の恵みと豊作を祈り、ガメが害をせぬよう一二地区の長老が神社から川畔のガメ宮へ行列を作って詣で、米を供えて川へ散いて祈る。この祭りが終われば田に水を引き苗代の準備をしたものである。

また富山県放生津の六月の水神祭も「ガメ祭り」といい、ガメは水の妖怪とされている。

なおガメというのは亀の沖詞で、カメというと舟玉様が嫌うのでガメというと聞いたが、これは佐渡の話である。

『摂津名所図会』には大阪敷屋町では四月の酉の日に亀祭りがあるという。元禄年間に大きな海亀がこの地に流れつき、札をつけて放したのが数年後に西国で捕らえられ、また放されたと噂が伝わり、以来はじまった祭りのおかげでこの町から水火の難が無くなったという。

広島県瀬戸田町の生口島はレモンの島といわれている。その島の玄関口の瀬戸田港に近い岩場に「亀の首地蔵」というお地蔵さんが立つ。

この島の民話に、昔、船を沈めて人を食べる亀の総大将を、寺の小僧が策略をもって山に上げ、身動きがとれなくして退治した。すると亀の首の姿の大岩に化けて今度は海難事故の悪さをするので、地蔵さんを村人たちが造り亀の霊をなだめたという。その後、海難は少なくなったが、今も水道は幅二〇〇メートルと狭く、潮流は速く、大潮になれば地蔵の台座まで海水がくる難所だという。

海亀を葬った墓や祠は各地にあり、「ウミガメの墓」として藤井弘章氏が報告されている（『和歌山県立博物館研究紀要　3』一九九八年）。それによれば千葉県銚子市、神奈川県、静岡県遠州灘一帯、愛知県知多半島、新潟県佐渡島、香川県、大分県臼杵市に多いそうだ。さらに青森県風間浦村、同脇野沢村、宮城県七ケ浜町、茨城県北茨城市、千葉県勝浦市、静岡県伊東市、同松崎町、京都府網野町、兵庫県淡路島、同豊岡市、鳥取県米子市、同境港市、山口県田万川町、同阿武町、高知県南国市、熊本県荒尾市などに存在したり、あるいは存在していたという。そして和歌山県には有田市初島町に二つと、有田市港町、湯浅町、印南町、田辺市湊、古座町西向などに海亀の墓が確認されているという。

これらは古いものは江戸時代、新しいのは昭和五十一年に、瀕死の大亀が漂着し土地の人々が酒を呑ませて介抱したが、あえなく絶息したり、大亀の死体が流れてきたりしたのを浜の松原に葬ったり、寺の境内で供養して石碑や祠を建てたものである。

こうして手厚く祭ったところ、大漁があり大亀の霊験と信仰され、亀の命日に祭りがなされるようになった地域もある。

静岡県浜松市と御前崎の中ほどにある福田《ふくで》町の遠州三十三観音の一つの観音寺の境内に象形文字の「亀」を記す亀塚がある。このあたりアカウミガメの産卵に上陸するところで、毎年五月から八月に

駒形神社の神札

御前崎町の亀塚

現在でも四、五百頭が見られるが、産卵の疲労や方向を見失って砂浜や松林で死ぬことも多かったであろう。近辺には亀供養の亀塚が七カ所ほど分布している。

この地の御前崎町下岬の駒形神社の神札は大亀の上に神が乗る姿が描かれている。まるで浦島太郎のような神であるが、祭神は天津日高日子穂々出見命と豊玉毘売命、玉依毘売命という海神《わたつみ》系の神様で、亀に乗って当地に上陸されたという伝承もある。

私の先輩で近畿大学教授の野本寛一博士によれば、御前崎町西側部落の駒形神社の神は漂着神で、大亀の姿で陸に上がったときにこの辺は一面の綿の原だったので綿のトゲで目を突かれた。それで御前崎生まれの人は目が片方細いのだという。これは荒唐無稽な伝説だと思われようが、民俗学では伝説にどのようなメッセージが込められているかを見るのが大切で、柳田國男は伝説と昔話の違いを、伝説は植物、昔話は鳥や動物といわれた。つまり伝説は動かないが、昔話は飛ぶ。「昔、昔、あるところに」と舞台がどこでもいいのが昔話で、特定されるのが伝説だと。なるほど、亀が綿のトゲで目を突いたのは御前崎でなければならず、この地の人々がいかに亀を大切にし、亀が上陸する浜に危険なものを置いてはいけないというメッセージが込められていたのだとする。

野本博士は環境民俗学のパイオニアである。駒形神社の神札が大亀に乗る神であり、伝説を解読していくと、生き物を助け大事に保護するという神道や仏教の信仰の中に日本人が素朴な民俗として育ててきた暖かい気持ちがよくわかるといわれる（『海と神道文化』神道文化会、平成十二年）。

全国の多くの漁村には海亀が海神の使者として神聖視する信仰があり、網に掛かれば大漁があると酒を呑ませて海へ戻し、お祝いをする風習がある。こうして海亀に豊漁を祈るのは産卵地として有名な徳島県日和佐をはじめ、生息が多い太平洋岸に海亀信仰が強い傾向があるのは当然であろう。

徳島県海部郡海部町では新造船の舟玉様の御神体のサイコロを作る材料には、漁師が沖から拾ってきた海亀の乗った流木を用いて大工が作ると聞いた。これは盲亀《もうき》の浮木《ふぼく》ということわざの項で書くが（二五〇頁）、めったにないものだからさぞかし霊験があろう。また和歌山県田辺市附近では海亀が沖で弄ぶ木片を「亀の廻わし棒」といい、これを手に入れれば大漁が続くという俗信もなされていた。

さらに淡路島の津名郡志築《しずき》町では産卵に上陸した亀は神とみなし、産卵する砂浜の周囲に〆縄を張りめぐらせ神主に子亀の発育を祈願させる風習があったという。こうした温かい心が自然を保護してきたのであった。

姓氏と地名の亀

私の目にとまった亀の字がつく姓氏には、亀田、亀井、亀山、亀谷、亀ケ谷、亀岡、亀崎、亀倉、亀村、亀本、亀元、亀間、亀淵、亀塚、亀澗《かめだに》、亀戸、亀地、亀甲、亀高、亀野、亀口、亀川、亀河、亀石、亀尾、亀島、亀沢、亀垣、亀子、小亀、丸亀、亀熊、亀門《かめかど》、亀森、亀ケ森、亀ケ川、亀割、亀広、亀梨、亀松、亀屋、亀迫、亀海、亀卦川《きけがわ》、亀廼井、亀治中、亀之園、亀和田、正亀、亀窟《かめいわ》、亀蔦《かめづた》、十亀《そがめ》、雲丹亀《うにがめ》など。

名前に亀の字をつける人は、亀一、亀市、亀二、亀治、亀次郎、亀三、亀吉、亀太郎、亀蔵、亀助、亀祐、亀松、三亀松、亀代、亀世、遊亀、万亀子……たくさんある。特に明治時代の名前に多い。そういえば明治製菓株式会社の社長さんには昭和30年代に浦島亀太郎氏がおられた。

「亀」と記して人名では、すすむ、ながし、ひさ、ひさし、あま、などと名乗らす場合がある。長寿の象徴にあやかる名で、甲羅が堅くしっかりしているので長命と強壮と忍耐のシンボルとみなした縁起を担いでの命名である。

『爾雅』には、名前に亀の字を持つ者は財物が集まり大富豪になるとある。

商店などの屋号の「亀屋」は全国どの町にもあるほど。亀ずし、亀八ずし、亀楽堂、亀福旅館、丸亀屋、……きっとあなたの町にもあるでしょう。

有名な人物となると、まずは第九十代の亀山天皇（一二四九—一三〇五）、元寇の国難に身をもって伊勢神宮にも祈願されている。

戦国の武将・亀井茲矩《これのり》や津和野藩主の亀井茲監《これみ》など亀井氏。江戸時代の儒者・亀井南冥、亀井昭陽や亀田鵬斎。

近年ではたくさんおいでだが、亀井勝一郎、亀井貫一郎、亀谷哲二、亀倉雄策、亀甲健さんらが頭に浮かぶ。私の友人には西条市の石鎚神社宮司の十亀《そがめ》興美氏がいる。

亀を号とする人は、亀文、亀文堂、亀毛、亀年、亀水、亀水屋、亀水庵、亀玉、亀玉堂、亀石、亀石堂、亀幸、亀岡、亀松、亀舎、亀洲、亀音、亀泉、亀夜叉、亀阿弥、亀亭、亀屋、亀叟、亀峰、亀翁、亀巣、亀淵、亀陰、亀渓、亀応軒、亀鶴、亀楽、亀楽斎、亀台、亀洞、亀友、亀足、亀世、亀成、亀選、亀福、亀丸、亀貫、亀助……

平賀亀祐画伯のサイン色紙

亀甲（吉向）治兵衛は近代の楽焼の名工。和気亀亭は京都の清水焼の染付の世襲の陶工。亀熊も京都の陶工で染附の先駆者。亀菊は鎌倉時代の白拍子、舞の名手で後鳥羽上皇の寵を得て隠岐に流されるとき従うと伝わる。

亀方《かめのかた》は徳川家康の妾、二子を生み義直は名古屋城主となる。亀女は長崎の江戸時代の鋳金家、俗に「お亀の塔」

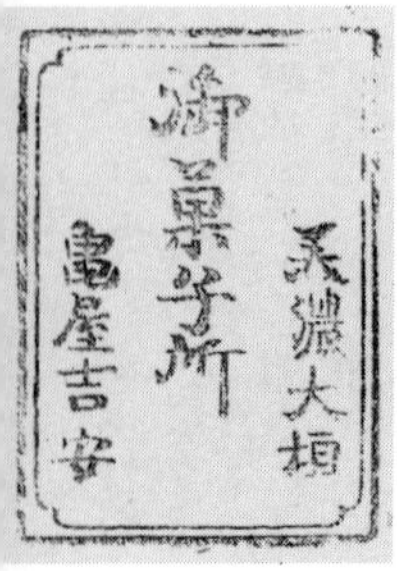

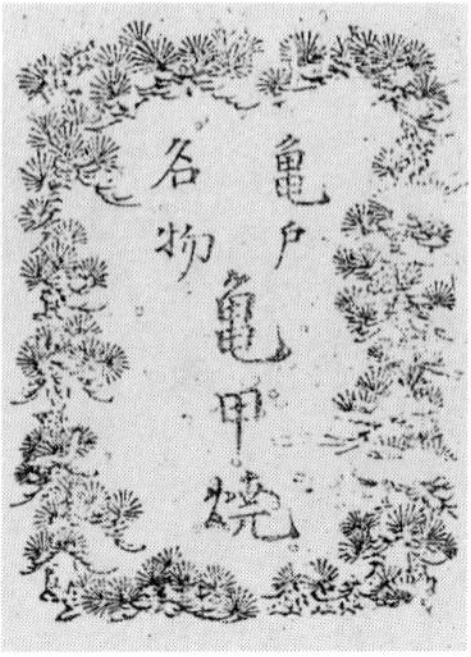

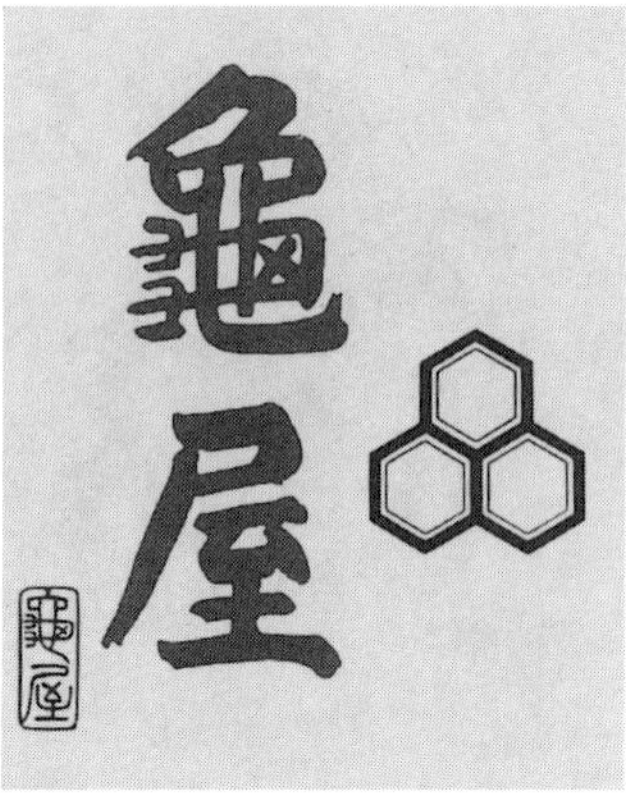

亀屋さんは全国の町にもある
（左2枚は江戸時代のもの）

という黄銅の仏像を作り、唐物の香爐の名作あり。亀遊女は江戸時代の浮世絵師。

亀巣は安永から嘉永の加賀の俳諧師、銭屋五兵衛の名で有名。江戸時代の俳諧作者には亀の字をつけた人が多かった。

愛称ではカメさんはたくさんおいでだろうが、「どろ亀さん」といわれたのは故東大名誉教授の高橋延清氏。北海道富良野市の東京大学農学部付属演習林で研究のため森を泥まみれになって歩く姿から愛称された。実践研究を大切にし一度も東京・本郷の教壇に立たれなかったという。

出歯亀といわれたのは、女湯のぞきの常習者で出っ歯の植木職人・池田亀太郎。明治四十一年（一九〇八）東京大久保で銭湯帰りの美人を襲い、さわがれて殺した事件があり、女湯をのぞくなど変態的なことをする男、転じて好色な男の代名詞となっている。

亀の字が付く地名は、市では北海道渡島《おしま》半島の亀田市。もっともここはアイヌ語シコツが死骨に通じるので昭和四十六年に市制施行にあたり亀田半島の名にちなみ改めた。

京都府南部の亀岡市、亀岡盆地の中心都市。明智光秀の亀山城があり亀山といわれていたのだが、明治三年に三重県の亀山との混同をさけて亀岡と改称した。

三重県には亀山ローソクで知られる亀山市。

この地名の由来には諸説ある。①敏達天皇（五七二―五八五）の御世、百済の僧日羅が来朝し石亀三匹を献上し、山城（京都嵐山）と丹波（亀岡）と伊勢の亀山に放ったので、それぞれ亀山といったという話。②この地の阿野田にほうき草が生えてその根元に神亀がいて、里人が亀占用に宮中へ献上したから。③亀の甲に丘陵地が似るから。④倭姫命が巡幸中に留まられ、神山から亀山へと転訛したなど。

香川県は金毘羅参りの丸亀市、亀山公園の丸亀城は石垣が美しい。

大きな町では新潟県中蒲原郡の亀田町。ここは元禄年間に宿場町の整備工事をしていたとき、一匹の亀が捕まって「藩の武運長久とこの地の繁栄のしるしだ」と命名されたと伝わる。そして東京都江東区の亀戸や葛飾区の亀有。亀戸天神で名高い亀戸は、大昔は海中の孤島で形が亀に似ていたので亀島とよばれ、のち陸つづきになって亀村。そこに亀ケ井という名井があり亀井戸とよばれ、転じて亀戸となり、九丁目まである江東区の中心街。

大分県別府市の亀川温泉。山形県東置賜郡高畠町の亀岡は日本三文殊の一つ大聖寺で知られる。秋田県由利郡岩城町の中心部の亀田織で知られた旧亀田町や、島根県仁多郡の雲州ソロバンの産地、旧亀嵩村も留めておこう。

『日本行政区画便覧』で見てみれば、全国の大字・小字には亀がゾロゾロ。
亀田、亀山、亀谷、亀井、亀井戸、亀の井、亀井田、亀岡、亀石、亀池、亀ノ本、亀島、亀町、亀屋町、亀崎、亀村、亀沢、亀ケ沢、亀沼、亀浦、亀尾、亀岩、亀堀、亀和田、亀塚、亀城、亀原、亀ケ洞、亀ノ江、亀泉、亀里、亀貝、亀熊、亀梨、亀久保、亀井野、亀田林、土地亀《どちがめ》、泥亀《でいき》、大亀、小亀、石亀、銭亀、池亀、亀平、亀場、亀穴、亀須、亀若、亀ノ渕、亀津、亀徳、亀川、亀甲、亀ケ前、亀ケ原、亀鶴、井亀、亀尾島川《きびしまがわ》、亀ケ森、女亀ケ森、亀屋、亀餅作沢、亀割坂、真亀、亀瀬、大亀頭《おおかめず》、口《こう》、亀嵩《かめだけ》、亀尻、宝亀《ほうき》、正亀《まさがめ》、亀ケ首、そして彦根市には旧亀山村の金亀《こんき》町、高松市には亀水《たるみ》町。さすが京都には亀屋町や亀甲屋町とべっこう商があった名もとどめる。亀は万年という永遠をめざして命名された地名だから地名変更のはげしい時代にあっても残りやすいのだろう。

また岐阜県美濃加茂市の竜王神社の側には亀淵という所がある。底が竜宮に達すると伝わる淵の主の大亀を村人が殺そうとしたとき住職が助けたので、清らかな水と膳椀を借す約束をしたという伝説がある。

岐阜県稲葉郡には亀の渡しがある。洪水のとき亀が僧を背に乗せて渡したという伝説。

滋賀県三井の亀岳のほとりには亀啼橋がある。昔、仙人が亀の残骨を川に流すと蘇生して多くの亀が啼いたという伝説がある。

なお亀森、亀山、亀島など遠方から見た形が亀に似るので名付けられたのも各地にある。

三重県鳥羽市の神島も古く亀島ともいわれていた。姿が亀に似るとしたのである。また越前海岸東尋坊の近くにある亀島は、海上で七日七夜光明を放つものがあり、網を下したら千手観世音を背に乗せた緑色の毛がある亀がいた伝説から生じたなどとする。

亀と楽器

ヘルメスはギリシア神話のオリンポス十二神の一人。英語名はマーキュリー。多岐多能な神格をもち、旅人や商人の守り神、商業、弁論、幸運、交通、通信、運動競技、道案内、はては泥棒の守り神などとされ、古代ローマやギリシアにおいて最も親しまれた神である。

伝ホメロスの『ヘルメスへの賛歌』によると、父はゼウス、母は巨人アトラスの娘マイアで明け方に生まれ、生まれたときから悪知恵にたけ、生まれた日の昼には揺り籠を抜け出して冒険に出かけ、山にすむ亀を見つけて甲羅を剝ぎ、羊の腸（ガット）を七本張り渡して竪琴を作った。それを持ってギリシアの北の果てまで行き、夕方には腹違いの兄アポロンの牡牛五〇頭を盗み出し、足跡をつけて見つけられないように牛を後ろ向きに歩かせる狡猾さを発揮し、自らは木の枝を編んだ妙な靴を履いて追っ手の目を欺いたが、ついにアポロンに見つかる。すると亀の甲製の竪琴で美しい音色を出してアポロンをうっとりとさせ、牛と竪琴の交換を申し出て仲直りをするという怪童ぶり。

この亀の甲羅の楽器が世界最初の竪琴《リラ》だとされる。

アポロンは音楽の神であり、竪琴を持つ姿で表現される。日本人には亀とハープが連想しがたいが、

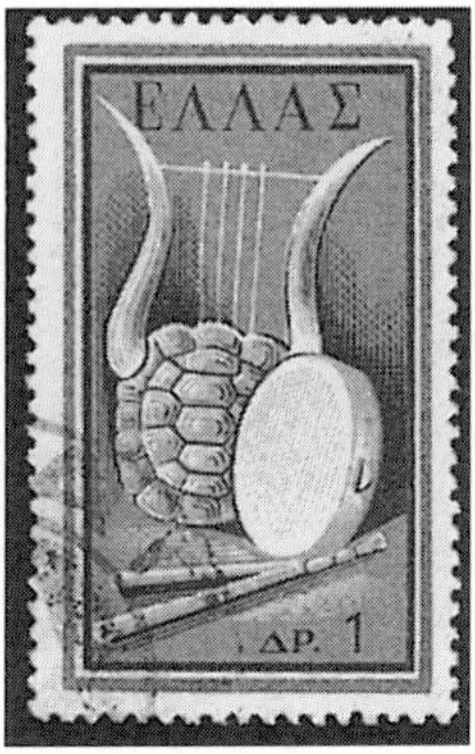

ギリシアの切手に描かれた
ライアー（亀の甲の竪琴）

ギリシアの陸亀はとても大きく竪琴を作るには適していて、これが西洋音楽の基底弦楽器とされていたから、音楽の神アポロンの持物となり、マンドリンもラテン語でテストゥード（testudo）といわれ、これは亀の意。またヴァイオリンもケリスとよばれ、これもギリシア語で亀の意である。

実際に陸亀の甲で作る竪琴は十七世紀当時にテストゥードの名で存在し、現在もなおアフリカ北東部で使用されているそうだ。

また今でもライアーとよぶ亀の甲羅を用いる竪琴があるらしく、一九五九年発行のギリシアの切手にそれがドラムとフルートとともに描かれている。

さらにギリシアの風神アイオロスの名にちなんだ、風で弦が鳴る琴、エオリアン・ハープ（アイオロスの琴）も、ヘルメス伝説に由来するといわれる。これは干からびた亀の甲羅に残った腱などが風に鳴っているのを見てヘルメスが弦楽器にしたという伝説。

こうして現在のギターにも通じるヒョウタン形のすべての楽器は、俗説のように女性の胴体からではなく、すべて亀甲を模倣したものと考えられると荒俣宏氏は『世界大博物図鑑　③両生・爬虫類』（平凡社）で力説される。

東洋で亀の甲羅の部分を楽器に用いるのは、琵琶や琴の捍《ばち》。それに装飾としての瑇瑁《たいまい》である。

正倉院の宝物中で屈指のものとされる「螺鈿紫檀五絃琵琶」は先に正倉院の亀たちの項で書いた。こうした楽器の部分に鼈甲が用いられ、近代の琴や琵琶や三味線の撥に使われることもある。

中国の大太鼓に鼉鼓《だこ》というのがある。鼉とはワニの一種だというが、『大漢和辞典』にある「古今図書集成」による図では大亀である。中国の古書にはトカゲに似て長丈余、ガチョウの卵のようなのを生み、鎧甲のごとき皮で大声で鳴くというからワニであろう。しかしその皮を張った太鼓の形がまるで亀を立てた姿である。

中国での鼉鼓は日本に伝わり火焔太鼓となる。現存する最古のものは奈良の春日大社のものだが、見方によれば大亀を上から見た姿とも見られる。

亀甲を連想させる火焔太鼓

中国の礼楽用打楽器・鼉鼓

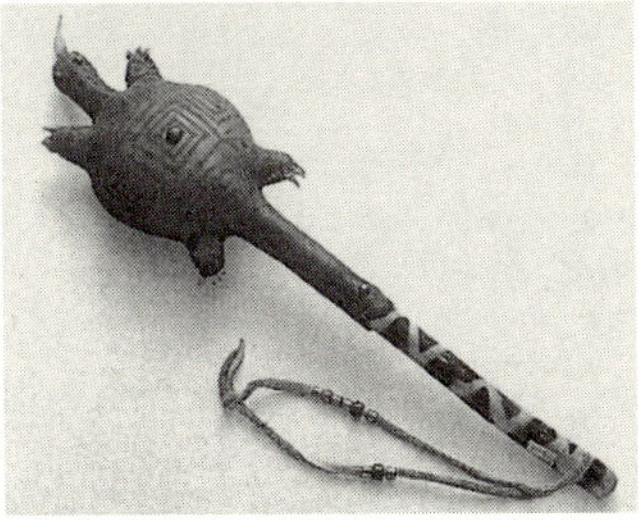
亀の楽器　皮製の亀の中に豆が入って振ると音が出る（米国フィラデルフィア）

さらに面白いのは、アフリカのケニア北西部のポコット族は亀の肉を食べた後の空の甲羅の中に、木製の舌をぶら下げ放牧している牛の首にかけてカウベルにしているという。たぶん「ポコッ」という音がするのだろう。

亀甲船と亀甲車

文禄元年（一五九二）から慶長三年（一五九八）にかけて豊臣秀吉が朝鮮に出兵した文禄・慶長の役のとき、全羅左道水軍節度使（司令官）の李舜臣《りしゅんしん》（一五四五―九八）が倭寇撃退用に考案した亀甲船という軍船があった。

亀船《きせん》ともいわれたこの李朝時代の軍船は矢や敵の侵入を防ぐため、上部を亀甲状の厚板で覆い、外側に錐《きり》のような刀を一面に逆立ててうえつけ敵が乗り移れないようにし、それを菅や萱の薦《こも》で隠し、船首には亀の頭か竜のような飾りをつけ、その中で硫黄と硝石を燃やし、口から毒気をもつ火煙が霧のように吹き出て周囲が見わけつかなくなる煙幕となった。船尾には亀の尾を飾り、その陰になる所に合計七二ほども銃眼を備え、内部は十字の通路を広くして船の左右の六カ所に矢口や銃眼を装備して撃ちまくる。これには日本軍は大いに悩まされたという。

この亀甲船は李舜臣より一八〇年も前の太宗王の時代にすでに発明されていたという説もある。ともかくこの亀甲船は世界最初の装甲艦であった。

推進には帆と両舷にそれぞれ一〇本の櫂を用いたが、スピードはそれほどではなかったであろう。しかし大亀が泳ぐように縦横に動き廻り敵を混乱させ、接近戦では大いに力を発揮したらしい。なにしろ乗り移ろうとしても亀甲型の甲板の蓋に覆われてすべり、近づくと錐刀がずらりと立ってくる。しかも平時は菅や萱など草で覆って錐刀も隠し、敵が近づくのを待って不意に攻撃するからたまらない。日本人は盲船《めくらぶね》とよび、この李舜臣の亀甲船に侵略は挫折させられたという。

亀甲船はとても効力があり、文禄・慶長の役の以後も改良を重ねて朝鮮全土の水軍に配置されたそうだ。現在でも亀甲船のことは韓国民は歴史で学び、模造が作られて博物館にも展示され、よく知られて誇りにされている。

亀甲船

わが国でもこれを大坂の陣で九鬼氏が模造して使用したと伝わる。たしかに日本にも亀甲船というのがあった。

これは近世前期の奇襲・強行偵察用の軍船で、船の首尾の区別がなく、船体の上を楠板で亀甲状に完全に装甲した小型船があった。

この船は船内に装備した水掻車か打櫂で推進し、船首にも船尾にも舵を設けて前進後退を容易にできることが特徴だった。はたしてこれは李舜臣の考案したものの模倣であろうか。朝鮮水軍のは長さ二七〜三四メートル、幅四〜九メートルという。日本のはずっと小型で姿も艤装も推進法も相違が多い。たぶん朝鮮で大いに悩まされた苦い経験からアイデアを借用したのかもしれないが、日本ではそれほど使用されなかったようだ。

ところで同じ文禄の役に朝鮮でわが軍が使用したと伝わる亀甲車《きっこうしゃ》という攻撃用戦車があった。これは加藤清正の発明とも、黒田長政の創製ともいわれる。

四輪車の上に櫃のような牛皮を張った箱を載せ、亀甲のように覆って中に足軽を一二名ほど入れて挺木で推進し、敵の城壁や石垣に近づき鉄挺で石を刎ね落として崩すという原始的な装甲車。これは文禄二年（一五九三）六月の晋州攻撃に使用されたという。なんと水陸で亀合戦がなされたのである。

亀甲車については『太閤記』や『柴田退治記』などにも記されているそうで、それなら加藤清正の前からあったことになる。江戸時代の軍学者はその形式は不明としながらさまざまに考証している。

亀甲船について構造、性格、火力等くわしく解き明かした本が最近出版された。金在瑾『亀船』（桜井健郎訳、文芸社ヒューマン選書）。南方熊楠も「昔の装甲戦車」（『全集』5）として考証している。

亀をデザインした旐（ちょうのはた）

古代の中国で旗に亀が描かれているのがある。

四神旗《しじんのはた》という青竜、白虎、朱雀、玄武で世界と四方を象徴する王権と結びつく標章である。この玄武の図柄は亀と蛇との合体であることはすでに記したが、この四神旗のもと蕃夷の使者が左右に並んだのである。こうした朝儀の旗や儀仗具が今も天皇の御即位礼の大嘗祭に用いられ、日本の神社でも四神矛や旗として使われている。

旗は旛、俗に幡と書き身分を示す幟《しるし》であった。中国では天子の御旗は錦で日月の紋を織る。これが日本でも官軍の標章として「錦の御旗」となる。そして軍将たちは昇り竜や熊、虎、隼《はやぶさ》など勇猛なデザインを旗とした。その中に亀と蛇とを描き赤い房をなびかせる黒の旗があった。これを旐（ちょうのはた）という。

『周礼』によれば旐は県鄙《けんぴ》に建てるという。鄙は二〇里四方の村のことで、五鄙をもって一県とする。『三才図会』などによると亀蛇は営室をあらわし、北方の宿星のこととある。亀は吉凶を知る兆で、甲があることにより難を防ぎ、蛇は人を見れば避けるので害を避けることを示すという。また戦国時代には亀旗という大将の旗もあり、のち柩に先行する旗にもなる。

旐（ちょうのはた）

亀のコレクション

亀グッズを集めている人はかなりおられる。音楽家で名エッセイストだった團伊玖磨氏のコレクションは雑誌のグラビアで紹介されていたし、同じく音楽家の亀山法男さんと勝子夫人もかなりの収集をされている。

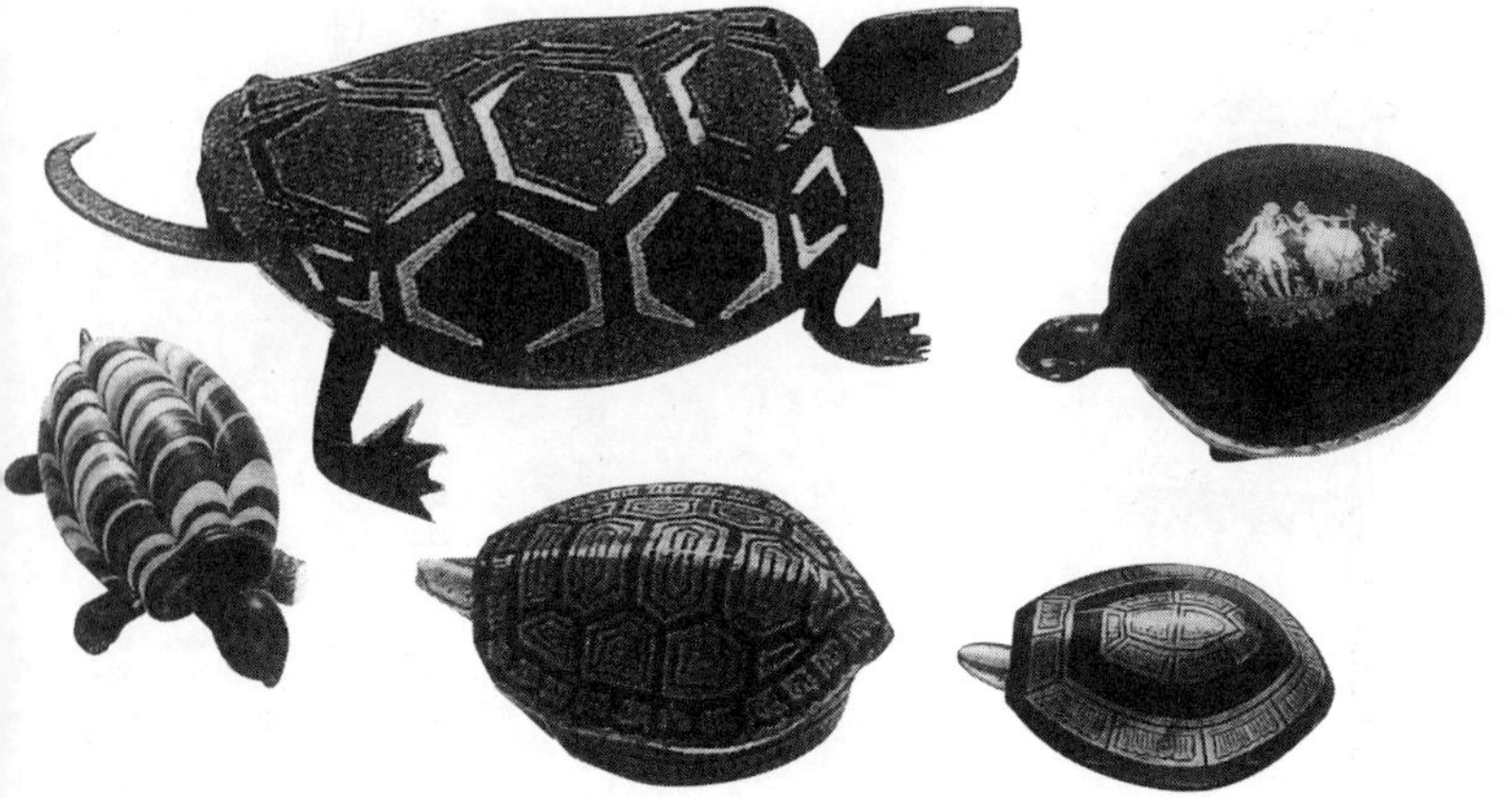

世界の亀のコレクション
（鉄製：アメリカ，陶器：フランス，ガラス製：イタリア，木製漆容器：タイ）

亀山さん夫妻はお名前にちなむ亀のおもちゃを、なんの気なしに買ったが、見ているとかわいらしく、その日だけで原宿中を歩きまわり一八個も買いまくったそうだ。それは昭和五十四年のこと。それから亀ならなんでも手当り次第に収集。ファンや知人の贈り物も増え、世界の亀グッズに囲まれている。

国立がんセンター名誉総長で東邦大学名誉学長の杉村隆先生もそうとうなもの。昭和四十五年（一九七〇）頃から学会に出張するたび、世界の亀の置物など買ってこられた。するとどんどん集まってきてオフィスの棚に並べていたのが置ききれなくなり、亀用のタンスを作り今やその数幾十個。

素材は木、石、金属、陶器、硝子《ガラス》、紙、皮、布など。大きさは三ミリから五〇センチくらいのもので、用途は文鎮、置物、香合、書道の墨、ブローチ、首飾り、カフスボタン、と実にさまざま。

亀の専門家・名古屋港水族館長の内田至先生も三

亀のタイピンなど

宝石を散りばめたブローチ

〇年以上、亀に関する物を集めておられる。そしてカードを作り整理されているとか。

亀のコレクションも、ただ、かわいい、珍しいと集めるのは楽しいが、それぞれの土地で人々とのかかわりあいの民族性が出ているのが興味深いのである。ところが亀と関係なさそうな地方にも亀のみやげ品が並んでいる。

亀を嫌う中国のみやげ物屋では日本人は亀が好きらしいから亀グッズを売っているのだという。どうやら世界の雑貨店では日本人向けに亀商品を作っているのではと私は勘ぐっているのだが、いかがなものであろうか。

私も鮫や鮑を調べているときはその関係資料がどっさり、枕の頃は室中に古枕がゴロゴロ、もうほとんど処分し、民具・玩具の類は集めないと心に決めたものの、子供の頃からの蒐集癖でまた亀さんも集まってきた。キリがないから机の上に置けるだけと思いつつ、どうなりますか。

切手収集はゼネラル・コレクションと特定の図案を中心に集めるトピカル・コレクションがあり、亀の図柄だけを集めている人もいる。

私が見せてもらったのは、神社本庁参事で大宮八幡宮の宮司もされた大先輩の川井清敏氏のコレクション。氏は爬虫類と両生類に興味があり、四〇年前に私の上司であったとき、私が鮫に関心を持っていると知り、鮫の切手はあまり持ってないけど亀ならあるよと、世界中の亀切手のアルバムをのぞかせてくれた。でも残念ながらその時、まだ私は亀を調べるとは夢にも思っていなかった。『トピカル切手の集め方』（日本郵趣出版、一九八〇年）の著書もある川井氏の笑い顔が今も目に浮かぶ。あの

リュウキュウヤマガメ

浦島太郎の内

リュウキュウヤマガメ

セマルハコガメ

タイマイ

2003年発行

ポリネシア　1976年

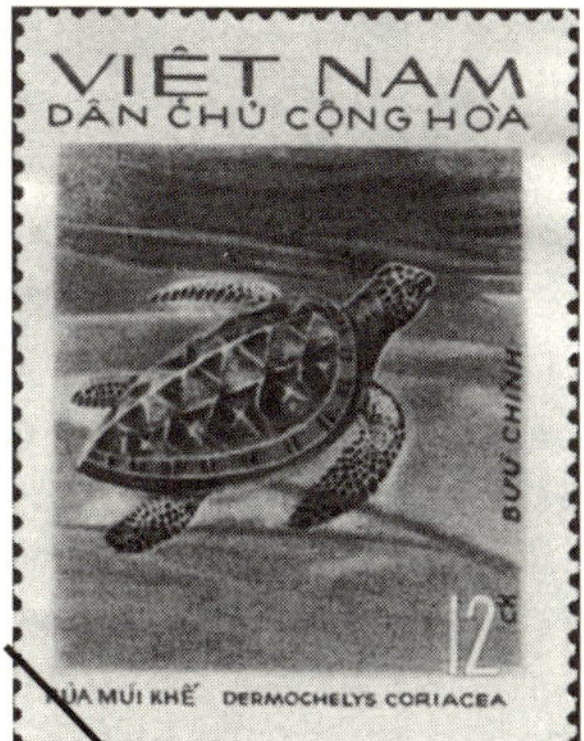

ベトナム　1975年

コレクションはどうなったのだろう。

日本の切手で亀が登場するのは、昔ばなしシリーズの浦島太郎の三枚シリーズの一枚に二十円切手の亀。一九七五年発行。

自然保護シリーズのうち、一九七六年三月発行のリュウキュウヤマガメ、五十円切手。

国宝シリーズ第二集の金亀舎利塔、一九八七年、六十円切手。

慶弔用に亀甲文に松竹梅。さらに高齢者向け切手などに鶴と亀の八十円切手などが出ている。ふるさと切手には群馬県で兎と亀の六十二円が一九九一年に出た。

年賀ハガキの料額印面のデザインには鶴はたくさんあるが意外に亀は採用されていなくて、一九七七年の二十円のみ。他に敬老の日のハガキで一九七五年の十円。

琉球の特殊切手には一九六五〜六六年発行の沖縄亀シリーズ三セント切手。セマルハコガメ、タイマイ、リュウキュウヤマガメの三種がある。

西洋での亀のイメージ

エジプトでは陸亀が姿を見せる季節になるとナイル川が増水する。それで象形文字ではカニやワニと同じく、多産と豊饒、または警戒と予知を表わした。

古代ギリシアでは亀は冬のほら穴から豊饒を導き出すヘルメスの聖獣とされ、女性的生殖力を表わすアフロディテに捧げる動物とされる一方、男性的生殖力のシンボルのアポロンもしばしば亀の上に立つ姿がある。これは亀が女性を思わせる丸い体と、女性器に似るなめらかさと、男根を連想させる頭をもつことから両性具有を表わすとされたと、『イメージ・シンボル事典』（アト・ド・フリース、大修館書店）などにある。

さらに二世紀後半のギリシアの旅行家で地理学者のパウサニアスによれば、亀は男根そのものとして、上半身が人で下半身が山羊の足を持つ好色な牧神パンに捧げられる動物とされていた。

西洋のケーキ（18世紀）

古代ギリシアで陸亀は、貞淑な女性で家庭内に居て外出しない主婦を示す寓意とされた。これは古代の伝記作家でエッセイストだったプルタルコスが『結婚の手ほどき』に貞淑で理想的な妻は決して家から離れず、ぺちゃくちゃしゃべらず、じっと亀の上に足を乗せていると書いている。ただし実際の亀は節操がないし、海亀は大旅行家であり、寓意とはほど遠いと思う。

イタリアなどヨーロッパでは亀が紋章（エンブレム）として用いられている。それは堅実さ、沈黙、遅いけれど確実な進歩、長命、不死身、さらに家であり鎧でもある甲羅が王を守る盾などを象徴して紋章にされたのである。

ヨーロッパでの民間伝承の亀は魔除けの性格があるとされ、生きた亀はブドウ園を霰から守る力があり、予言力や嵐を和らげるなど多くの不思議な力をもつとされていた。

亀の妖怪――河童と亀

水や川の主とか神とされるのは、川獺《かわうそ》や鰻《うなぎ》、蛙、亀、鰐、大魚などだが、なんといっても代表はカッパである。

カッパは「河童」と記されるように、かわわっぱが転じてかわっぱ、さらにかっぱとなった川の主の子供で、空想上の生物である。

カッパの方言は多く、その中で亀と関係するものには、ガメ、ドチ、メドチ、ドチロベ、ドンガス、ドッチイなどある（石川純一郎『新版河童の世界』時事通信社）。江戸時代の「水虎《かっぱ》十弐品之図」にはスッポンらしい妖怪が含まれる。

古くは頭上に皿を乗せる童型であったが、江戸時代になると人間の子供型と背中に甲を背負う亀型の二態がみられるようになり、さらには腹にも亀のような甲をもつものが想像されている。

中国や西洋でも亀甲を背負う一角獣（ユニコーン）の伝説がある。スッポンや亀は生態が奇怪だから空想の動物と合体されやすく、悪戯者ではあるがどこか憎めないキャラクターとして語り継がれているのである。

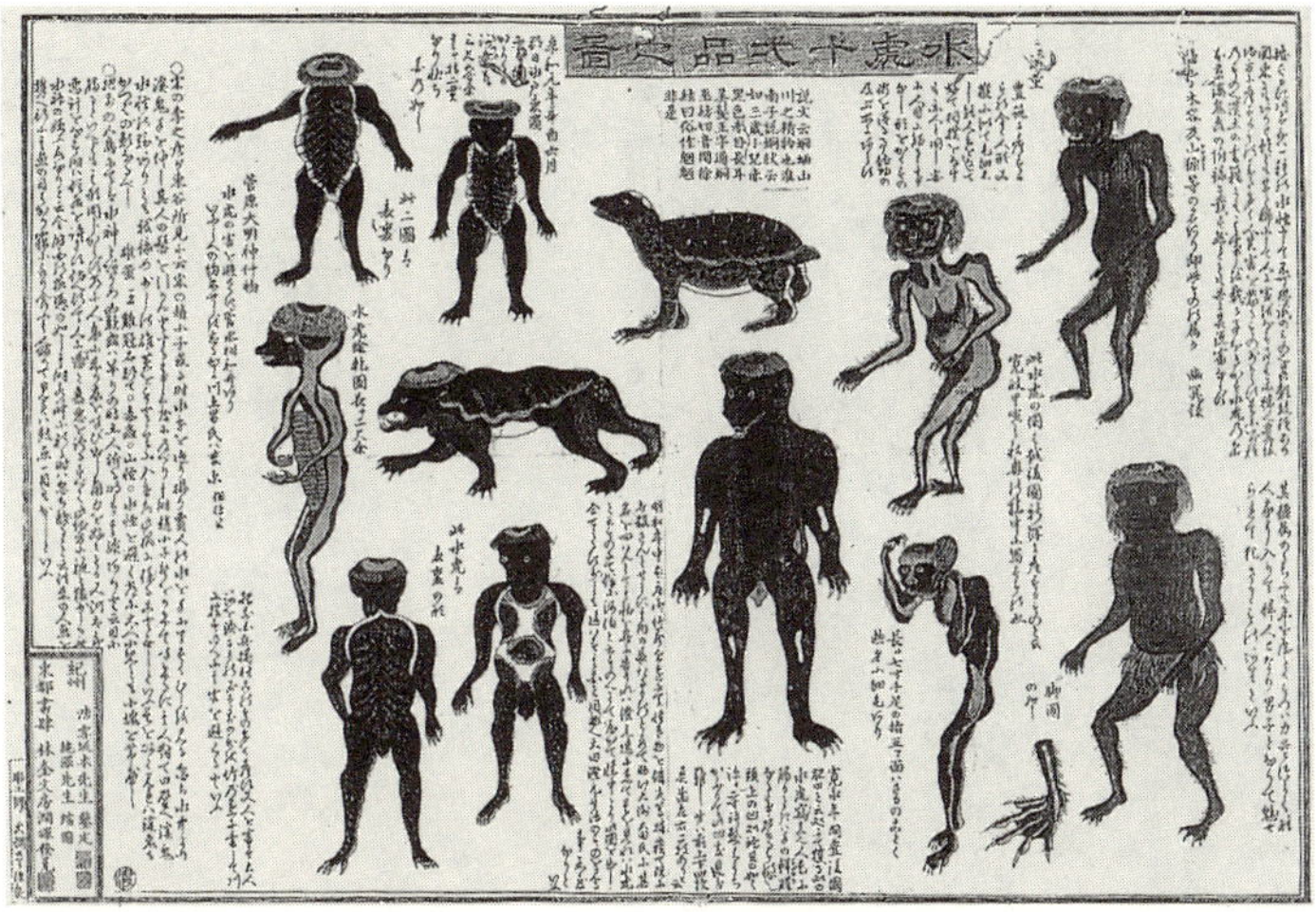

「水虎十弐品之図」

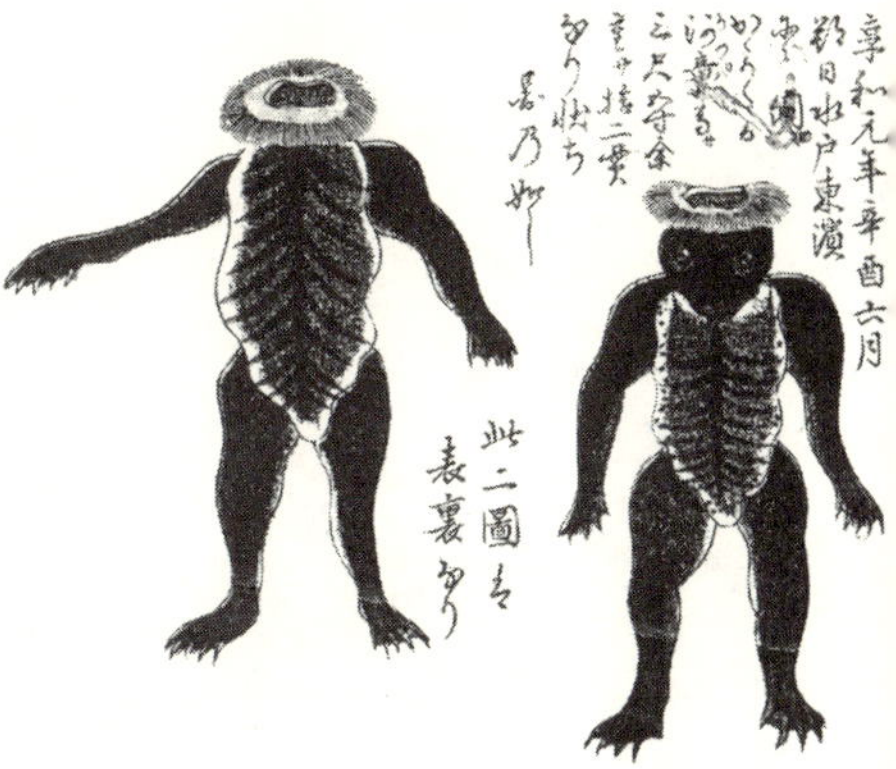

カメのような甲羅のあるカッパ

カメ型のカッパ

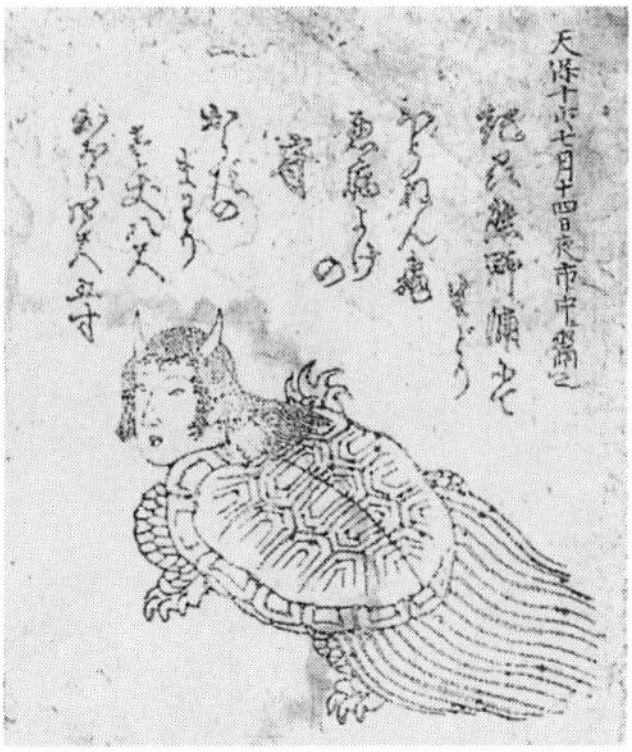

豊年亀の守護符（天保10年）

亀女の悪魔除け守り絵符

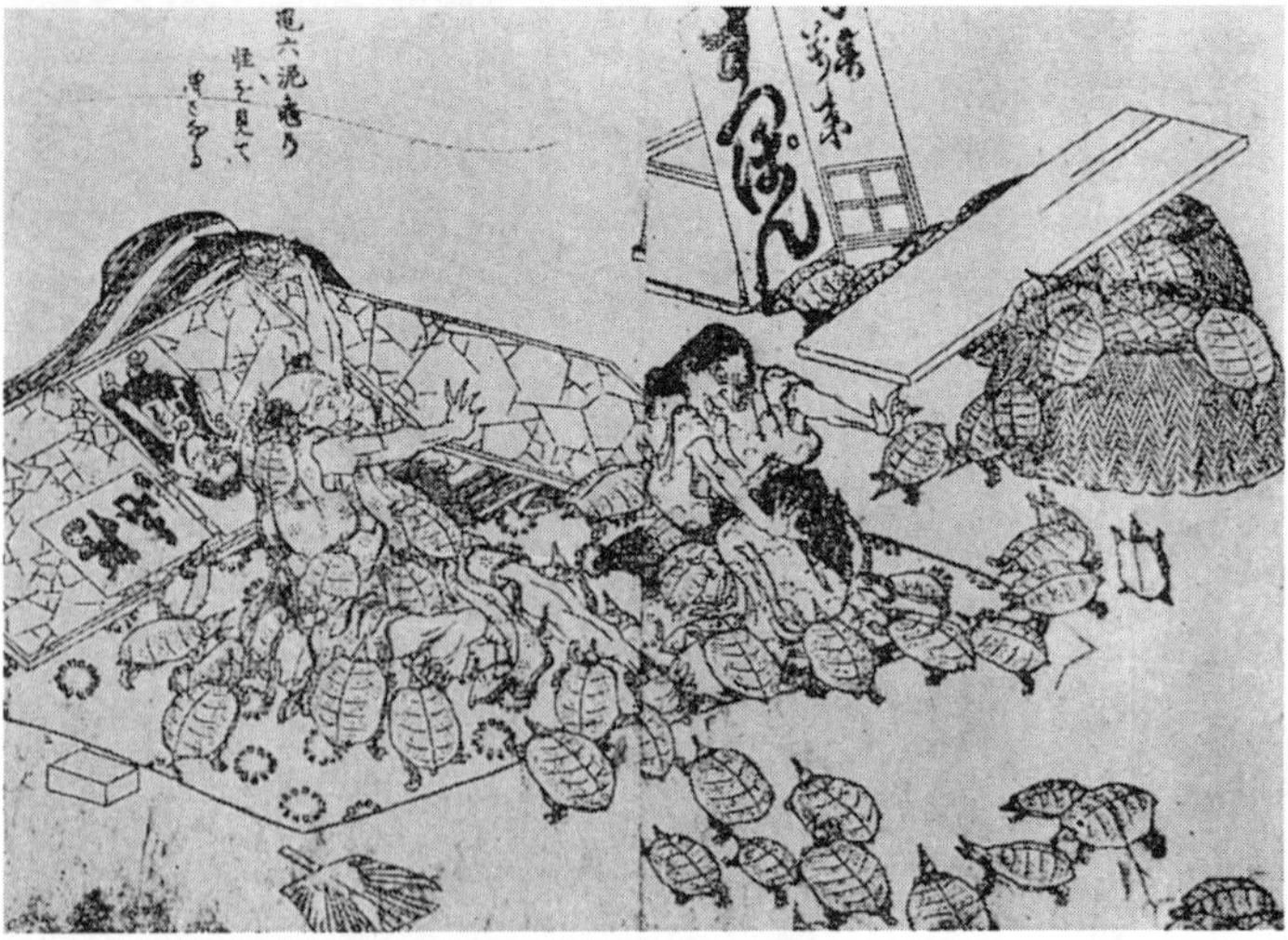

すっぽん屋亀六の怪（『北越奇談』文化９年版）

『百鬼夜行絵巻』の亀（江戸時代）

河童化けくらべ
(歌川芳幾画，模写)

亀甲を背負う一角獣

鹿児島県肝属郡高山地方では六月一日は河童が亀の子を配る日といい、「亀ん子くばり」といった。もし亀の子が不足すると人間の子を取って代わりにするから、この日は川に行ってはならぬという。昔はこうした妖怪がいるからと危険な場所へ遊びに行かぬよう子供たちを戒めたのだ。

江戸時代には「亀女」という体が亀で顔が人間の美女というのが紀州熊野浦や佐渡に出現したといい、幕末にはこの絵を家内に貼ると一切の災いが防げるお守りになると売り歩く者がいたという。

橘崑崙の『北越奇談』という北越地方の怪談奇談を集録する本には、スッポン屋の亀六が殺したスッポンの怪におそわれ、罪を悔いて僧になる話が葛飾北斎の挿絵入りで出ている。

亀は浦島伝説の昔から人間との交婚伝承をもち、生と死の秘密をもつ神秘的動物と信じられ、小栗判官伝説の泥亀退治といったような奇怪な作り話が生まれてきた。現代にもそれは続いていて、「大怪獣ガメラ」という怪獣映画が作られた。

ガメラは一九六五年に大映で製作され、北極海の氷の下で八〇〇年の眠りを原爆で目覚めさせられ、エネルギーとなる石油を求めて荒れ狂う巨大ガメであった。

亀が教えた養生訓

長野県埴科郡戸倉町の昔話には、漁夫が千曲川で魚釣りをしていたら一匹の亀がのそのそと匍って行くので、その後を追って行くと亀が止まったところの土地に温みを感じた。そこを掘ってみると湯がわき出したので旅館を建てて亀屋と名づけた。これが現在も歓楽街として発展している戸倉温泉の開発であるという（『民俗学』四ノ二）。

石川県河北郡内灘町大根布《おおねぶ》の近くの湖の中に気泡が噴出している所があって、昔、その噴出口に傷ついた亀が集まっていた。痳疹が流行したとき、この水を沸かして入浴させたら全治したので亀の湯といわれていたが、今はなくなったと『郡誌』にある。

江戸時代のこと近江の国、朽木の足軽が飛脚に出て山路で日が暮れ、鹿をとる罠の中に落ちた。この罠は上がせまく下が広く登りようがなく、どうしようもない。誰も助けに来てくれず六日もたち、飢えと疲れで気を失いそうだった。穴の中には小亀がいた。その亀は日の出には東を向いて気を吸う。その真似をしてみると飢を忘れて元気が出た。やっと狩人が見廻りに来て、鹿かと思い鉄砲を向けると、下から人じゃ人じゃと呼びかけてきてびっくり、命拾いした話。

そこで養生訓。亀に見習い、朝霞の気をいっぱい吸って、じたばたせずにいること。それが困った時には大切だと、なんだかよくわからぬ話が『一夜話』にある。

また『古今要覧』には三井寺の教侍和尚は亀ばかりを食べて一六〇年を経て、智証大師に寺を任せた後、穴に入りて失せたと、これまた奇妙な話。ところで亀はのんびりとしているからエネルギーをあまり使わない。哺乳類と比べれば一〇分の一以下の食べ物の量で暮らせるし、数カ月の絶食も可能という。ただし二〇度以下の気温になると活動できなくなる。

現代はあまりにも高度な知識や技術やエネルギーの浪費で環境の激変という代償を伴ってしまって、

また節約しながら生き続ける養生訓を人間も亀から学ぶ必要がある時代になってきた。

第六章　亀の歩みはのろくても

亀と鼈のことわざ

亀は万年　亀が長寿であること。また亀にあやかって長寿を祝うことばで『淮南子』にある。「亀は万年の功を経て、鶴も千代をや重ぬらん」（謡曲「鶴亀」、一五四四年頃）。実際に亀の寿命は数十年と長い。リクガメには一〇〇年以上のものもある。淡水亀で四〇〜七五年、ウミガメの場合は飼育下で三三年アカウミガメが生き、ゾウガメは二〇〇歳近くまで生きていた記録があるそうだ（荒俣宏『世界大博物図鑑　3両生・爬虫類』平凡社）。

亀の命《いのち》　長寿をいう。

亀の年を鶴が羨《うらや》む　千年が万年をうらやましがり欲には際限のないたとえ。亀も上上《うえうえ》ともいう。

亀の甲より年の劫（功）　年長者の経験は尊ぶべきであるとのたとえ。また年配者の経験の方が亀の甲羅の占いよりもよく当たるとすること。劫は仏教用語できわめて長い時間。亀の甲と年の劫の語

小松玄澄筆「鶴亀年寿命」

呂合わせのしゃれ。

亀の小便　すこしずつ出すというしゃれ。

盲亀《もうき》の浮木《ふぼく》・盲亀も時に遇う　大海中にすみ一〇〇年に一度だけ浮上して水面に頭を出す盲の亀が、海上に漂流している一本の浮木に開いているただ一つの穴に首を突っ込むという、めったにないこと。また会うことがむつかしいこと。めったに会えぬ幸運にめぐり会えること。容易に入ることのできない仏や仏の教えに会えることのたとえにされる。

これは「涅槃経」や「阿含経」、『往生要集』にでてくる。

さらにこの話は念が入り、盲亀というのは両眼が盲であるばかりでなく、腹の下に目が一つある亀だとか、浮木も普通の浮木ではなく赤栴檀の流木で、百年じゃなくて千年に一度、この亀さんは日月の光を拝みに浮上する、と次第にエスカレートしてくるのである。

亀は万劫を経ぬれば仏になる　長寿の亀が悟りを開いて仏になるという俗説。

死んだ亀さんはなしにならぬ　お話にならないということ。陰暦八月十五日や春秋の彼岸などに死者の供養のため鳥や魚、亀などを山野や川や池に放す放生の行事があった。社寺の境内ではそのために用いる放し雀や放し亀などを売っていた。そのとき、死んだ亀では放し亀にならないということから、「放し」を「話」にかけていったしゃれ。

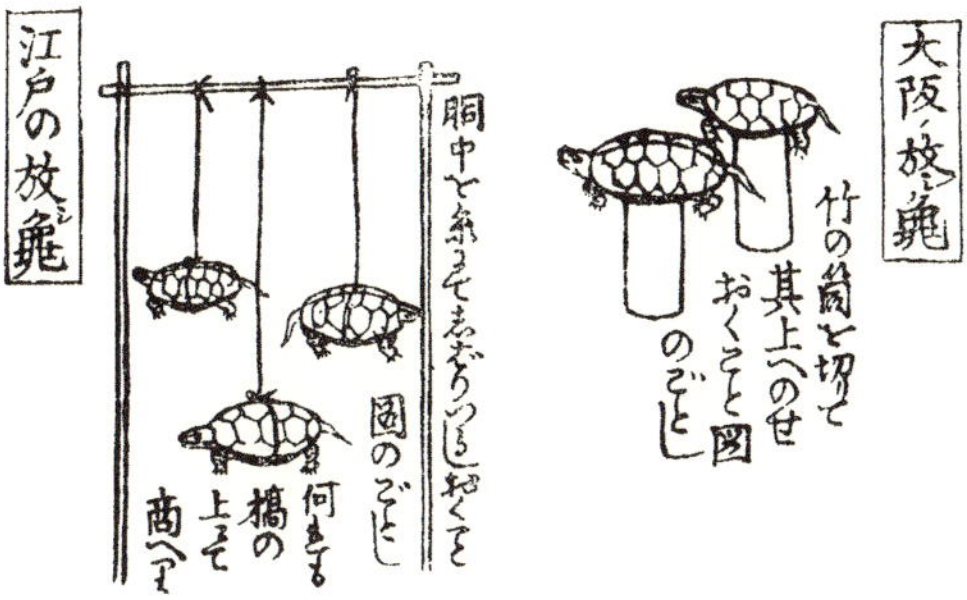

大阪と江戸の放し亀（『街能噂』より）

この放し亀の売り方、江戸と大坂では異なっていたという。天保六年（一八三五）の『街能噂《ちまたのうわさ》』という本は江戸から来た男《おとこ》衆《し》が大坂の街を歩いて江戸と大坂の違いを見つける趣向の本で、亀の東西の売られ方が図示されている。

いずれも橋の上で商っているのだが、江戸では亀の胴を糸でしばり上から宙吊りにする。これは広重の版画「名所江戸百景　深川萬年橋」にある。

大坂では道頓堀川の戎《えびす》橋の上などで、竹の筒を切った上に亀を乗せて売る。立てた竹筒の上に腹を乗せられては手足が地面に着かないから、いくらもがいても逃げられない。うまく考えたものだ。

大阪で亀が一番たくさんいるのは天王寺の池だろう。ここの亀たちも昔、功徳を積む放し亀の宗教行事で放されたのが続いているのだろう。昔は甲羅に「南無阿弥陀仏」と朱書されたのも泳いでいたそうだ。

生きた亀さん手に合わん　前のをもじって、手におえないというだじゃれ。もちろん亀は両手を合わせられない。

死んだ亀さんあらしてのしよ　紀州和歌山地方の方言で、やたらと語尾に「のし」をつけるのを贈り物の「熨斗」にかけて、あざける言葉。

亀の子のよう　亀が首を縮めるように、おずおずしているさま。

灰吹きへ載せた亀の子　手足をばたつかせるばかりで何もできないたとえ。

話せない亀の子　放生の亀の子を「放す」を「話す」にかけて、話せない、物わかりが悪く融通がきかぬやつだというしゃれ。

舞っても亀の子　亀の子であると一度主張すれば空中を舞い飛んでも自説を曲げぬ頑固さ。「這っても黒豆」と同じ。

鶴や亀の夢を見たら一日置いて人に話す　播州赤穂地方の俗信や俚諺。

亀の蔵六・亀六つを隠す　亀は首と尾と足四本の六つを甲の中に隠す。亀を「蔵六」と異称するのもこれによる。仏教でいう人の六根は、眼・耳・鼻・舌・身・意であり、これを亀の六支（頭・尾・四足）にたとえた。亀は万劫を経て成仏するという俗説の基になる比喩。

『雑阿含経』には亀が野犬に襲われたとき、六支を隠してじっと身を守ったように、人も修行を妨げる者に対して六根を清浄にして守るべきであるとする。

信なき亀は甲を破る　鶴（雁）が口ばしにくわえた木片の一方を亀がくわえ、共に空を飛んだが、約束を守らなかった亀が空から落ちて甲羅を割って死んだという『今昔物語』などに見える話（一〇九頁）から、信実の欠けたものは必ず失敗するとのたとえ。

亀毛兎角《きもうとかく》　実在しないことのたとえ。「殷の紂の時代、亀に毛を生じ、兎に角を生ず、これ兵乱起こらんとする前ぶれなり」（『愈愚随筆』）。

亀の看経《かんきん》　亀の鳴き声が経を読む人の声に似ているという俗説。二五八―九頁参照。

亀の上の山　蓬莱山。中国の伝説で山東半島のはるか東方の海上にある不老不死の仙人がすみ、亀に背負われている山。亀山。『源氏物語、胡蝶巻』にも「亀の上の山も尋ねじ船の内に老いせぬ名をばここに残さん」と出てくる。

亀の家誇り　自分の家では元気がよいが、人前では口もきけぬ内弁慶をいう。九州の大隅地方のことわざ。

月とすっぽん　どんがめにお月様、鼈と月、お月さんと泥亀、鍋蓋と鼈、亀の甲と天道様、天道様と鼈ほど違う、月と朱盆《しゆぼん》。

両者とも丸い形をしているという点では似ているものの、実は非常な違いがあることから、比較にならないほど二つの優劣の差がはなはだしいことのたとえ。

鼈《べっ》を取って亀《き》を失う　つまらぬものをとって貴いものを失うこと。智恵才覚の拙劣なたとえ。

鼈が時をつくる　時をつくるとは鶏が夜明けを知らせること。この世にあるはずのないこと。

鼈が塗り桶へ登るよう　つるつるすべるから、とてもできないことのたとえ。

鼈が興米を見つけたよう　菓子のおこしが水面に浮かぶのを見てスッポンが一斉に浮かび上がる様子から、世に出る、助かる、幸せになることのたとえ。

鼈汁食う　置いてけぼりをくうこと。江戸本所の「おいてけ堀」にはスッポンがたくさんいたからであろう。

鼈の腐ったのでまるいかれ　すっかりやられたことのしゃれ。まったく駄目なこと。「まる」は大阪でスッポンのこと。

鼈の間にも合わぬ　まったく間に合わない。また、まるっきり食い違っていることをいう。昔は大阪の川魚の市場では最後にスッポンの商いをしたことに由来する。市が果てて後に来る荷物。

鰻屋の鼈　逃れる道がないことのしゃれ。あのヌルヌルするウナギでさえも楽々とつかまえる鰻屋にかかってはスッポンの足ではとても逃げられない。

鼈の地団駄　石亀の地団駄。くやしがっても自分の力ではどうにもならないことのたとえ。

雁が飛べば石亀も地団駄　無駄な真似すること。

鼈の居合い抜き　スッポンが長い刀で居合い抜きなどできないから不可能なことのたとえ。

鼈に蓼　スッポンはタデを嫌うといわれ、忌み嫌うものをたとえていう。百足に唾、鼈に蓼。

亀勝った勘定　表面的には損得のない計算に見えるが、細かく見ると大きな損になっていることをいうと『宮城県史　20』にある。ウサギとカメの寓話に由来するのだろうか、それとも亀算だろうか。

蝦《えび》でもて鼈を釣る　中国の俗諺。エビでタイを釣るに同じ。

網して亀を捕らえるはその甲を取らんため　目的があって事をなすのであるという意。また、宝を持っている者は禍をまぬがれぬの意ともされる。

鼈《べつ》人を食わんとして劫《かえ》って人に食わる・人捕る亀は人に捕られる　人を害すれば自分もまた人に害せられる。わが身を滅ぼすたとえ。

命を全う持つ亀は蓬萊に会う　生きていればいいこともあるさという話。「浮木《うきき》に会える亀」も同

筒描夜具地・亀松竹梅文様

じようなこと。

滑るぬかるみがどんなにあっても亀は沼に入る　アフリカのブルキナファソのことわざで、「一心、岩をも徹す」。また反面、強者の自己誇示にも使う。

親に似た亀の子　子は親に似るもので、見たところそんなに長所もなく、偉くなれそうもないといった意。親に似た蛙の子とか、鮫の子ともいう。

野面の亀の子　平気な、しゃあしゃあとした顔のたとえ。

亀の季語

俳句の季語で亀に関するのは、「亀鳴く」、「亀の看経《かんきん》」、それに「海亀」、「銭亀」「亀の子」ぐらいであろうか。新年に「亀卜始」、また「亀戸天神祭」、「亀の子半纏」もあるが、それは抜きにする。

亀鳴く

季題は三春、春の季語。春になると雄亀は雌を慕って鳴くというが、本当だろうか。

亀には蛙のような声嚢という共鳴袋がなく、哺乳類のように声帯という発声器もなく、鳥類のような鳴管という発声器もなく、それらに代わる発声器はないから鳴くことはできない。だが鳴声を聞いたことがあるという人がいる。いじめるとシューシューと声を出すという。かすかにピーピーともいうらしい。だがこれは鳴き声といえるだろうか。鳴くのではなく水を含んで呼吸する音だともいう。「蚯蚓《みみず》鳴く」（秋の季語）と同じく俳諧的な空想的季語なのである。亀鳴くという用例の典拠は『新撰六帖題和歌』や『夫木和歌抄』の藤原為家の和歌とされる。

　河ごしのをちの田中の夕やみに何ぞと聞けば亀ぞなくなり

『四季名寄』（天保七年）や『栞草』（嘉永四年）にも二月として出ている。岡山大学の稲田利徳先生は、和歌で鳴く亀を題材としたのは現在の調査範囲では藤原為家以前には見えないとされるが、為家も体験したのではなく先行する詩文などに影響を受けたのだろうという。たとえば漢詩では蘇東坡の「洞庭五月欲飛砂。鼉鳴窟中如打衙」や、本朝では『性霊集』にあるという。鼉は亀よりワニであろうからどうかと思う。江戸時代の随筆には為家の歌を引用して鳴き方や鳴き声を実際に聞いた人の伝聞を記録している。

『野乃舎随筆』には、石州浜田の外堀で亡者の泣き声が夜々するというので近くの人に聞くと、堀の泥亀が鳴くのだろうという。また医師が泉水の亀が夕ぐれに鳴くのを聞いたと語っている。『笈埃随筆』には、夏の暮方に田を歩いていると溝川でがきがきという声がする。あやしい

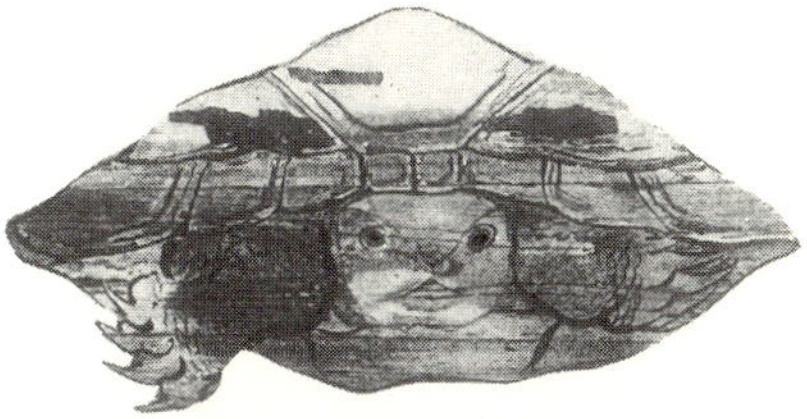

八方睨の亀の絵馬（酒井抱一画，江島神社蔵，模写）

と思って人に聞くと、それはクウッの声だろうという。クウッとは石亀の方言、本当かと庵主に聞くと、亀は鳴くのを確かに見も聞きもしたと。『松屋筆記』では鼓の音のごとくポンポンと聞こゆとある。また経を読む人の声のようだとか、堅い鉦を打つごとしなどと、古来その音を聞いた文献はいずれも観念的なものであろう。亀は鳴かないという証明をしたような句を見つけたので、上手な作とはいえないが記しておく。

亀の甲烹《に》らるる時は鳴きもせず　乙州

亀鳴くの季語は俳諧的なのでかなり目につく。

亀なくや水田の上の朝の月　梅浜
亀鳴くや大いなる月の暈の下　松根東洋城
亀鳴いて声とはならぬ夕間暮れ　堀口星眠
亀鳴くはきこえて鑑真和上かな　森澄雄
夜を着きてふるさとは亀鳴きにけり　成瀬桜桃子
亀鳴くといへるこころをのぞきゐる　森澄雄
亀鳴くや言へば角立つことばかり　安住敦

亀鳴くと華人信じてうたがはず　青木麦斗
亀鳴くや皆愚なる村のもの　高浜虚子
亀鳴けり読経に遅速あることも　斎藤よしゑ
亀鳴くや昔むかしの飛鳥より　長崎雁来子

さらにこんな句が、

裏がへる亀思ふべし鳴けるなり　石川桂郎

これは亀が鳴くのではない。癌の苦しみを亀に託したのである。

亀の看経

春の季語。亀鳴くと同じ。亀の鳴き声がお経を読む人の声に似ているという俗説から生じた。江戸時代、京都の国学者で『近世畸人伝』の著者として知られる伴蒿蹊は『閑田耕筆』という随筆で、「亀の看経といふこと世に伝う、おのれは正に聞たり、誠に程拍子よく音の堅き鉦を打ごとく、初は雨だれ拍子にて、次第に急に、俗に責念仏というごとし」と記す。

亀の子・銭亀・海亀

いずれも三夏、夏の季語である。

産卵の亀の涙の砂まみれ　井合つとむ
子亀売桶の中にも雨を溜め　戸川稲村
銭亀売る必ず白き器にて　斎藤夏風
銭亀に玻璃器すべりてかなしけれ　富安風生
灯台がともる海亀縛られて　山口誓子
海亀を旅せはしきに見て飽かず　水原秋桜子
砂やさし日和佐の浜に亀生るる　由比周子

亀を題材とした句はそんなにたくさんはない。

亀の背に酔ひほの赤し初日出　鬼貫
啓蟄の亀を洗うて歩かしむ　旭川
また一つ亀の腹見る大暑かな　高橋睦郎
朝鵙や霊亀の瀧の奥ふかき　小林江亭

冬川に遊んで亀を掘りにけり　　村上鬼城
甚平を着て亀と昵懇《じっこん》となり　　小山國雄

和歌と川柳の亀

俳句といえば、ほとんどの方は松尾芭蕉を思い浮かべるが、芭蕉より一五〇年ほど前に俳諧の連歌から俳句を独立させた人が伊勢にいた。荒木田守武（一四七三―一五四九）という内宮の禰宜である。この人の作品で「守武千句」といわれる代表作の「俳諧之連歌」は、飛梅やかろかろしくも神の春からはじまる千句。その中に亀ものそりと顔を出す。

よはい《（齢）》をもさづけぬるとて油断すな　　川をわたれば鶴と胴亀　　白かるもみえて赤かる下腹に　いづれ手染の糸のへそのを……

長寿を与えたのに油断するといけないよ、川にはめでたい鶴・亀と共に、人を水中に引き込むという恐ろしい胴亀（スッポン）もいるぞ、そら鶴の白い姿も見えるが、胴亀の赤い下腹も見えるよ云々。胴亀は水虎（カッパ）だとされ、腹の下が朱色で恐ろしい生き物と昔は思われていた。

草まくらおそろし風の吹声に　ぬるくもあらずあつくもあらず　よきほどに酒やわかして出すらん　かすみのうちにこう《(功)》は入けり　人かげに春の亀どもおどろきて　しのびしのびに花をさすころ

これも同じく守武の作。酒の燗を適温にしてサービスするのは年功を積んでいるからであると、功を甲に転じ、亀を瓶の意に転じて花を挿すとつける。室町時代に「亀の甲より年の功」ということわざがあったことがわかる。

放し亀一日宙を泳いでる　　糸柳

放生のため池や川に亀を放す行事があったのだが、その亀が橋の手すりなどに胴を結ばれて吊るされてもがいている。かわいそうだが何となくおかしい。

亀は放されるが鶴は放されず　　佳の江
放し亀元は鶴から思ひつき
放し亀やっこをふって日をくらし　　素鳥

いずれも『誹風柳多留』にある句。亀を宙に泳がすのは鶴の飛ぶ姿から連想したのだろうとか、武家の奴僕の奴さんが行列の先に立ち槍や挟箱を持って振り歩くように左右の手を大きく振って吊るし亀がもがく様子をおもしろがるなんて人間は勝手なもの。

歌川広重の「名所江戸百景　深川萬年橋」という大判錦絵は晩年の広重名作の一つだが、それには橋の欄干に縄で吊るされた亀がクローズアップで描いてある。もちろん万年橋だから亀は万年のイメージである。

鶴の死ぬのを亀が見てゐる
鶴は下げ亀は山ほど金をしよい　　武玉川

歌川広重「名所江戸百景　深川萬年橋」(1856年頃)

亀はユーモアがあるので現代の川柳でも数多く詠まれる。最近目についたものを記すと、

なにごとも起らぬ方へ亀あゆむ　　山上康子
一日の何を見上げて亀の首　　前田邦子
啖呵は切ったあとはゆっくり亀の道

いつか池付きの家を買うからね亀くん　石川恵水
おじさんの腹巻きの中亀が住む　東條美紀
曖昧なおとこに問えり亀鳴くや　吉田利秋
　徳住八千代

明治二十六年（一八九三）の新年御歌会始の御題は「巌山亀」だった。

動きなき秋津島根の巌の上に万代しめて亀はすむらむ　明治天皇御製
万代を君にささげて大庭のいは根ゆたかに亀の遊べる　皇后宮御歌
千代へてもなほいとけなき亀の子の遊ぶいはほぞ苔むしにける　佐佐木高行
松影のいはねに寝ぶる亀の子は蓬莱島《よもぎがしま》の夢や見るらむ　徳大寺実則
さざれ石の遠き昔の世語りはいはほの上の亀ぞ知るらむ　粟田広徳
はひのぼるあまたの亀の万代をいはほの上に重ねてぞ見る　鈴木久亮
いただきに登りて寝る石亀を重なる岩と思ひけるかな　遠山英一
君が代は巌の上にすみなれて亀も内にはひそまざりけり　浅井光政（大洗磯前神社宮司）

亀が歌材になることは少ないが、私の目にとまったのは、

手も出さず頭も出さず尾も見せず身を治むるの万代の亀
一休宗純の教訓歌

氷とけ春はのどけき池水に汀《みぎは》の亀も日影待ちけり
藤原家良（『新撰六帖題和歌』）

石亀の生める卵をくちなはが待ちわびながら呑むとこそ聞け
斎藤茂吉

甲羅から首も四つ足もだらしなく伸びてねむれる明け方の亀
中西亮太

芦浜に原発来ないと聞いたから亀の赤ちゃん帰っておいで
杉浦とき子

私の先輩の元神宮禰宜の歌人・松本一郎氏の歌集『伊勢の国』には、

池水に映る若葉をゆるがせて　浮き来し亀が頭あげゐる
日に蒸るる湿原ゆけばひそかなる水音を立ついくつもの亀
秋雨のやみて木洩日さす斎庭　甲羅濡らしし亀歩みをり
参拝の人らかへりて夕迫るゆにはに産卵期の石亀あゆむ

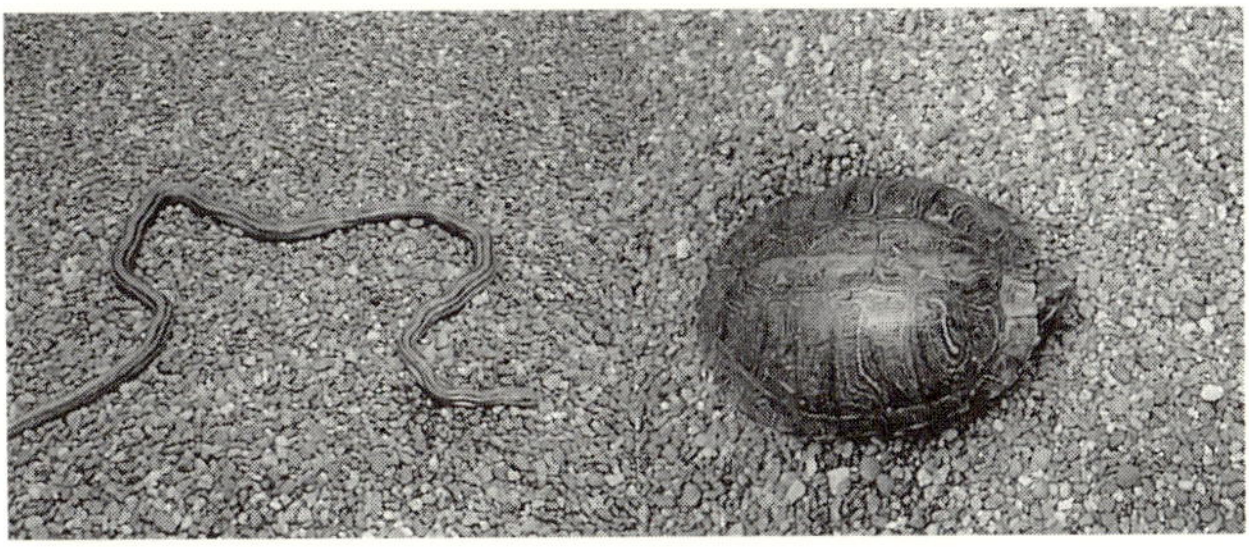
嗚呼無情（伊勢神宮外宮にて筆者撮影）

貯木池の浮く料材に安らへる亀の甲羅に入つ日の照る

伊勢神宮の外宮の池には亀がいる。特に山田工作場の遷宮の御用材を水中乾燥させる貯木池にはたくさんの亀やスッポンがいる。

ここにもミシシッピーアカミミガメがいた（2002年，外宮にて筆者）

水温む春から初夏の晴れた日に池に浸けられた太い丸太の上に亀がずらりと日向ぼっこをしているのを見る。

参道をのっそりと歩いているのに出合うのは六月はじめから約一カ月間、一昨年は六月三日にはじめて見て、十日に四匹いた。梅雨明けの十六日を境に池ではたくさん泳ぐのを見るが参道では見なくなる。毎年ほぼ同じである。私は宿衛長として早朝に巡視をして域内を廻ったから、産卵期の亀にしばしば出合って、手帖に今日は何匹いたと記録してきた。松本一郎先輩はやさしい歌人だから、暖かい目で亀さんを眺めておられる。思えば四〇年の神宮奉仕の中で、梅雨の頃に亀さんたちに出合うのも、ささやかな楽しみだった。同僚の衛士さんたちも「矢野禰宜さん、今朝はあちらに大きなのがいましたよ」とか、「昨夜は外宮の古殿地でゴソゴソ石を掘り返していましたよ」と報告してくれたものだ。

亀の字の付く用語

亀甲（きっこう・きこう）　鼈甲・亀骨・亀の甲《こうら》・亀殻。また亀甲のことを、神屋《しんおく》、敗亀板、敗将、漏天機《ろくてんき》ともいう。亀類の丸みをおびた箱状の甲。皮膚と骨格とが結合してできた堅固なもので、背面を背甲、腹面を腹甲、背甲と腹甲とをつなぐ体側の部分を橋《きょう》という。また亀の甲に形が似たもの。棺の蓋。六角形をつなぎ合わせた模様など。

亀腹（かめばら）・**亀復**（きふく）　①亀の腹。②腹の中に固まりができる病気。③妊婦の腹。④社寺建築などの基礎の部分や鳥居の柱下、多宝塔の上下層間などに丸く漆喰で饅頭形に白く固めた部分をいう。

亀人（きじん）　占師のこと。

亀旗（きき）　中国の戦国時代の亀の図を飾った大将の旗（『宋史　兵志』）、旐（ちょうのはた）二三四頁に解説。

亀頭（きとう）　①亀の頭。②男性器の先、かりくび、へのこ。

亀貝（きばい）　亀の甲と貝殻、古代に貨幣として使用した。

亀幣（きへい）　漢代の貨幣の一つ。亀の甲の模様がある古銭。『玉篇』によれば古く亀甲は宝であった。

亀趺（きふ）　趺は趺座の意で、亀の形に刻んだ石碑の台。中国から朝鮮をへてわが国にも伝えられ、亀は永久性を祈るシンボルだった。（一二三頁参照）。

亀居（ききょ・かめい）　儀礼における着座作法の一つ。足を尻の下にしないで左右に開き、尻を足の間に入れる座り方。亀の後足が左右に開いているのに似るところからの名というが、亀《き》は跪であろう。叙位《じょい》、除目《じもく》や貴人の前に祗候した時の座り方で現代の神社祭式ではなされないが、「元文四年皇大神宮年中行事」などに禰宜の作法として出ている。

亀要（きよう）　腰のこと。

亀緺（きかい）　亀と緺。亀は亀袋で位官ある者の佩ぶるもの。緺は紫青の印の紐、転じて亀緺を佩びた富貴な臣をさす。

亀貨（きか）　亀の甲で作った貨幣。『資治通鑑　漢紀』に紀元二年頃、王莽が亀貨四品を造るという。元亀、公亀、侯亀、子亀の四種があったそうだ。

一ツ蓑亀

丸に一ツ亀

亀丸（かめのまる）　紋所の名、円形の中に亀を円くえがいたもの。一匹の亀をその長い尾でまるく包む図柄。万歳の看板にもなった。

亀脳（きのう）　亀の脳、古代中国で薬とした（『神仙伝・列仙伝』）。

亀胸（ききょう）　高くつき出る胸、はとむね。

亀脚（ききゃく）　亀の足。貝の一種、石蜐（かめのて）の別名。サボテン（仙人掌）の別名。

亀鵠（きこく）・**亀鶴**（きかく）　カメとツル。どちらも長生きするから、人の長寿のたとえ。

亀鶴之寿　長命なこと。亀鶴斉齢。松柏與《ト》二亀鶴一其寿《ノ》皆千年（唐・白居易）。

亀鶴の思い　不老長寿を願うこと。

亀齢（きれい）　きわめて長寿なこと。亀千歳・亀千年（『史記』）。

亀竜（きりょう）　亀と竜。共にめでたいもので四霊の内の二つ。

亀竜寿　人の長命を祝う言葉。

亀竜片甲　亀と竜との甲の一片。わずかなもののたとえ。

亀竜麟鳳之応　瑞祥のあらわれ。

亀麟（きりん）　亀と麒麟、共に霊物。

亀威（きい）　洛書を負って出てきた亀。

亀游（きいう）　霊亀が出て遊ぶこと。徳のある王者の遊び。

亀印（きいん）　把手が亀の形をした印。亀紐。

亀紗（きさ）　亀の模様を描くうすい織物。

亀文（きもん）・**亀書**（きしょ）・**亀符**・**洛書**　禹のとき洛水から出た神亀の背にあったという九つの模様。禹はこれにて数理を案出したと伝う（二八頁）。

亀甲獣骨文字　殷の時代、文字を亀甲や獣骨に刻みつけた最古の中国文字。亀判文・殷墟文字。

亀文鳥跡　亀の甲の模様と鳥の足跡。共に文字の起源と伝う。

亀竜之図　玄亀が背に負う書と黄竜が背に負う図。河図洛書。

亀印

亀甲鉄鎖具足（『日本の甲冑武具事典』より）

亀袋（きたい）　唐の職官の佩物、魚袋《ぎょたい》と同じ。唐書『車服志』に「天授二年（六九〇）佩魚を改め皆亀を佩す、その後三品以上は亀袋を金でもって飾り、四品は銀、五品は銅。中宗の初に亀袋をやめてまた魚袋にする」とある。亀の形を割符の門鑑にして宮中役人のパスポートとしたのだが、一説によると、魚袋は鯉形だったが王の名が李となり、李は鯉と通じるので失礼だと亀に改められたという。だが亀の人気が下落し、亀は鬼に通じるとおそらくまた魚に戻されたと思う。この魚袋には鮫皮を用いているので拙書『ものと人間の文化史35 鮫』と『魚の文化史』にややくわしく記した。

亀甲当（かめのこあて）　土地を固めるのに用いる道具。挽臼のような平たい石に数本の縄を付け、「エンヤコーラ」などと地搗き唄で囃しながら上げ下げして用いる。ひらかめ・ひらたこ・亀の子・どうづき。こうした昔の民家の建築儀礼は基礎工事の必要性もさりながら、大勢の人が参加し力を結集することから呪術的な力を期待する意味もあり、亀の名をあてたのも亀は万年という祝福の意をこめたものと思う。

亀甲打（きっこううち）　甲冑の威の耳糸やその他の武具や調度に用いる平打組の糸の組み方。二色以上の糸で亀甲模様を編む。厚平《あつひら》には表裏両面の亀甲を用い、薄平の裏は矢筈形模様となるので「片面亀甲打」ともいう。

亀縮（きしゅく）　亀のように手足をちぢめること。小さくちぢむこと。

亀屋（きおく）　亀の甲、亀殻。宋の詩に亀屋をもて小冠を裁ち鹿皮をもて短裘を製すとあり、亀甲の小刀のような使用例もあったと思われる。

亀の甲　芳香族化合物の分子中に含まれる炭素原子六個からなる平面正六角形の環。ベンゼン環とかベンゼン核という化学の「亀の甲」。

亀甲縛（かめのこしばり）　亀の甲の菱形の目のように斜め十文字にしばること。

亀甲連中（かめのこれんじゅう）　亀の子連中ともいう。大酒飲みのグループ「例の亀子れんぢう用意の酒を飲みはじめ」（梅亭金鵞『七偏人』安政頃）。

亀括（かめぐくし）　緒の結び方の一つ。緒を二重に通して、緒の両端を初め廻った緒の下を通して引き出す。鵜首結びともいう。

亀背（かめぜ）　猫背と同じ。せむし。

亀手（きんしゅ）・**亀傷**（きしょう）　あかぎれ。ひびのきれた手（「きしゅ」と読んではいけないと注意あり）。

亀甲文（きっこうもん）　六角形を基本とした幾何学文様の一種。亀の甲羅に似るからこの名がある。六角形の単独を亀甲形といい、上下左右に続けるものを亀甲つなぎという。単独より連結文様が多い。日本では古墳時代から用いられ、おそらく朝鮮から伝来したであろう。平安時代から六角形内部に菊、鶴、唐花などをはめ込んだ文様ができ、染織文様として広く使われた。大小二組の亀甲を重ねる子持ち亀甲。中に花菱のある花菱亀甲。亀甲を三つ組み合わせる毘沙門亀甲などさまざまな変化形がある（くわしくは二〇九頁）。

亀甲車（きっこうしゃ）　亀の甲のような形をした車（二三四頁）。古くローマ時代の戦士の持つ楯も甲羅を模したものだった。

亀甲地鞍（きっこうじのくら）　亀甲を伏せ包んだ馬具の鞍。伊勢貞丈の『武器考證』によれば『壒嚢抄』に「きかふ」とあり、玳瑁の字をあてるがベッコウを伏せたものであろうと見える。

亀甲焼（きっこうやき）　①吉向焼に同じ。楽焼風の軟陶の一派で交趾《こうち》写しを主として染付もある。初代吉向治兵衛は通称が亀次。愛媛県大洲市に生まれ明和初年（一七六五年頃）大坂で開窯。初め亀次の名にちなみ亀甲焼と称したが、大坂城代の水野忠邦から吉向号を拝領し、以後は吉向焼を名乗る。それは径二尺五寸の海亀の菓子器を忠邦に献上したからという。やがて江戸に移り、隅田川焼を始め、江戸吉向と大坂吉向。近世屈指の名工といわれたが江戸吉向は明治に廃窯し、現在は東大阪市と枚方市に流れを残す。

②ナスを用いる料理の一つ。縦に二つ切りしたナスの切り口の方に亀甲状に包丁を入れ皮の方から焼き、上に鰹節をのせ味付けする。

亀綾縞・亀屋縞（かめやじま）・**亀綾織・亀綾**（かめあや・かめあやおり）　いずれも亀綾縞（かめあやじま）の変化した語で、菱形亀甲模様をきめこまかく織り出した綾織の白羽二重。または種々の色糸を入れて女模様に織ったもの。『浮世草子』や『好色二代男』（一六八四）に出てくる。一説に亀屋という織元か呉服屋から新たに売り出された上等品。寿にあやかれと亀綾を孫に遣り（『雑俳・柳多留』）。

亀甲槍（きっこうやり）　鋒先が五つ叉に分かれた槍。甲斐の武田家などが用いた。また柄を鼈甲で張り包んだ槍（玳瑁槍）。

亀甲金（きっこうがね）　当世具足の襟廻や小鰭《こびれ》などに用いる六角の鉄または煉革の中央を盛上げて打出し四孔を開けたもの。大きなのは鎖繋ぎにして畳兜や佩楯などに用いる。

亀甲小鰭（きっこうこひれ）　具足の綿噛《わたがみ》付属の肩あて。亀甲形の鉄を並列して布帛で包み、その上から菱綴にした小鰭。

亀甲繋（きっこうつなぎ）　六角形の亀甲の形がいくつもつながる模様。

亀甲絣（きっこうがすり）　亀甲形の模様を織り出した絣。

亀甲注連（きっこうじめ）　注連縄の編み方の一つ。千葉県などで小さな亀甲形が横に並んだ形に編み鳥居に張る。

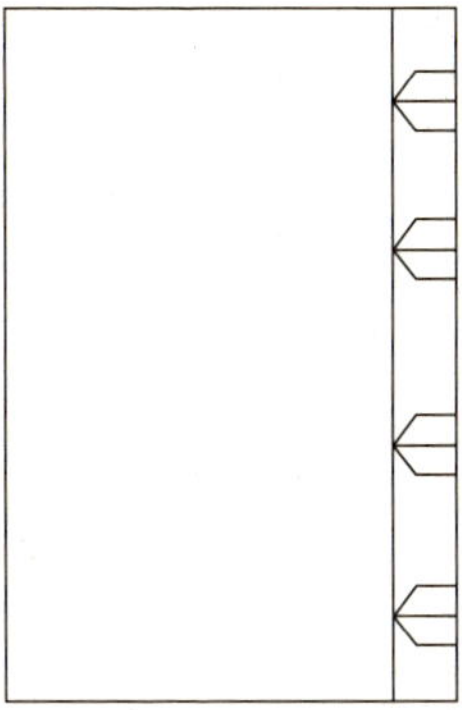

和綴本の一つ「亀甲綴」

亀甲葺（きっこうぶき）　平板葺きの一つ。屋根葺き材の金属板やスレートで、亀甲状の文様となるような葺き方。またその屋根。

亀甲綴（きっこうとじ）　和本のとじ方の一つ。

亀甲笊・亀子笊（かめのこうざる・かめのこざる）　伏せた形が亀の甲に似て底が丸くふくれ、首にあたる一方に広い口が開いている割竹を編んで作った台所用品の笊。炊飯器ができるまでは米をとぎ、水切りし、麺類を上げたり餡《あん》を漉したりと日常的に使われていた。大阪でドンカメイカキ、広島でトウガメシタミ、江戸でカメノコザル。いずれも亀をイメージしたネーミングだった。

亀甲墓（きっこうばか・かめのこうばか）　沖縄で外形が亀の甲羅を伏せたような形の墓。カーミナクーバカ。形式に二つあり、一つは丘を掘り込み築造し、一つは丘を削り城門や石橋のアーチの技法でもって石の天井を作り土砂をかぶせる様式。十六世紀に中国華南の墓式の影響を受けたものとされる。最古のものは那覇市首里石嶺町にある伊江御殿家の墓、康熙二十六年（一六八七）築造。そして首里末吉町の羽地朝秀の墓や読谷山御殿家、中城村久場の護佐丸の墓などが古い。こうした亀甲墓は、もう一つの沖縄の代表的な墓の形式である破風墓とともに琉球王国時代は庶民には禁止されていたので、一般に広く流行したのは明治中期から大正・昭和初期である。この墓の分布は南は与那国島から北は伊平屋島まで広く分布するが、鹿児島県奄美諸島の与論島以北には見られない。名嘉真宜勝氏によれば、これは台湾や華南系華僑の住むタイやベトナム方面まで延びているという。俗に亀甲墓は母胎をかたどったものだといい、人は死ぬと再びもとのところへ戻るという帰元思想のあらわれだとされる。私もずいぶん以前だが首里のこの墓の中へもぐり込み、上向きに寝て母胎の中の気分にひたっていた。ところがシルヒラシという遺体を白骨化さす風葬の位置がたしかここだったのではと考えたり、洗骨したのを納める大きな壺が奥に並ぶのを見て気持ち悪くなり、早々に退散した思い出がある。

亀甲山古墳　東京都大田区田園調布の多摩川に沿う丘陵上にある前方後円墳。昭和三年（一九二八）

に国の史跡に指定されている。

亀甲萬醤油・キッコーマン醤油株式会社　しょうゆ業界最大手の食品会社。江戸時代からのしょうゆ業を営む千葉県野田地方の茂木《もぎ》、高梨一族が合同して野田醤油株式会社を大正六年（一九一七）に設立し、その後に万上味醂株式会社などを合併し、業界初の近代的量産工場を完成させ、昭和二年（一九二七）商標をキッコーマンに統一した。

亀の子束子（かめのこたわし）　台所用具で食器や炊具の洗滌に用いる。古くは荒縄を束ねていたが、明治四十一年（一九〇八）椰子の実の外殻の繊維を束ね二本の針金で撚って両端をつなぎ亀の子の姿をしたのが西尾正左衛門により考案発売され、大正から昭和とほとんどこれが握りやすく丈夫で長持ちすると全家庭で用いられた。くわしくは『帝国発明家伝　上』（昭和五年）にある。これは大ヒットしたが昭和初年に商社が中国に輸出したところ、亀の子というネーミングが中国人の反感を呼び全品が返され巨額の損害をうけたエピソードもある。ついでにこの『ものと人間の文化史34　猿』の著者・故廣瀬鎮氏から聞いた話だが、どこかの遊園地か動物園で飼育していたカメという名の母猿が子を産んだので、カメの子だからタワシと命名したそうだ。面白い話なので記しておく。

なお最近の亀の子束子は主として和歌山県産のシュロの天然素材で東京の工場が細々と作っている。合成樹脂製やスチールウール製に押され絶滅寸前商品といわれるものの、肌触りよく体を洗うにもよいと

キッコーマン醤油㈱のマーク

静かな人気をもつ亀の歩みのようなロング商品だ。

亀の甲塔（かめのことう）　亀の子を数匹積み重ねて塔のようにする昔の子供の遊び。親亀の上に子亀を乗せて親亀こけたら皆こけた……といった素朴な遊び。

亀鼈（きべつ）　カメとスッポン。人を軽んじいやしめていう言葉。

亀葬（きそう）　梁士が山中で死んだ大亀の墓をあばいてその穴に親を葬ったら、その子らが進士に登用されて出世したという故事（『宋稗類鈔』）。

亀鑑（きかん）・**亀鏡**（ききょう）　のり。てほん。模範。亀は吉凶をトい、鏡は物を照らし、ともに人の模範とするもの。

亀版・亀判・亀板（きばん）　亀トに用いる亀甲。腹甲を多く用いるが稀に背甲も用いる。

亀巣（きそう）　亀のすみか。

『亀巣集』　中国の元時代の書名。この本は詩の後に文あり、文の後に詩ありと編集にまとまりがないことでかえって名を残したという。誰かの書物と同じである。

亀甲形（きっこうがた）　①六角形の幾何模様。形状が亀甲に似るから名づけられた。②石垣などの石面仕上方の一種。江戸切の中央を瘤出しとする代わりに縞附に出したものをいう。③紋所の名。

亀甲形花止（きっこうがたはなどめ）　挿花に用いる花止の一種、水盤などの広口物の花器に使用し、亀甲という。明治末頃から生花用として用いられ、盛花の花配りとして初学者にも扱いやすいので愛用されてきた。

亀甲草（きっこうそう）　薬草、植物イチヤクソウの異名。

亀甲竹（きっこうちく）・**亀紋竹**　孟宗竹の突然変異種で節が互い違いに斜めに生じ、節間が亀の甲羅のように見える。床柱など和風建築材や花入など茶道具、杖や釣竿、観賞用として庭に植えて珍重する。

亀甲黄楊（きっこうつげ）　イヌツゲの一品種。葉の形が亀甲状で観賞用として庭園で栽培される。

亀甲羽熊（きっこうはぐま）　キク科の多年草。葉の形が亀甲に似る。

亀甲木（きっこうぼく）　植物ホソバイヌビワの異名。

亀の子船　亀甲船に同じ（二三三二頁）。

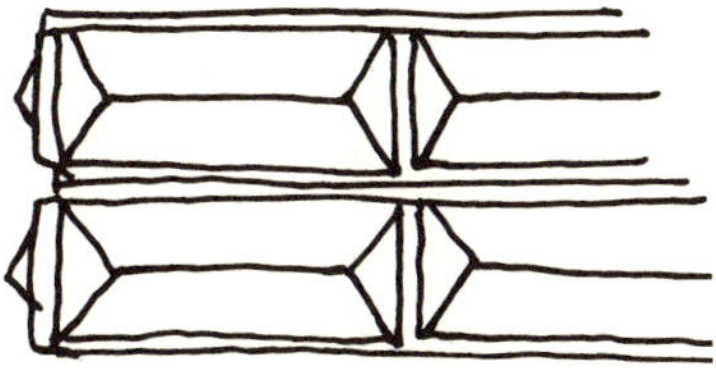

亀甲形の石垣

亀甲形花止

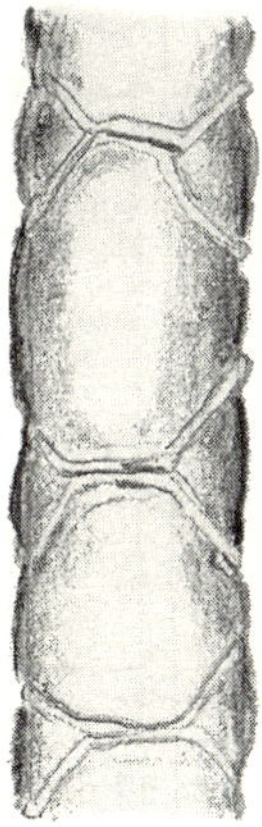

亀甲竹

亀甲餅（きっこうもち）　小麦粉を水でこね、丸くちぎりイバラ（カメイバラ）の葉を両面から当てて柏餅のように焼いた餅。

亀甲流（きっこうながし）　片ながしになった井戸脇などの流し。

亀樽（きこう）　亀の形をした昔の中国の酒樽。

亀甲煎餅・亀子煎餅（きっこうせんべい・かめのこせんべい）　各地にあるが、山口県下関市の亀山八幡宮にちなんだ名菓が有名。小麦粉に砂糖・卵を入れて練り、亀甲形に焼いた煎餅。文化年間（一八〇四―一八）に横浜で浦島伝説にちなみ作られたというものもある。

亀市（かめのいち）　菓子の一つ。豆のかわりに芥子粒を用いた豆板で亀の都《いち》という人が創始という、昔の名古屋の名菓。京都の松尾大社などで開催されるフリーマーケット。

亀末大納言　京都の銘菓。アズキ餡を半分に割った青竹につめたもの。

亀山鐔（かめやまつば）　三重県亀山で作られた江戸時代の刀剣の鐔。

亀甲鯣（きっこうするめ）　スルメイカの乾燥食品。製造の際、亀甲形の笊《ざる》の上で乾燥させるためにイカの表面に亀甲模様がついたというだけである。

亀甲烏賊（きっこういか）　イカの一種。普通のイカより背の肉が高く亀の甲に似る。

亀甲石（きっこうせき）・**亀甲岩**　俗に大泥亀の化石などといわれるが、泥土が太陽熱のために乾燥して容積が縮小し乾裂という割目が生じ、その形がしばしば亀甲形をし、この割目に炭酸カルシウムや珪酸などが入り込んだもの。新潟県佐渡島の中山峠、千葉県銚子、長野県根羽村、埼玉県秩父地方の小鹿野などに知られている。

亀公（かめこう）　姦婦の夫。

亀滴（きてき）　亀の形をした文具の水滴。

亀年（きねん）　長生きすること。

亀の子半天（かめのこはんてん）　江戸時代に四〜五歳の幼児に着せた庶民的な防寒服。袖がなく緋縮の絞り中形などに綿を入れて使った。また岩手県では子供を負うときの袖無しを「亀の子突ん抜き」といっていた。

亀甲会　東京で加藤光峰氏の主宰する書道芸術の会。毎年、亀甲展を開催する。

箱亀（はこがめ）　腹甲に蝶番があり、頭や四肢を甲羅に隠してから腹甲で開口部に蓋をすることができるカメの種類の総称。多くは陸生で一部淡水生もある。

亀拆（きたく）　①亀卜と同じ。②亀兆。③地面がひでりで亀の甲のように裂けること。亀裂と同じ。

亀甲会のロゴマーク

亀策・亀筮（きさく）・**亀筮**（きぜい）　亀卜と筮法。また、それに用いる道具。

灼亀（きをやく）　亀の甲を焼き、割れ目で吉凶を判断すること。

旋亀（せんき）　『山海経』にある獣の名。首が鳥（雉子）で尾がマムシ、体は亀という奇怪な姿。

『山海経』の旋亀

黄亀（きかめ）　黄色の亀。卜筮用にすると『江家次第』にある。

亀甲地（きっこうじ）　①染物、塗物、織物などに亀甲形の模様があるもの。②箱などの外面を玳瑁《たいまい》で包んだもの。

亀縮（きしゅく）　亀のように手足をちぢめること。

亀亭焼（きていやき）　江戸時代の京焼の一種。陶工和気平吉（号亀亭）が京都五条坂で雑器を製し、のち有田焼を学び磁器を作る。

亀裂（きれつ）　割れ目、さけめ、手足にヒビがきれる、ヒビ、アカギレ。

亀紫（きし）　黄金の印と紫の印綬。金紫。

亀茲（きゅうじ・キジル）　①古代の西域の国名。今の新疆ウイグル自治区。②漢の県名今の陝西省楡林県の北。

亀紐・亀鈕（きちゅう）　亀の形を彫刻した印鑑のつまみ。中国の漢時代や古代朝鮮にたくさんある。

亀鼎（きてい）　元亀（大きな亀）と九鼎。天子の位のたとえ。

亀の尾　①亀の尾の骨。尾骶骨《びていこつ》。形が亀の尾に似るのでいう。この語はすでに十七世紀の『日葡辞書』に出ている。②灸点の一つで、脊髄の末端、ここに灸をすえると不妊に効能ありという。③また亀の尾というイネの品種があり、大正年間を中心に冷害に強い小粒の上質米として東北地方で栽培された。④建築用語としては天井の周囲が曲線をなして壁に接する折上格《ごう》天井に用いる湾曲形の木をいう。

亀甲土（きっこうど）　地表面にみられる模様で構造土のこと。

亀結（かめむすび）　紐などの結び方の名。うのくび結びに同じ。

亀吉（ききつ）　亀卜による占いが吉であること。

亀孽（きげつ）　『漢書』にみえる君子の人相が悪いことから起こる災変の一種。天候不順で雨が多く亀や虫が多く水に生じるという。

亀山学派（きざんがくは）　宋の楊時の学派。人間の目標は聖人になること、朱子学につながる。

亀毛（きもう）　亀の毛。きわめてめずらしいもの。また決してないもののたとえ。『述異記』には、亀は千年にして毛を生ず、亀寿五千年、これを神亀という。万年なるを霊亀というとあるから、千年の亀は毛の生えかけた少年というわけ。

亀毛兎角（きもうとかく）・**兎角亀毛**（とかくきもう）　カメの毛とウサギの角。ないもののたとえ。さらに『捜神記』では兵乱の起ころうとするたとえにもしている。

亀屋頭巾（かめやずきん）　江戸時代に用いた頭からすっぽりかぶり目だけ出した黒ちりめんの頭巾。大阪のあやつり芝居の人形遣いも用いる。竹田頭巾。人目をしのぶ頭巾。こんなのかぶって銀行やコンビニに行かないこと。

亀甲文字（かめのこもじ）　アルファベットの印刷書体の一つ。見た感じが亀の甲に似ている。最近までドイツで用いられた。ひげ文字。

亀節（かめぶし）　鰹節《かつおぶし》の形態による分類で、大型カツオを三枚におろして、さらに半割にして製した本節《ほんぶし》（一尾のカツオから四本の節をとり、背を雄節、腹側で造ったのを雌節という）に対し、小型カツオを三枚におろし都合二本を製したのが亀の甲のような平たい形になるので亀節という。これは本節より値は安い。

亀子節（かめのこぶし）　亀節に同じ。

亀井算（かめいざん）　掛け算の九九を用いて割り算をするソロバンの計算方法。亀算、亀井割。

亀算（きさん）　算法の一つ。亀の四面を十二時とし、亀首を寅を指す一とし、卯を指すのを二、辰を三、亥を十とするといったもの。

亀牀（きしょう）　ベッドの足が亀で支えるデザイン。中国南部地方で老人用とされた。

亀葵（きゆえい）　千成ナスビ。

金亀虫（こがねむし）　カナブン。

亀入道（かめにゅうどう）　海亀の異称。「海の中の亀入道を野郎にしたといふ様《よう》さね」（『人心覗機関』嘉永元年）。

亀子泳（かめのこおよぎ）・**亀泳**（かめおよぎ）　亀が手を広げ首を上げたり下げたりしてまごまごするようにゆっくり泳ぐさま。

亀子返（かめのこかえし）　レスリングの返し固め技の一つ。後方から相手の片腕を巻き、片手はあごにかけながらあお向けに倒す。

亀子魚（かめのこうお）　和歌山県でのハコフグの方言。カメノコフグ。

亀子腹掛（かめのこはらかけ）　江戸時代の亀のような形をした子供用の腹掛。

亀子虫（かめのこむし）　カメノコハムシ（亀子金花虫・亀子羽虫）の異名。亀の子形で体長約七ミリの甲虫。

亀戸大根　もと東京都江東区亀戸で産した春大根の一種。オタフク大根とも。小形で葉もやわらかく関東を中心に今でも栽培される。

放ち亀　①池などに放し飼いにするカメ。②カメを放生の料として放してやること。またはそのカメ。旧暦八月十五日の京都石清水八幡宮が有名。

亀塚公園　東京都港区三田四丁目に亀塚といわれる古墳があり、瓶が出土したので「神亀出入の酒壺」と称されたと石碑に刻まれている。カメと瓶の同音からの伝説。

かめのこばあ（亀甲婆）　お亀婆、お多福婆。

腹亀（はらがめ）　昔の消防出初式の梯子乗りの曲芸の一つ。竹梯子の一つの端の節に消防手が腹の中心部一点で体を支えて両手足をピンと伸ばすスリル満点の芸。

河目亀文（かもくきぶん）　公侯の相、賢聖の相貌。目が凹み上下のまぶたが平らかで、足に亀に似た模様があるという。さらに亀背といって背骨が高いとなお聖人だと孔子は曰く。

亀山の化物　①玩具の一つ。竹を半割りにした台の上に綿で作った兎などを付け、手を叩けばぴょんと跳ね返るような仕掛けがあり、浅草雷門内日音院の門前に売る店が江戸時代の天明から文化頃

（一七八一―一八一八）にあった。また一個の張子の上に別の張子を着せ、跳ね返れば上のが脱げて意外な姿に形が変わる玩具など。売る口上が「これはこのたび亀山で生捕りました何々の化物でござい」というのでこの名が出た。この亀山は見世物の口上にいう常言で架空の地名。飛んだり跳ねたり亀山人形、亀山おばけ。②変わりやすい物事のたとえ。また思いがけぬ物が現われる時にいうたとえ。心が変わりやすくて職業をたびたび変えることのたとえにもする。

亀太夫神事　島根県八束郡八雲村の熊野神社には俗に「亀太夫神事」というユニークでユーモラスな鑽火《きりび》祭があり、社人の亀太夫が新しく造った火きり臼と火きり杵を献じ火継式をする。亀太夫の名は直接に亀と関係しないが、亀という親しみやすい茶目っ気のある名が馴染まれてきたのだろう。

亀鉦（かめがね）　敲鉦《かねたたき》の異称。脚が四本あり石亀の姿に似るから。

亀貝（かめがい）　カメガイ科の浮遊性の巻貝類の総称。

胴亀（どうがめ）　スッポンの別称。『大言海』にはドロガメの転かドブガメの音便かとある。

亀茨（かめいばら）　サルトリイバラの古名や方言。

銅亀笊（どうがめいかき）　ザルの一種。銅亀籮（したみ）ともいう。亀甲笊に同じ。

亀舞（かめまい）　亀のしぐさをまねする即興的なこっけい物真似の舞。長寿を願っての舞という。『宇津保物語』に「この君も舞ひ給ふものをとて、かめまひをす。上下一度にほほと笑ふ」などと見える。

亀下（かめくだり）　紋所の名。中央上部に首を下にした亀を配し、長い尾で丸く包む図柄。

水戸の浮亀（浮木）　亀ではなくマンボウのこと（『俳諧・毛吹草』）。浮木とは盲の亀が出合った木片で、めったにない機会のたとえ。うききは魚のマンボウの異名で水戸の名物とされた。

亀蔵小紋　歌舞伎役者・九代目市村羽左衛門が亀蔵の時代に舞台で着始めた渦巻模様の小紋。多く芸妓などが用いた。

カメ　文明開化期における洋犬のこと。西洋人がCome hereと犬を呼んだのを、犬はカメというと勘違いしたのだ。

カメムシ（亀虫・椿虫）　カメに形の似た昆虫。亀でなく容器の瓶に由来するという説もある。悪臭を出すのでヘッピリムシとも。クロカメムシ、イネカメムシ、クサギカメムシなど種類は多い。タガメ、ガメムシ、オカメムシなどの地方名もある。亀か瓶か、私にはどちらの形にも見えてわからぬ。

亀葉（かめのは）　サルトリイバラの方言。葉の形が亀の甲に似ているからという。

亀蓮（かめばす）　ヒツジグサの古名。

亀葉草　シソ科の多年草、亀葉引起の異名。葉の形が亀を思わせる。亀葉木（かめばのき）は烏薬《うやく》の異名。ついでながらカメハメハはハワイの王朝や王様の名。

亀女（かめじょ）　お多福、お亀。阿亀。転じて醜女。江戸時代の長崎の女性鋳金家で名作が伝わる。

亀子（かめこ）　福島県会津や新潟県東蒲原郡の方言で恥ずかしがること、はにかみ屋。北会津郡では「かめっこ」という。また大阪の

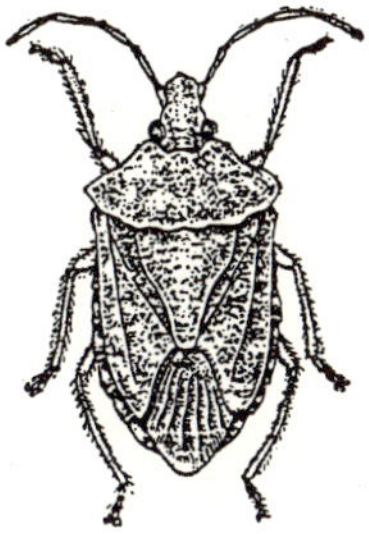

クサギカメムシ

南河内では愚鈍な人をさす。

かめちょろ（亀著羅）・**かべちょろ**　トカゲやヤモリの方言。

かめぐ　島根県隠岐島や香川、熊本県南部、宮崎県南那珂郡で、よく働く、稼ぐ、励むという意の方言。

亀入道　海亀の異称。

タートル・ネック　セーターなどの亀の首のように首に添って折り返す高い襟。とっくりセーター。

デバガメ　湯屋をのぞいた亀太郎、美人に熱をあげ帰途を襲い、さわがれて殺した。歯が出ているのでデバガメと呼ばれた（二二六頁）。現在ではデジカメより知名度は低いが、巷間に広く知られるので息抜きとして記しておく。

川亀（かわかめ）　スッポンの古称。『和名抄』にある。

田亀（たがめ）　水生昆虫、ドンガメムシ、カッパムシ、ミズガッパ。

団亀（どんがめ）　胴亀が変化した語。①スッポンの異名。②亀頭（陰茎の頭）のたとえ。③どんを鈍にかけて、のろま、おろかもの。「亀は亀ぢゃが、どん亀ぢゃ、心はいんだ顔ですっこんでゐる」（歌舞伎のセリフ）。④丁銀のこと（形がドンガメに似る）。⑤各地でスッポンまたは大きな亀、海亀や石亀などの方言にもなっている。

とちがめ・どちがめ・どち　スッポンの方言。

泥亀（どろがめ）　スッポンの異名。亀、石亀、スッポンなどの各地での方言。

がめ　スッポンの異名や方言。形が似るからゲンゴロウ。スッポンが酒を好むとして大酒飲み。

緑衣使者・青衣　中国でミノガメ。『古今著聞集』に、「久安のころ毛生へたる亀を西国の人、知足院殿へ参らせり、甲三寸ばかりなり、その上に青色の毛おひたり、長さ一寸におよべり瑞亀とぞ沙汰ありける」。

胴亀蔓（どうがめづる）　植物トチカガミの異名。スッポンノカガミ、ドウカメノカガミともよぶ。

団亀草（どんがめぐさ）　植物アカザの方言。

団亀虫（どんがめむし）　昆虫タガメの異名。

河伯従事・河伯使　中国の故事よりスッポンや亀の異名。イカのこともいう。

鼇・鰲（ごう）　大きな亀。おおがめ、おおすっぽん。ちなみに絶滅したが史上最大の海亀はアルケロンといって全長四メートル、体重二トンにもなった。

十亀　中国最古の字書『爾雅』にある亀のいろいろ。①神亀、②霊亀、③攝亀、④宝亀、⑤文亀、⑥筮亀、⑦山亀、⑧沢亀、⑨水亀、⑩火亀。これは文学的な命名で今の種類とは関係なし。

秦亀　山中にすみ水に入らぬ石亀。筑前でキンゴウス。筑後ではキンクウズという。

水亀　川亀で筑前でゴウズ、筑後でクウズ、肥前ではカハタケ、大きいのをクソクウズ（『重修本草綱目啓蒙』）。

鼈黿（べつげん）　スッポンとアオウミガメ。

亀言（きげん）　亀の言葉。千歳の亀は能く人と語るという中国の伝説。

鼈語（べつご）　スッポンの言葉。スッポンが菩薩に救われた恩に感じて洪水の来るのを告げた故事（「六度集経」）。
鼊・鼅（ば・め）　カメの一種。
亀玉（きぎょく）　亀の甲と玉。貴重なものをいう。
亀珠（きじゅ）　亀と水中に産する玉。
鼈珠（べっしゅ）　スッポンの足にあるとする珠。またスッポンの口から吐く珠。
鼈甲（べっこう）　①張形《はりがた》の異称。張形とは説明するまでもなかろうが淫具。近世、最高級品は鼈甲で作られていたからこの名がある。江戸両国薬研堀の四ツ目屋の看板商品だった。②焼豆腐の異称。瑇瑁の甲の装飾品の斑点が焼けこげに似ているところからいう。③薩摩芋を油であげた食品が色が似ているからいう。④寒天や煮こごりの異称。また握りずしにのせるカツオの切身。⑤セルロイド。
鼈甲色　べっこうのような黒みを帯びた黄色や透明な黄褐色など。
鼈甲飴（べっこうあめ）　ザラメ糖の赤みがかったのを加熱して溶かし固めたべっこう色の飴菓子。
鼈甲漬　糠味噌漬の茄子《なす》などの漬物。
鼈甲芋貝（べっこういもがい）　海産巻貝。鼈甲貝ともいう。
鼈甲草　薬草植物いちやくそうの異名。
鼈甲蠅（べっこうばえ）　べっこう色をした昆虫のハエ。ベッコウバチという蜂もいる。
鼈甲紙（べっこうがみ）　紙に蠟《ろう》を引き漆などでべっこうのような斑紋を浮き出させたもの。タバコ入れなどに用いた。神宮農業館の資料にも明治時代の京都伏見産で寒天を紙のごとくのばし斑紋を附した鼈甲紙、一名寒天紙があった。

がめあがり　鹿児島県甑《こしき》島の方言で野合のこと。亀が夜に産卵のために浜に上がるのを連想していったのだろう。

鼈裾（べっきょ）　スッポンの甲の四周の柔らかな肉。最も美味で強壮になると『周礼』や『考工記』にある。

鼈咳（べつがい）　スッポンの咳。言語が分明でないこと。

鼈戴（ごうたい）　大海亀が五仙山を背負うこと。転じてありがたくおしいただく感戴の意に用う。

鼈瘕（べっか）　スッポンの腹の中にいる虫。そんなものよくまあ知っていたものだ。

亀勝（きしょう）　占って勝利の兆を得ること。

鼇山　中国神話での神仙の世界。大きな海亀が戴いている海中の山。中国でこれを形作り行事に曳くのが『乾淳歳時記』などに見えるが、日本でも祭典の山車《だし》に神仙の遊ぶ景としてまねられた。亀の上の山（蓬萊山の異名）。

鼈人（べつじん）　周の役人の名。カメ、スッポン、貝などを取り祭りに供える職と『周礼』にでてくる。

鼈抃（ごうべん）　スッポンが手を打つ。喜んで手をたたくこと。

鼈星（べっせい）　星の名。

鼈蛋　ピータン。亀の卵、スッポンの卵。

鼈廝踼（べっしゃく）　スッポンの蹴り合い、できっこない無理なことのたとえ。

鼈縮頭（べっしゅくとう）　スッポンが頭をちぢめること、かくして出さないこと。

長沙の鼈　貢物のこと（『逸周書王会解』）。

鼈亀（べっき）　スッポンとカメ。

鼈羹（べっかん）　江戸時代の食品の一種。すった山芋に小豆のこし餡、小麦粉をねり合わせて蒸しべっこう形に切ったもの。

すっぽん　歌舞伎の大道具の一種で舞台設備のせり出しの内、花道にある切穴をいう。奈落から役者を花道へ静止状態のまませり上がらせる装置。亡霊や忍者が出てくるのに用いる。名称は首から出る形が泥亀を連想させるからとも。板がスッポンと音をたてて落ちるからともいう。

すっぽん亀　スッポンの方言。

鼈茸（すっぽんたけ）　キノコの一種。

鼈突（すっぽんつき）　スッポンを突き刺して捕らえること、またその道具。それを業とする人。

鼈鏡（すっぽんのかがみ）　植物アカザの異名。

鼈煮（すっぽんに）　スッポンを煮た日本料理。またはナマズやアカエイなど他の魚をぶつ切りしてたっぷりの酒とミリン、醬油、砂糖で味濃く煮て、しょうが汁を落とした煮物で、スッポンの味をしのばせるもの。鼈擬き（すっぽんもどき）ともいう。

鼈擬き（すっぽんもどき）　スッポンモドキ科の淡水カメで、ニューギニア南部のフライ川流域とオーストラリア北部に分布する一属一種。カメとスッポンの中間的特徴をもつ。鳥羽水族館でも飼育している。

僂句（ろうく）　亀の名。宝亀を産する地名（『左氏』）。

昭兆（しょうちょう）　宝亀のこと。亀甲を灼いて兆を出すに兆文が分明であるから名づける。

平福君（へいふくくん）　亀のこと（『事物異名録』）。

平福公　平福君に同じ。唐の故宮の池中に棲んでいた亀の背にあった刻字から。

⿱央黽（あう・やう）　亀の一種。

黽（べい・めい）　亀の一種。

鼂（てう・でう）　海亀。このカメは朝に鳴くとして朝の意にもされる。

黿（げん・ぐわん）　アオウミガメ。正覚坊。

黿鼉為梁　アオウミガメとワニとを河に並べて橋とする。東南アジアの神話伝説。

黿鼎　アオウミガメを煮たカナエ。飲食の細事で乱をする喩に用いる。春秋の時代に鄭の公子宋が自分の食指（ひとさし指）がピクリと動くのを見て美味なものが食べられる前兆だといった故事から「食指が動く」ということわざができた。そのごちそうがアオウミガメの羊羹（にこごり）だったというわけ。

鼇（ごう）　おおすっぽん、おおうみがめ、想像上の大亀。海中で背に三仙山や五仙山を負う（中

亀卜の兆が出ないことを示す篆文のショウ

国の神話、一五頁参照）。

鼇頭（ごうとう）　大海亀の頭。官吏登用試験に第一等で及第した者。書物の本文の上に書き入れた注解や頭注のこと。

鼈飲（べついん）　スッポンのような格好で飲むこと。寝ながら毛布などかぶり中から頭を出して飲食し、飲んだら再び頭をひっこめる横着者。私はよくやっています。

大署（大腰）　カメやスッポンのこと。『捜神記』や『列子』に「大腰は雄なしとあり、玄武の雌のカメに通じる」という。

金介（きんかい）・玄介卿（げんかいけい）・地甲（ちこう）・時君（じくん）・玄夫（げんぶ）・いずれも亀をいう（『庶物異名疏』『事物異名録』）。

龟　亀の簡化字。

䶂（せん・ねん）　亀の甲の端の部分。また毛爪のある亀。

⿱亀灬（しょう）　占いに用いた亀の甲が火で焦げても兆《うら》が現われない、つまり失敗したことを示す漢字。こんな字まで存在するのだから、さすが中国は文字の国だ。

世界の亀・日本の亀

ウミガメ

現生の世界の海亀は七種類。これを分類すると左記の通り。

和名	学名	英名
ウミガメ科		
CHELONIIDAE		
アオウミガメ	*Chelonia mydas*	Green turtle
ヒラタアオウミガメ	*Chelonia depressa*	Flatback
タイマイ	*Eretmochelys imbricate*	Hawksbill
アカウミガメ	*Caretta caretta*	Loggerhead
ヒメウミガメ	*Lepidochelys olivacea*	Pacific Ridley
ケンプヒメウミガメ	*Lepidochelys kempii*	Kemps Ridley
オサガメ科		
DERMOCHELIDAE		
オサガメ	*Dermochelys coriacea*	Leatherback

このうちケンプヒメウミガメは大西洋産で、ヒラタアオウミガメはオーストラリア北部海のみにすみ、日本近海に回遊するのはこれを除く五種で、そのうちアカウミガメ、アオウミガメ、タイマイの三種が沿岸に産卵し繁殖地とする。

アオウミガメ　世界の熱帯から亜熱帯海域に分布し、最大甲長は一・二〜一・四メートル。産卵地は鹿児島県屋久島あたりが北限。主として植物食。肉は美味。欧米人はこのスープを珍重し、大西洋で過度の漁獲がなされ生息数が激減している。日本では明治四十三年から小笠原諸島の父島で人工孵化と放流事業をはじめ、三十年間で四万匹以上を放流したが、太平洋戦争と戦後の米国統治で中断、日本返還後の昭和四十八年からまた東京都が小笠原水産センターで孵化養殖をして成果を上げている。

アカウミガメ　世界の亜熱帯から温帯海域に生息し、ウミガメ類では最も分布が広い。でも北太平洋での産卵地は日本に限られているから、日本で繁殖ができなければ浦島太郎以来のゆかり深いアカウミガメは消えてしまうことを忘れてはならない。

産卵地は本州、四国、九州の沿岸で、北は福島、石川県にまで達する。甲長は一・一メートルくらい。餌はクラゲや魚、海草など雑食。肉は臭いがありあまり食べない。甲も粗雑で「和鼈甲」と称して代用されるが細工に向かないから商業的価値は低い。

日本各地でウミガメが産卵するといえばほとんどこのアカウミガメ。産卵の時期は五月中旬から八月中旬まで、ピークは六、七月で外洋に面した砂浜。内湾にはほとんどしない。

主要産卵地は、屋久島の永田地区の前浜と田舎浜。鹿児島県吹上浜、宮崎海岸、徳島県日和佐の大浜海岸、蒲生田海岸、和歌山県南部の千里海岸、愛知県渥美半島から静岡県御前崎の遠州灘海岸や南西諸島の砂浜。

私の住む三重県では、津市白塚海岸、明和町北藤原、大淀、伊勢市大湊、鳥羽市国崎町老ノ浜、志摩市和具、布施田、広ノ浜、大島、小島、黒ノ浜、浜島町塩鹿浜、南張海岸、南勢町田曽白浜、御浜町、紀宝町井田海岸などが知られている。

夜十時頃から翌朝三時くらいまでの間に、砂浜にくっきり足跡をつけて上陸し、砂浜に五〇〜六〇センチの穴を掘り、一回に一〇〇から一五〇個の直径四センチ重さ四〇グラムほどのピンポン玉のような弾力のあるやわらかい卵を産み、シーズン中に三回ほど産みに来る。

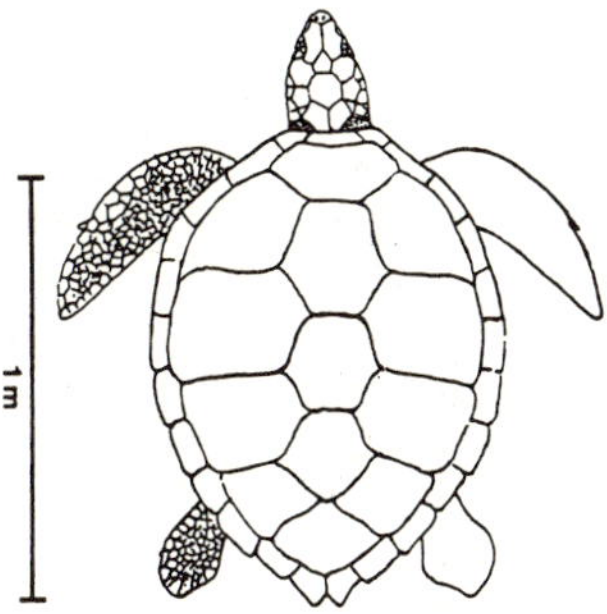

アオウミガメ

産卵を始めると人が近付いても産み続けるが、産卵場所を定めるまでは警戒心が強く、たとえ上陸しても物音やライトの光など不審を感ずれば戻ってしまう。

昔から産卵地の人々は、卵を産む位置で気象を予報していた。渚に近い場所に産めばその年は台風が来なく、奥の方へ産むと大きな台風が来ると伝承され、舟を卵の位置より上に移動させ台風に流されるのを守るという智恵があった。

砂の地熱で卵は約二カ月で一斉に孵化し、四センチから六センチ体重二〇グラムほどの子亀が夜間に集団で地上へ出て、一目散に波打ち際に向かう。そこには天敵がいっぱいいる。成体まで成

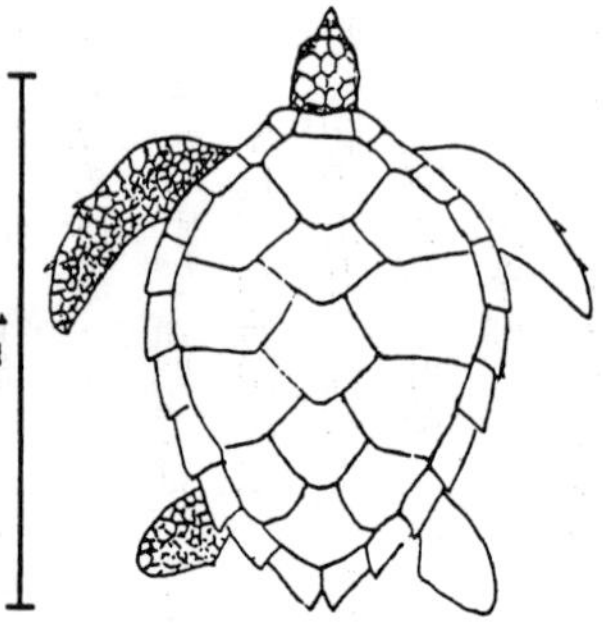

タイマイ

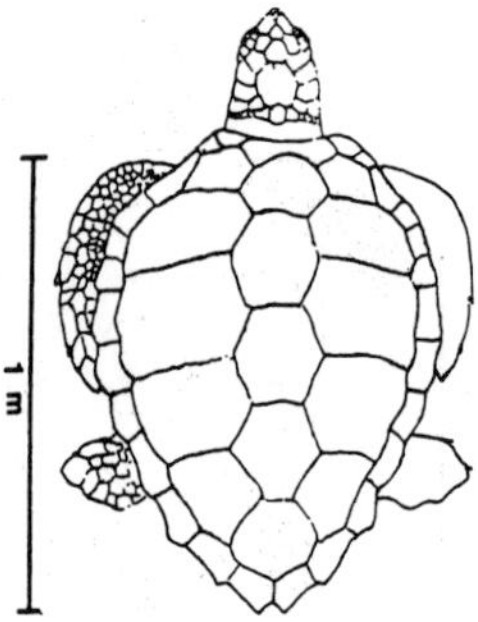

アカウミガメ

長できるのはごくわずか。五〇〇〇匹に一匹くらいとか。

アカウミガメの屋内での人工繁殖の世界最初は名古屋港水族館。ここには海亀専門研究家の内田至館長がおられる。

屋内施設で世界最初に産卵・孵化に成功したのは一九九五年七月。以来毎年定着させて約四センチの子亀を一カ月ほど水槽で飼育してから、愛知県赤羽根町の浜から太平洋へ放流している。

ウミガメたちの寿命は一〇〇年を越えると推定され、繁殖が可能になるのは二五〜三五年とみられるものの、まだ生態は解明されていない。やがて研究が進み、アカウミガメばかりでなく、タイマイなども人工施設で産卵・孵化ができれば希少動物保護につながると夢は広がってくる。

タイマイ　世界の熱帯から亜熱帯に分布。本州南岸や日本海側にも稀に出現するが、分布の中心は南西諸島以南。

甲長は最大で一メートル、普通は五〇センチくらい、背甲は一三枚のブロックからなり、美しく、べっこう細工や剝製品に昔から珍重。肉は中毒するといわれてあまり食用にはしない。英名ではワシのくちばし、口先がピンセットのように強く曲がって鋭いからだ。世界的に乱獲され資源の減少がいちじるしい。

オサガメ　太平洋と大西洋の熱帯域に分布。北海道で捕獲された記録もあるが外洋性で、日本に産卵上陸地はない。

ウミガメの中で最大種、甲長は二メートル、体重は七〇〇〜八〇〇キロに達し、背甲は角質鱗板を欠き、甲は薄い皮膚でおおわれ、外国では皮製品に利用されることもある。

これまで確認されているオサガメの最大記録は、一九八八年九月に英国ウェールズ、ハーレフの岸辺に打ち上げられた全長二・九一メートル、体重九六一キロという。この先祖には北米の白亜紀の地層から発見されたアルケロンで、全長三・五メートル。この化石の復元レプリカが名古屋港水族館にあり、その大きさに驚かされる。

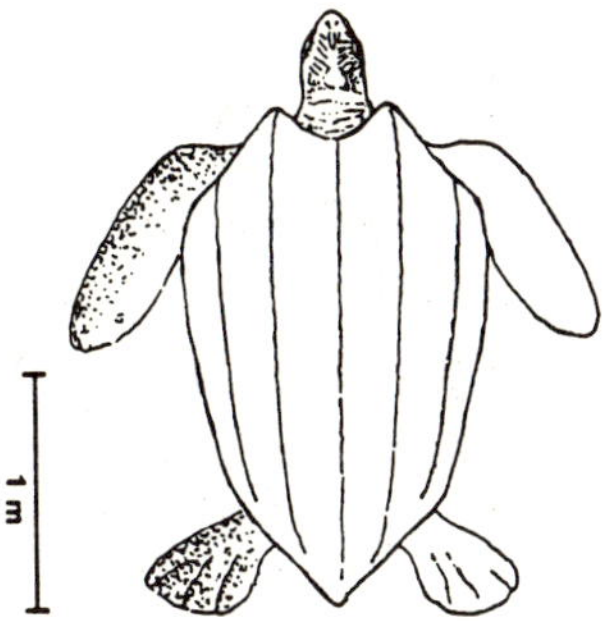

オサガメ

ヒメウミガメ　世界の熱帯から亜熱帯に分布。背甲の長さと幅の差が少なく円形に近い特徴をもつ。日本の沿岸にも回遊するが産卵上陸は確認されていない。

リクガメ

現生の世界の陸亀は約二七〇種、亜種を合めると四〇〇種にもなる。

それを大きく二つのタイプに分けると、

①曲頸亜目——首を甲羅に水平に折り曲げて収められるグループでヨコクビガメ科とヘビクビガメ科の約七〇種類。だが日本にはいない。

②潜頸亜目——現生の大半はこれで、首を甲羅の中にひっこめられる。しかし頭が大きすぎて入りきらないオオアタマガメ科や歯はないものの嚙まれると危険なカミツキガメ科のワニガメや、背に放射状の美しい模様があり世界一美しい亀といわれるホウシャガメやホシガメ、名前がかわいいパンケーキガメ、恐竜を思わせるような巨体で草食のガラパゴスゾウガメのことなど、さまざまな種類の話は最近たくさん図鑑や手ごろな『カメのすべて——世界のカメ一二四種と上手なカメの飼い方』（高橋泉・成美堂出版）や『ザ・リクガメ——飼育のすべてがわかる本』（塩谷亮、誠文堂新光社）、『カメ　たのしい飼い方・育て方』（江良達雄、新星出版社）といった良書が出版されているから、それらを見ていただきたい。

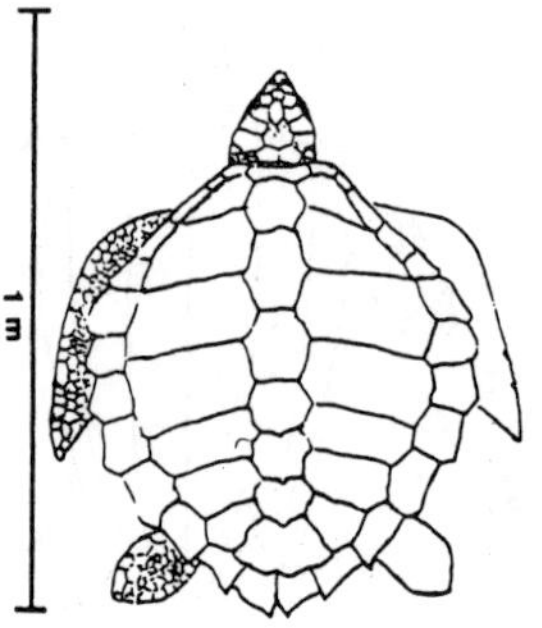

ヒメウミガメ

日本の河川池沼などにいる亀は七種。

イシガメ（ニホンイシガメ）　学名 *Mauremys japonica*　英名 Japanese pond turtle

日本固有種。全国に分布するが北海道や沖縄にはいなく、東北地方には少ない。甲長一三〜二〇センチ、背甲の中央に一本の隆条（キール）があり、甲羅は茶色っぽく後縁がギザギザになるのが特徴。山地の渓流や平地の池や沼などきれいな水を好み、繊細な性質。古文献や古画など江戸時代以前の亀のほとんどはこの種にあてはまる日本代表のカメ。昔、ゼニガメと売られていたのもこの子が主であった。

クサガメ（臭亀） 学名 *Chinemys reevesii* 英名 reeves turtle
公園や社寺の池に普通に見られるカメ。甲長一〇～二五センチ、甲羅は黒っぽく背甲に三条のキールがあり、周縁は滑らかなのがイシガメとの区別。名の由来は自衛のために足の付け根から悪臭を出すから。この種類は中国、朝鮮半島、台湾にも分布。イシガメより水質汚染などにやや強く、次第にイシガメより増えて、日本の二大勢力となった。
山口県萩市の日本海中の離れ島、見島《みしま》の八丁八反《はっちょうはったん》という所には、どういうわけか万を数えるクサガメが群棲しており、国の天然記念物に指定されている。

スッポン スッポン科は世界に七属二五種ほどいて、日本のスッポン *Trionyx sinensis japonicus* はシナスッポンの亜種。北海道を除くほぼ全国にすみ、特に南西方面の底が砂や泥の川や沼にいる。ひどく臆病で人を見ると隠れてしまう。

セマルハコガメ 学名 *Cuora flavomarginata* 英名 yellow-margined box turtle
八重山諸島の石垣島と西表島の森林の倒木や岩や落葉の下にすみ天然記念物。背甲が丸く腹甲に蝶番があり折れ曲がりフタを閉じて完全防備できる。甲長一〇～一八センチ。中国南部や台湾にもいて食用とされている。

リュウキュウヤマガメ 学名 *Geoemyda japonica* 英名 okinawa black-breasted leaf turtle

沖縄の山原《やんばる》地方、渡嘉敷島、久米島の山地にすみ一九九二年に独立した種として天然記念物。甲長一六センチ。甲羅は褐色で角ばり後がギザギザになっている。

ミナミイシガメ（ヤエヤマイシガメ）　学名 *Mauremys mutica*　英名 yellow pond turtle

八重山諸島の固有亜種で台湾、ベトナム、中国南部にもいる。夜行性。甲長一五～二〇センチ。甲羅は淡い褐色で滑らか。腹甲の外側に黒褐色の斑紋があるのでイシガメと区別できる。なお京都北部にもいるのは昔、誰かが持ってきたのが繁殖したのだろうといわれている。

日本の在来のカメは以上の六種だが、近年困ったことに外来のカメが侵入して猛烈な繁殖をしている。

財団法人日本自然保護協会（NACS―J）が二〇〇三年七月一日から八月三十一日に全国の一〇〇〇名以上が参加して「全国一斉カメさがし観察会」を実施したところ、なんと圧倒的多数だったのはミシシッピーアカミミガメで全体の六割を占めていた。

ミシシッピーアカミミガメ　学名 *Trachemys scripta elegans*　英名 red-eared slider

北米ミシシッピー川下流域、メキシコ北部に生息し、日本には一九五〇年代後半から三センチほどの子亀をペットのミドリガメとして輸入され始め、さらに昭和四十年頃にチョコレート菓子の景品にミドリガメを使った企業があり、子供たちの人気を呼び、以後毎年ずっと五〇万匹も輸入されつづけ、家庭で飼育していたのが七、八年すると二〇センチに成長するからもて余し捨てたのが大繁殖した。

この種は他の日本産よりひと回り大きくなり環境汚染にも寒さにも強く、他のカメに攻撃的で繁殖力が旺盛、クサガメと交雑もはじまり今やカメの世界に大異変を起こしている。

今回の調査報告では公園の池はもちろん自然の沼地にも普通に見られ、発見したカメ合計五九六六匹のうち、目の横が赤い外来種が三七〇八匹と、クサガメの一二五七匹、ニホンイシガメの五九〇匹を大きく離して六二パーセントと日本で最も目につくカメとなってしまった。なおカミツキガメも二〇匹以上いた。これも一〇年ほど前なら珍種の恐ろしいカメがいたと新聞に大きく出たであろうに、今やペット流通の結果、野生化して在来種の生活維持をおびやかしている。

あとがき——亀と自然保護

やっとここまでたどり着いた。途中で昼寝も冬眠もした。でも小山のふもとで待ってくれる人がきっといると信じてゴールをめざして歩を進めた。

生きている亀を扱わずに亀の本を書くなんて無謀と言われようが、水族館の知人や専門の先生と分担してまとめようと何度も思いつつ、海亀、陸亀とそれぞれの専門がおありだし、亀は分野が広い。とても亀のすべてを思うがままに書き尽くすなんてそれこそ無謀。えい、ままよと首を出したり、すくめたり。

これで私の『ものと人間の文化史』はおかげさまで、鮫・鮑・枕・杖・亀と五冊になった。亀は早くから準備をしていたが、なにしろ歩みがのろい。そろり、のそりと進めながら、楽しみながら、今度もたくさんの方々に学恩をいただきお世話になった。とりわけ海亀上陸産卵地で保護活動をされている方々から多くのデータをいただいた。

日本で産まれたアカウミガメの子や若い亀たちは日本近海では姿を見せず、どこで成長してまた戻るのか、これまではほとんど謎であった。最近外国の研究者と共同で人工衛星で受信できる電波発信装置を甲羅に付けて放流したり、DNAの解析などを用いて太平洋を大回遊していることがわかってきた。また最近の研究では、温度の差が誕生するウミガメの性別に影響することがわかった。

卵の周囲の砂の中の温度が高いと雌が産まれるのである。米国のデューク大学などの研究グループは米南部海岸で八五パーセントが雌だったという。地球の温暖化傾向だろうか。これからこうした興味深い研究がまだまだ進むであろう。

いま亀は国際的な保護が叫ばれる中で、各地に「ウミガメ保護条例」などが制定され、日本ウミガメ協議会代表の亀崎直樹博士をはじめ各地域の保護監視員やボランティア団体、小中学生も参加して砂浜清掃や保護活動を盛んになされているのはうれしいことである。

私のこの本では亀の生態や自然保護問題まではとても手が出なかったが、素人の私の目で見ても自然がどんどん荒廃しているのがわかる。

子供の頃に海水浴へ行った砂浜にもコンクリートで固められた堤防ができ、消波ブロックが積み置かれ、海が埋められ、松原もなくなって砂浜を守る植物も失われている。河川のダム建設や護岸工事で流れてくる土砂は減少し砂浜はやせ細り、海岸は整備され照明ができ、暗くて静かで奥行きのある自然の浜辺は消えてしまった。そこへ四輪駆動車が乗り入れられる。タイヤの下には卵もある。轍《わだち》に子亀が入れば海へ帰れなくもなる。

産卵期の夏の夜には海辺に人が集まりキャンプの騒音が聞こえる。花火も揚がる。車のライトが流れる。そして海には餌と間違えるポリ袋やビニール類、プラスチックごみが浮く。犬や狸に襲われる。

さらに定置網、延縄、流し網、底引き網で混獲される。海洋汚染も深刻である。

たしかに海亀は減少しているだろうが、過去のしっかりしたデータがないからどれほど減少したかは明確でない。各地での産卵調査の記録をたくさんいただいてきたが、使い切れなくて申し訳なく思う。とにかく海亀が生息しやすい海洋を保つことが、人類にとってもまた生存しやすい環境をつくることである。

亀の文化史は亀だけではなく、自然と人間の共存を考えることなのだ。

一区切りしたので久しぶりに水族館へ出かけてみた。

人間をはじめあらゆる動物がせわしなく動き回っている中で、大水槽にはタイマイとアオウミガメが悠々と泳いでいた。岩の上ではスッポンモドキが時々うっすらと目を開くのみですこしも動かず、逆境に耐えてどっしりと時の流れに対峙し、何か深い考えをしている哲人の顔をしていた。

小さな水槽には密輸され税関で没収されて、預けられている美しいホシガメが首をすくめたままで顔を見せない。日本古来の原住種のイシガメはどこにいるのか。

中国大陸を中心とするクサガメと、のさばるミシシッピーアカミミガメの三種の勢力争いは、まさに日本の国の将来を考えさせられると、笑ってすませられぬ文化・文明論へ発展させることもできると複雑な気持ちになる。

最後になってしまったが、長らく待ってくださった出版局の松永辰郎さん、担当いただいた秋田公士さん、皆さんありがとう。また貴重な資料や写真など提供くださった鳥羽水族館の中村幸昭館長と若林郁夫さん、ミキモト真珠博物館長の松月清郎さん、それに激励をしてくださった生き物文化誌学会の秋篠宮文仁殿下や秋道智彌さん。さらに千田稔さんや小笠原定彦さんらにも感謝を申し上げます。そして今回は身近かで応援してくださった五十鈴塾のスタッフのみなさんにもお礼を申します。

平成十七年春

矢野憲一

著者略歴

矢野憲一（やの　けんいち）

1938年三重県伊勢市に生まれる．国学院大学文学部日本史学科卒業．1962年伊勢神宮に奉職．神宮禰宜，神宮司庁文化部長，神宮徴古館農業館館長を経て，現在，特定非営利活動法人「五十鈴塾」塾長．
著書：『魚の民俗』，『魚の文化史』，『鮫』（ものと人間の文化史35），『鮑』（同62），『枕』（同81），『杖』（同88），『伊勢神宮』，『伊勢神宮の衣食住』，『大小暦を読み解く』，その他．
現住所：〒516-0014
　　　　三重県伊勢市楠部町 129-3

ものと人間の文化史　126・亀

2005年6月15日　初版第1刷発行

発行所 財団法人 法政大学出版局

〒102-0073 東京都千代田区九段北 3-2-7
電話03(5214)5540／振替00160-6-95814
印刷／平文社　製本／鈴木製本所

Printed in Japan

ISBN4-588-21261-3 C0320

ものと人間の文化史

★第9回梓会出版文化賞受賞

文化の基礎をなすと同時に人間のつくり上げたもっとも具体的な「かたち」である個々の「もの」について、その根源から問い直し、「もの」とのかかわりにおいて営々と築かれてきたくらしの具体相を通じて歴史を捉え直す

1　須藤利一編

船

海国日本では古来、漁業・水運・交易はもとより、大陸文化も船によって運ばれた。本書は造船技術、航海の模様の推移を中心に、漂流、船霊信仰、伝説の数々を語る。　四六判368頁・'68

2　直良信夫

狩猟

人類の歴史は狩猟から始まった。本書は、わが国の遺跡に出土する獣骨、猟具の実証的考察をおこないながら、狩猟をつうじて発展した人間の知恵と生活の軌跡を辿る。　四六判272頁・'68

3　立川昭二

からくり

〈からくり〉は自動機械であり、驚嘆すべき庶民の技術的創意がこめられている。本書は、日本と西洋のからくりを発掘・復元・遍歴し、埋もれた技術の水脈をさぐる。　四六判410頁・'69

4　久下司

化粧

美を求める人間の心が生みだした化粧―その手法と道具に語らせた人間の欲望と本性、そして社会関係。歴史を遡り、全国を踏査して書かれた比類ない美と醜の文化史。　四六判368頁・'70

5　大河直躬

番匠

番匠はわが国中世の建築工匠。地方・在地を舞台に開花した彼らの造型・装飾・工法等の諸技術、さらに信仰と生活等、職人以前の独自で多彩な工匠的世界を描き出す。　四六判288頁・'71

6　額田巌

結び

〈結び〉の発達は人間の叡知の結晶である。本書はその諸形態および技法を作業・装飾・象徴の三つの系譜に辿り、〈結び〉のすべてを民俗学的・人類学的に考察する。　四六判264頁・'72

7　平島裕正

塩

人類史に貴重な役割を果たしてきた塩をめぐって、発見から伝承・製造技術の発展過程にいたる総体を歴史的に描き出すとともに、その多彩な効用と味覚の秘密を解く。　四六判272頁・'73

8　潮田鉄雄

はきもの

田下駄・かんじき・わらじなど、日本人の生活の礎となってきた伝統的はきものの成り立ちと変遷を、二〇年余の実地調査と細密な観察・描写によって辿る庶民生活史　四六判280頁・'73

9　井上宗和

城

古代城塞・城柵から近世代名の居城として集大成されるまでの日本の城の変遷を辿り、文化の各領野で果たしてきたその役割を再検討。あわせて世界城郭史に位置づける。　四六判310頁・'73

10 室井綽
竹
食生活、建築、民芸、造園、信仰等々にわたって、竹と人間との交流史は驚くほど深く永い。その多岐にわたる発展の過程を個々に辿り、竹の特異な性格を浮彫にする。四六判324頁・'73

11 宮下章
海藻
古来日本人にとって生活必需品とされてきた海藻をめぐって、その採取・加工法の変遷、商品としての流通史および神事・祭事での役割に至るまでを歴史的に考証する。四六判330頁・'74

12 岩井宏實
絵馬
古くは祭礼における神への献馬にはじまり、民間信仰と絵画のみごとな結晶として民衆の手で描かれ祀り伝えられてきた各地の絵馬を豊富な写真と史料によってたどる。四六判302頁・'74

13 吉田光邦
機械
畜力・水力・風力などの自然のエネルギーを利用し、幾多の改良を経て形成された初期の機械の歩みを検証し、日本文化の形成における科学・技術の役割を再検討する。四六判242頁・'74

14 千葉徳爾
狩猟伝承
狩猟には古来、感謝と慰霊の祭祀がともない、人獣交渉の豊かで意味深い歴史があった。狩猟用具、巻物、儀式具、またけものたちの生態を通して語る狩猟文化の世界。四六判346頁・'75

15 田淵実夫
石垣
採石から運搬、加工、石積みに至るまで、石垣の造成をめぐって積み重ねられてきた石工たちの苦闘の足跡を掘り起こし、その独自な技術の形成過程と伝承を集成する。四六判224頁・'75

16 高嶋雄三郎
松
日本人の精神史に深く根をおろした松の伝承に光を当て、食用、薬用等の実用の松、祭祀・観賞用の松、さらに文学・芸能・美術に表現された松のシンボリズムを説く。四六判342頁・'75

17 直良信夫
釣針
人と魚との出会いから現在に至るまで、釣針がたどった一万有余年の変遷を、世界各地の遺跡出土物を通して実証しつつ、漁撈によって生きた人々の生活と文化を探る。四六判278頁・'76

18 吉川金次
鋸
鋸鍛冶の家に生まれ、鋸の研究を生涯の課題とする著者が、出土遺品や文献・絵画により各時代の鋸を復元・実験し、庶民の手仕事にみられる驚くべき合理性を実証する。四六判360頁・'76

19 飯沼二郎／堀尾尚志
農具
鍬と犂の交代・進化の歩みとして発達したわが国農耕文化の発展経過を世界史的視野において再検討しつつ、無名の農具たちによる驚くべき創意のかずかずを記録する。四六判220頁・'76

20 額田巌
包み
結びとともに文化の起源にかかわる〈包み〉の系譜を人類史的視野において捉え、衣・食・住をはじめ社会・経済史、信仰、祭事などにおけるその実際と役割とを描く。四六判354頁・'77

21 阪本祐二
蓮
仏教における蓮の象徴的位置の成立と深化、美術・文芸等に見る人間とのかかわりを歴史的に考察。また大賀蓮はじめ多様な品種とその来歴を紹介しつつその美を語る。四六判306頁・'77

22 小泉袈裟勝
ものさし
ものをつくる人間にとって最も基本的な道具であり、数千年にわたって社会生活を律してきたその変遷を実証的に追求し、歴史の中で果たしてきた役割を浮彫りにする。四六判314頁・'77

23-I 増川宏一
将棋Ⅰ
その起源を古代インドに、我国への伝播の道すじを海のシルクロードに探り、また伝来後一千年におよぶ日本将棋の変化と発展を盤、駒、ルール等にわたって跡づける。四六判280頁・'77

23-II 増川宏一
将棋Ⅱ
わが国伝来後の普及と変遷を貴族や武家・豪商の日記等に博捜し、遊戯者の歴史をあとづけると共に、中国伝来説の誤りを正し、将棋宗家の位置と役割を明らかにする。四六判346頁・'85

24 金井典美
湿原祭祀 第2版
古代日本の自然環境に着目し、各地の湿原聖地を稲作社会との関連において捉え直して古代国家成立の背景を浮彫にしつつ、水と植物にまつわる日本人の宇宙観を探る。四六判410頁・'77

25 三輪茂雄
臼
臼が人類の生活文化の中で果たしてきた役割を、各地に遺る貴重な民俗資料・伝承と実地調査にもとづいて解明。失われゆく道具のなかに、未来の生活文化の姿を探る。四六判412頁・'78

26 盛田嘉徳
河原巻物
中世末期以来の被差別部落民が生きる権利を守るために偽作し護り伝えてきた河原巻物を全国にわたって踏査し、そこに秘められた最底辺の人びとの叫びに耳を傾ける。四六判226頁・'78

27 山田憲太郎
香料 日本のにおい
焼香供養の香から趣味としての薫物へ、さらに沈香木を焚く香道へと変遷した日本の「匂い」の歴史を豊富な史料に基づいて辿り、我国風俗史の知られざる側面を描く。四六判370頁・'78

28 景山春樹
神像 神々の心と形
神仏習合によって変貌しつつも、常にその原型＝自然を保持してきた日本の神々の造型を図像学的方法によって捉え直し、その多彩な形象に日本人の精神構造をさぐる。四六判342頁・'78

29 増川宏一
盤上遊戯
祭具・占具としての発生を『死者の書』をはじめとする古代の文献にさぐり、形状・遊戯法を分類しつつその〈進化〉の過程を考察。〈遊戯者たちの歴史〉をも跡づける。 四六判326頁・'78

30 田淵実夫
筆
筆の里・熊野に筆づくりの現場を訪ねて、筆匠たちの境涯と製筆の由来を克明に記録しつつ、筆の発生と変遷、種類、製筆法、さらには筆塚、筆供養にまで説きおよぶ。 四六判204頁・'78

31 橋本鉄男
ろくろ
日本の山野を漂移しつづけ、高度の技術文化と幾多の伝説とをもたらした特異な旅職集団＝木地屋の生態を、その呼称、地名、伝承、文書等をもとに生き生きと描く。 四六判460頁・'79

32 吉野裕子
蛇
日本古代信仰の根幹をなす蛇巫をめぐって、祭事におけるさまざまな蛇の「もどき」や各種の蛇の造型・伝承に鋭い考証を加え、忘れられたその呪性を大胆に暴き出す。 四六判250頁・'79

33 岡本誠之
鋏（はさみ）
梃子の原理の発見から鋏の誕生に至る過程を推理し、日本鋏の特異な歴史的位置を明らかにするとともに、刀鍛冶等から転進した鋏職人たちの創意と苦闘の跡をたどる。 四六判396頁・'79

34 廣瀬鎮
猿
嫌悪と愛玩、軽蔑と畏敬の交錯する日本人とサルとの関わりあいの歴史を、狩猟伝承や祭祀・風習、美術・工芸や芸能のなかに探り、日本人の動物観を浮彫りにする。 四六判292頁・'79

35 矢野憲一
鮫
神話の時代から今日まで、津々浦々につたわるサメの伝承とサメをめぐる海の民俗を集成し、神饌、食用、薬用等に活用されてきたサメと人間のかかわりの変遷を描く。 四六判292頁・'79

36 小泉袈裟勝
枡
米の経済の枢要をなす器として千年余にわたり日本人の生活の中に生きてきた枡の変遷をたどり、記録・伝承をもとにこの独特な計量器が果たした役割を再検討する。 四六判322頁・'80

37 田中信清
経木
食品の包装材料として近年まで身近に存在した経木の起源を、こけら経や塔婆、木簡、屋根板等に遡って明らかにし、その製造・流通に携った人々の労苦の足跡を辿る。 四六判288頁・'80

38 前田雨城
色 染と色彩
わが国古代の染色技術の復元と文献解読をもとに日本色彩史を体系づけ、赤・白・青・黒等におけるわが国独自の色彩感覚を探りつつ日本文化における色の構造を解明。 四六判320頁・'80

39 吉野裕子
狐 陰陽五行と稲荷信仰
その伝承と文献を渉猟しつつ、中国古代哲学＝陰陽五行の原理の応用という独自の視点から、謎とされてきた稲荷信仰と狐との密接な結びつきを明快に解き明かす。 四六判２３２頁・'80

40-Ⅰ 増川宏一
賭博Ⅰ
時代、地域、階層を超えて連綿と行なわれてきた賭博。——その起源を古代の神判、スポーツ、遊戯等の中に探り、抑圧と許容の歴史を物語る。全Ⅲ分冊の〈総説篇〉。 四六判２９８頁・'80

40-Ⅱ 増川宏一
賭博Ⅱ
古代インド文学の世界からラスベガスまで、賭博の形態・用具・方法の時代的特質を明らかにし、夥しい禁令に賭博の不滅のエネルギーを見る。全Ⅲ分冊の〈外国篇〉。 四六判４５６頁・'82

40-Ⅲ 増川宏一
賭博Ⅲ
聞香、闘茶、笠附等、わが国独特の賭博を中心にその具体例を網羅し、方法の変遷に賭博の時代性を探りつつ禁令の改廃に時代の賭博観を追う。全Ⅲ分冊の〈日本篇〉。 四六判３８８頁・'83

41-Ⅰ むしゃこうじ・みのる
地方仏Ⅰ
古代から中世にかけて全国各地で作られた無銘の仏像を訪ね、素朴で多様なノミの跡に民衆の祈りと地域の願望を探る。宗教の伝播、文化の創造を考える異色の紀行。 四六判２５６頁・'80

41-Ⅱ むしゃこうじ・みのる
地方仏Ⅱ
紀州や飛騨を中心に草の根の仏たちを訪ねて、その相好と像容の魅力を探り、技法を比較考証して仏像彫刻史に位置づけつつ、中世地域社会の形成と信仰の実態に迫る。 四六判２６０頁・'97

42 岡田芳朗
南部絵暦
田山・盛岡地方で「盲暦」として古くから親しまれてきた独得の絵解き暦を詳しく紹介しつつその全体像を復元する。その無類の生活暦は、南部農民の哀歓をつたえる。 四六判２８８頁・'80

43 青葉高
野菜 在来品種の系譜
蕪、大根、茄子等の日本在来野菜をめぐって、その渡来・伝播経路、品種分布と栽培のいきさつを各地の伝承や古記録をもとに辿り、畑作文化の源流とその風土を描く。 四六判３６８頁・'81

44 中沢厚
つぶて
弥生投弾、古代・中世の石戦と印地の様相、投石具の発達を展望しつつ、願かけの小石、正月つぶて、石こづみ等の習俗を辿り、石塊に託した民衆の願いや怒りを探る。 四六判３３８頁・'81

45 山田幸一
壁
弥生時代から明治期に至るわが国の壁の変遷を壁塗＝左官工事の側面から辿り直し、その技術的復元・考証を通じて建築史・文化史における壁の役割を浮き彫りにする。 四六判２９６頁・'81

46 小泉和子
箪笥（たんす）
★第II回江馬賞受賞

近世における箪笥の出現＝箱から抽斗への転換に着目し、以降近現代に至るその変遷を社会・経済・技術の側面からあとづける。著者自身による箪笥製作の記録を付す。四六判378頁・'82

47 松山利夫
木の実

山村の重要な食糧資源であった木の実をめぐる各地の記録・伝承を集成し、その採集・加工における幾多の試みを実地に検証しつつ、稲作農耕以前の食生活文化を復元。四六判384頁・'82

48 小泉袈裟勝
秤（はかり）

秤の起源を東西に探るとともに、わが国律令制下における中国制度の導入、近世商品経済の発展に伴う秤座の出現、明治期近代化政策による洋式秤受容等の経緯を描く。四六判326頁・'82

49 山口健児
鶏（にわとり）

神話・伝説をはじめ遠い歴史の中の鶏を古今東西の伝承・文献に探り、特に我国の信仰・絵画・文学等に遺された鶏の足跡を追って、鶏をめぐる民俗の記憶を蘇らせる。四六判346頁・'83

50 深津正
燈用植物

人類が燈火を得るために用いてきた多種多様な植物との出会いと個個の植物の来歴、特性及びはたらきを詳しく検証しつつ「あかり」の原点を問いなおす異色の植物誌。四六判442頁・'83

51 吉川金次
斧・鑿・鉋（おの・のみ・かんな）

古墳出土品や文献・絵画をもとに、古代から現代までの斧・鑿・鉋を復元・実験し、労働体験によって生まれた民衆の知恵と道具の変遷を蘇らせる異色の日本木工具史。四六判304頁・'84

52 額田巌
垣根

大和・山辺の道に神々と垣との関わりを探り、各地に垣の伝承を訪ねて、寺院の垣、民家の垣、露地の垣など、風土と生活に培われた生垣の独特のはたらきと美を描く。四六判234頁・'84

53-I 四手井綱英
森林I

森林生態学の立場から、森林のなりたちとその生活史を辿りつつ、産業の発展と消費社会の拡大により刻々と変貌する森林の現状を語り、未来への再生のみちをさぐる。四六判306頁・'85

53-II 四手井綱英
森林II

森林と人間との多様なかかわりを包括的に語り、人と自然が共生するための森や里山をいかにして創出するか、森林再生への具体的な方策を提示する21世紀への提言。四六判308頁・'98

53-III 四手井綱英
森林III

地球規模で進行しつつある森林破壊の現状を実地に踏査し、森と人が共存する日本人の伝統的自然観を未来へ伝えるために、いま何が必要なのかを具体的に提言する。四六判304頁・'00

54 酒向昇
海老（えび）
人類との出会いからエビの科学、漁法、さらには調理法を語り、めでたい姿態と色彩にまつわる多彩なエビの民俗を、地名や人名、詩歌・文学、絵画や芸能の中に探る。四六判428頁 '85

55-I 宮崎清
藁（わら）I
稲作農耕とともに二千年余の歴史をもち、日本人の全生活領域に生きてきた藁の文化を日本文化の原型として捉え、風土に根ざしたそのゆたかな遺産を詳細に検討する。四六判400頁 '85

55-II 宮崎清
藁（わら）II
床・畳から壁・屋根にいたる住居における藁の製作・使用のメカニズムを明らかにし、日本人の生活空間における藁の役割を見なおすとともに、藁の文化の復権を説く。四六判400頁 '85

56 松井魁
鮎
清楚な姿態と独特な味覚によって、日本人の目と舌を魅了しつづけてきたアユ——その形態と分布、生態、漁法等を詳述し、古今のアユ料理や文芸にみるアユにおよぶ。四六判296頁 '86

57 額田巌
ひも
物と物、人と物とを結びつける不思議な力を秘めた「ひも」の謎を追って、民俗学的視点から多角的なアプローチを試みる。『結び』、『包み』につづく三部作の完結篇。四六判250頁 '86

58 北垣聰一郎
石垣普請
近世石垣の技術者集団「穴太」の足跡を辿り、各地城郭の石垣遺構の実地調査と資料・文献をもとに石垣普請の歴史的系譜を復元しつつ石工たちの技術伝承を集成する。四六判438頁 '87

59 増川宏一
碁
その起源を古代の盤上遊戯に探ると共に、定着以来二千年の歴史を時代の状況や遊び手の社会環境との関わりにおいて跡づける。逸話や伝説を排して綴る初の囲碁全史。四六判366頁 '87

60 南波松太郎
日和山（ひよりやま）
千石船の時代、航海の安全のために観天望気した日和山——多くは忘れられ、あるいは失われた船舶・航海史の貴重な遺跡を追って、全国津々浦々におよんだ調査紀行。四六判382頁 '88

61 三輪茂雄
篩（ふるい）
臼とともに人類の生産活動に不可欠な道具であった篩、箕(み)、笊(ざる)の多彩な変遷を豊富な図解入りでたどり、現代技術の先端に再生するまでの歩みをえがく。四六判334頁 '89

62 矢野憲一
鮑（あわび）
縄文時代以来、貝肉の美味と貝殻の美しさによって日本人を魅了し続けてきたアワビ——その生態と養殖、神饌としての歴史、漁法、螺鈿の技法からアワビ料理に及ぶ。四六判344頁 '89

63 むしゃこうじ・みのる

絵師

日本古代の渡来画工から江戸前期の菱川師宣まで、時代の代表的絵師の列伝で辿る絵画制作の文化史。前近代社会における絵画の意味や芸術創造の社会的条件を考える。四六判２３０頁・'90

64 碓井益雄

蛙（かえる）

動物学の立場からその特異な生態を描き出すとともに、和漢洋の文献資料を駆使して故事・習俗・神事・民話・文芸・美術工芸にわたる蛙の多彩な活躍ぶりを活写する。四六判３８２頁・'89

65-I 竹内淳子

藍（あい）I 風土が生んだ色

全国各地の〈藍の里〉を訪ねて、藍栽培から染色・加工のすべてにわたり、藍とともに生きた人々の伝承を克明に描き、風土と人間が生んだ〈日本の色〉の秘密を探る。四六判４１６頁・'91

65-II 竹内淳子

藍（あい）II 暮らしが育てた色

日本の風土に生まれ、伝統に育てられた藍が、今なお暮らしの中で生き生きと活躍しているさまを、手わざに生きる人々との出会いを通じて描く。藍の里紀行の続篇。四六判４０６頁・'99

66 小山田了三

橋

丸木橋・舟橋・吊橋から板橋・アーチ型石橋まで、人々に親しまれてきた各地の橋を訪ねて、その来歴と築橋の技術伝承を辿り、土木文化の伝播・交流の足跡をえがく。四六判３１２頁・'91

67 宮内悊　★平成三年度日本技術史学会賞受賞

箱

日本の伝統的な箱（櫃）と西欧のチェストを比較文化史の視点から考察し、居住・収納・運搬・装飾の各分野における箱の重要な役割とその多彩な文化を浮彫りにする。四六判３９０頁・'91

68-I 伊藤智夫

絹I

養蚕の起源を神話や説話に探り、伝来の時期とルートを跡づけ、記紀・万葉の時代から近世に至るまで、それぞれの時代・社会・階層が生み出した絹の文化を描き出す。四六判３０４頁・'92

68-II 伊藤智夫

絹II

生糸と絹織物の生産と輸出が、わが国の近代化にはたした役割を描くと共に、養蚕の道具、信仰や庶民生活にわたる養蚕と絹の民俗、さらには蚕の種類と生態におよぶ。四六判２９４頁・'92

69 鈴木克美

鯛（たい）

古来「魚の王」とされてきた鯛をめぐって、その生態・味覚から漁法、祭り、工芸、文芸にわたる多彩な伝承文化を語りつつ、鯛と日本人とのかかわりの原点をさぐる。四六判４１８頁・'92

70 増川宏一

さいころ

古代神話の世界から近現代の博徒の動向まで、さいころの役割を各時代・社会に位置づけ、木の実や貝殻のさいころから投げ棒型や立方体のさいころへの変遷をたどる。四六判３７４頁・２９００円 '92

71 樋口清之
木炭
炭の起源から炭焼、流通、経済、文化にわたる木炭の歩みを歴史・考古・民俗の知見を総合して描き出し、独自で多彩な文化を育んできた木炭の尽きせぬ魅力を語る。 四六判296頁・'93

72 朝岡康二
鍋・釜（なべ・かま）
日本をはじめ韓国、中国、インドネシアなど東アジアの各地を歩きながら鍋・釜の製作と使用の現場に立ち会い、調理をめぐる庶民生活の変遷とその交流の足跡を探る。 四六判326頁・'93

73 田辺悟
海女（あま）
その漁の実際と社会組織、風習、信仰、民具などを克明に描くとともに海女の起源・分布・交流を探り、わが国漁撈文化の古層としての海女の生活と文化をあとづける。 四六判294頁・'93

74 刀禰勇太郎
蛸（たこ）
蛸をめぐる信仰や多彩な民間伝承を紹介するとともに、その生態・分布・捕獲法・繁殖と保護・調理法などを集成し、日本人と蛸との知られざるかかわりの歴史を探る。 四六判370頁・'94

75 岩井宏實
曲物（まげもの）
桶・樽出現以前から伝承され、古来最も簡便・重宝な木製容器として愛用された曲物の加工技術と機能・利用形態の変遷をさぐり、手づくりの「木の文化」を見なおす。 四六判318頁・'94

76-I 石井謙治
和船 I
★第49回毎日出版文化賞受賞
江戸時代の海運を担った千石船（弁才船）について、その構造と技術、帆走性能を綿密に調査し、通説の誤りを正すとともに、海難と信仰、船絵馬等の考察にもおよぶ。 四六判436頁・'95

76-II 石井謙治
和船 II
★第49回毎日出版文化賞受賞
造船史から見た著名な船を紹介し、遣唐使船や遣欧使節船、幕末の洋式船における外国技術の導入について論じつつ、船の名称と船型を海船・川船にわたって解説する。 四六判316頁・'95

77-I 金子功
反射炉 I
日本初の佐賀鍋島藩の反射炉と精練方＝理化学研究所、島津藩の反射炉と集成館＝近代工場群を軸に、日本の産業革命の時代における人と技術を現地に訪ねて発掘する。 四六判244頁・'95

77-II 金子功
反射炉 II
伊豆韮山の反射炉をはじめ、全国各地の反射炉建設にかかわった有名無名の人々の足跡をたどり、開国か攘夷かに揺れる幕末の政治と社会の悲喜劇をも生き生きと描く。 四六判226頁・'95

78-I 竹内淳子
草木布（そうもくふ）I
風土に育まれた布を求めて全国各地を歩き、木綿普及以前に山野の草木を利用して豊かな衣生活文化を築き上げてきた庶民の知られざる知恵のかずかずを実地にさぐる。 四六判282頁・'95

78-II 竹内淳子

草木布（そうもくふ）II

アサ、クズ、シナ、コウゾ、カラムシ、フジなどの草木の繊維から、どのようにして糸を採り、布を織っていたのか——聞書きをもとに忘れられた技術と文化を発掘する。四六判282頁 '95

79-I 増川宏一

すごろくI

古代エジプトのセネト、ヨーロッパのバクギャモン、中近東のナルド、中国の双陸などの系譜に日本の盤雙六を位置づけ、遊戯・賭博としてのその数奇なる運命を辿る。四六判312頁 '95

79-II 増川宏一

すごろくII

ヨーロッパの鵞鳥のゲームから日本中世の浄土双六、近世の華麗な絵双六、さらには近現代の少年誌の附録まで、絵双六の変遷を追って時代の社会・文化を読みとる。四六判390頁 '95

80 安達巖

パン

古代オリエントに起ったパン食文化が中国・朝鮮を経て弥生時代の日本に伝えられたことを史料と伝承をもとに解明し、わが国パン食文化二〇〇〇年の足跡を描き出す。四六判260頁 '96

81 矢野憲一

枕（まくら）

神さまの枕・大嘗祭の枕から枕絵の世界まで、人生の三分の一を共に過す枕をめぐって、その材質の変遷を辿り、伝説と怪談、俗信と民俗、エピソードを興味深く語る。四六判252頁 '96

82-I 石村真一

桶・樽（おけ・たる）I

日本、中国、朝鮮、ヨーロッパにわたる厖大な資料を集成してその豊かな文化の系譜を探り、東西の木工技術史を比較しつつ世界史的視野から桶・樽の文化を描き出す。四六判388頁 '97

82-II 石村真一

桶・樽（おけ・たる）II

多数の調査資料と絵画・民俗資料をもとにその製作技術を復元し、東西の木工技術を比較考証しつつ、技術文化史の視点から桶・樽製作の実態とその変遷を跡づける。四六判372頁 '97

82-III 石村真一

桶・樽（おけ・たる）III

樹木と人間とのかかわり、製作者と消費者とのかかわりを通じて桶樽と生活文化の変遷を考察し、木材資源の有効利用という視点から桶樽の文化史的役割を浮彫にする。四六判352頁 '97

83-I 白井祥平

貝I

世界各地の現地調査と文献資料を駆使して、古来至高の財宝とされてきた宝貝のルーツとその変遷を探り、貝と人間とのかかわりの歴史を「貝貨」の文化史として描く。四六判386頁 '97

83-II 白井祥平

貝II

サザエ、アワビ、イモガイなど古来人類とかかわりの深い貝をめぐって、その生態・分布・地方名、装身具や貝貨としての利用法などを豊富なエピソードを交えて語る。四六判328頁 '97

83-Ⅲ 白井祥平
貝Ⅲ
シンジュガイ、ハマグリ、アカガイ、シャコガイなどをめぐって世界各地の民族誌を渉猟し、それらが人類文化に残した足跡を辿る。参考文献一覧／総索引を付す。 四六判392頁 '97

84 有岡利幸
松茸（まつたけ）
秋の味覚として古来珍重されてきた松茸の由来を求めて、稲作文化と里山（松林）の生態系から説きおこし、日本人の伝統的生活文化の中に松茸流行の秘密をさぐる。 四六判296頁 '97

85 朝岡康二
野鍛冶（のかじ）
鉄製農具の製作・修理・再生を担ってきた農鍛冶の歴史的役割を探り、近代化の大波の中で変貌する職人技術の実態をアジア各地のフィールドワークを通して描き出す。 四六判280頁 '98

86 菅 洋
稲 品種改良の系譜
作物としての稲の誕生、稲の渡来と伝播の経緯から説きおこし、明治以降主として庄内地方の民間育種家の手によって飛躍的発展をとげたわが国品種改良の歩みを描く。 四六判332頁 '98

87 吉武利文
橘（たちばな）
永遠のかぐわしい果実として日本の神話・伝説に特別の位置を占めて語り継がれてきた橘をめぐって、その育まれた風土とかずかずの伝承の中に日本文化の特質を探る。 四六判286頁 '98

88 矢野憲一
杖（つえ）
神の依代としての杖や仏教の錫杖に杖と信仰とのかかわりを探り、人類が突きつつ歩んだその歴史と民俗を興味ぶかく語る。多彩な材質と用途を網羅した杖の博物誌。 四六判314頁 '98

89 渡部忠世／深澤小百合
もち（糯・餅）
モチイネの栽培・育種から食品加工、民俗、儀礼にわたってそのルーツと伝承の足跡をたどり、アジア稲作文化という広範な視野からこの特異な食文化の謎を解明する。 四六判330頁 '98

90 坂井健吉
さつまいも
その栽培の起源と伝播経路を跡づけるとともに、わが国伝来後四百年の経緯を詳細にたどり、世界に冠たる育種と栽培・利用法を築いた人々の知られざる足跡をえがく。 四六判328頁 '99

91 鈴木克美
珊瑚（さんご）
海岸の自然保護に重要な役割を果たす岩石サンゴから宝飾品として知られる宝石サンゴまで、人間生活と深くかかわってきたサンゴの多彩な姿を人類文化史として描く。 四六判370頁 '99

92-Ⅰ 有岡利幸
梅Ⅰ
万葉集、源氏物語、五山文学などの古典や天神信仰に表れた梅の足跡を克明に辿りつつ日本人の精神史に刻印された梅を浮彫にし、梅と日本人の二〇〇〇年史を描く。 四六判274頁 '99

92-II 有岡利幸
梅II
その植生と栽培、伝承、梅の名所や鑑賞法の変遷から戦前の国定教科書に表れた梅まで、梅と日本人との多彩なかかわりを探り、桜との対比において梅の文化史を描く。 四六判338頁・'99

93 福井貞子
木綿口伝（もめんくでん） 第2版
老女たちからの聞書を経糸とし、厖大な遺品・資料を緯糸として、母から娘へと幾代にも伝えられた手づくりの木綿文化を掘り起し、近代の木綿の盛衰を描く。増補版 四六判336頁・'00

94 増川宏一
合せもの
「合せる」には古来、一致させるの他に、競う、闘う、比べる等の意味があった。貝合せや絵合せ等の遊戯・賭博を中心に、広範な人間の営みを「合せる」行為に辿る。 四六判300頁・'00

95 福井貞子
野良着（のらぎ）
明治初期から昭和四〇年までの野良着を収集・分類・整理し、それらの用途と年代、形態、材質、重量、呼称などを精査して、働く庶民の創意にみちた生活史を描く。 四六判292頁・'00

96 山内昶
食具（しょくぐ）
東西の食文化に関する資料を渉猟し、食法の違いを人間の自然に対するかかわり方の違いとして捉えつつ、食具を人間と自然をつなぐ基本的な媒介物として位置づける。 四六判290頁・'00

97 宮下章
鰹節（かつおぶし）
黒潮からの贈り物・カツオの漁法から鰹節の製法や食法、商品としての流通までを歴史的に展望するとともに、沖縄やモルジブ諸島の調査をもとにそのルーツを探る。 四六判382頁・'00

98 出口晶子
丸木舟（まるきぶね）
先史時代から現代の高度文明社会まで、もっとも長期にわたり使われてきた刳り舟に焦点を当て、その技術伝承を辿りつつ、森や水辺の文化の広がりと動態をえがく。 四六判324頁・'01

99 有岡利幸
梅干（うめぼし）
日本人の食生活に不可欠の自然食品・梅干をつくりだした先人たちの知恵に学ぶとともに、健康増進に驚くべき薬効を発揮する、その知られざるパワーの秘密を探る。 四六判300頁・'01

100 森郁夫
瓦（かわら）
仏教文化と共に中国・朝鮮から伝来し、一四〇〇年にわたり日本の建築を飾ってきた瓦をめぐって、発掘資料をもとにその製造技術、形態、文様などの変遷をたどる。 四六判320頁・'01

101 長澤武
植物民俗
衣食住から子供の遊びまで、幾世代にも伝承された植物をめぐる暮らしの知恵を克明に記録し、高度経済成長期以前の農山村の豊かな生活文化を愛惜をこめて描き出す。 四六判348頁・'01

102 向井由紀子／橋本慶子

箸（はし）

そのルーツを中国、朝鮮半島に探るとともに、日本人の食生活に不可欠の食具となり、日本文化のシンボルとされるまでに洗練された箸の文化の変遷を総合的に描く。　四六判３３４頁・'01

103 赤羽正春

採集　ブナ林の恵み

縄文時代から今日に至る採集・狩猟民の暮らしを復元し、動物の生態系と採集生活の関連を明らかにしつつ、民俗学と考古学の両面から山に生かされた人々の姿を描く。　四六判２９８頁・'01

104 秋田裕毅

下駄　神のはきもの

古墳や井戸等から出土する下駄に着目し、下駄が地上と地下の他界を結ぶ聖なるはきものであったという大胆な仮説を提出、日本の神々の忘れられた側面を浮彫にする。　四六判３０４頁・'02

105 福井貞子

絣（かすり）

膨大な絣遺品を収集・分類し、絣産地を実地に調査して絣の技法と文様の変遷を地域別・時代別に跡づけ、明治・大正・昭和の手づくりの染織文化の盛衰を描き出す。　四六判３１０頁・'02

106 田辺悟

網（あみ）

漁網を中心に、網に関する基本資料を網羅して網の変遷と網をめぐる民俗を体系的に描き出し、網の文化を集成する。「網に関する小事典」「網のある博物館」を付す。　四六判３１６頁・'02

107 斎藤慎一郎

蜘蛛（くも）

「土蜘蛛」の呼称で畏怖される一方「クモ合戦」など子供の遊びとしても親しまれてきたクモと人間との長い交渉の歴史をその深層に遡って追究した異色のクモ文化論。　四六判３２０頁・'02

108 むしゃこうじ・みのる

襖（ふすま）

襖の起源と変遷を建築史・絵画史の中に探りつつその用と美を浮彫にし、衝立・障子・屏風等と共に日本建築の空間構成に不可欠の建具となるまでの経緯を描き出す。　四六判２７０頁・'02

109 川島秀一

漁撈伝承（ぎょろうでんしょう）

漁師たちからの聞き書きをもとに、寄り物、船霊、大漁旗など、漁撈にまつわる〈もの〉の伝承を集成し、海の道によって運ばれた習俗や信仰の民俗地図を描き出す。　四六判３３４頁・'03

110 増川宏一

チェス

世界中に数億人の愛好者を持つチェスの起源と文化を、欧米における膨大な研究の蓄積を渉猟しつつ探り、日本への伝来の経緯から美術工芸品としてのチェスにおよぶ。　四六判２９８頁・'03

111 宮下章

海苔（のり）

海苔の歴史は厳しい自然とのたたかいの歴史だった——採取から養殖、加工、流通、消費に至る先人たちの苦難の歩みを史料と実地調査によって浮彫にする食物文化史。　四六判　　頁・'03

112 原田多加司
屋根 檜皮葺と杮葺
屋根葺師一〇代の著者が、自らの体験と職人の本懐を語り、連綿として受け継がれてきた伝統の手わざを体系的にたどりつつ伝統技術の保存と継承の必要性を訴える。 四六判340頁・'03

113 鈴木克美
水族館
初期水族館の歩みを創始者たちの足跡を通して辿りなおし、水族館をめぐる社会の発展と風俗の変遷を描き出すとともにその未来像をさぐる初の〈日本水族館史〉の試み。 四六判290頁・'03

114 朝岡康二
古着（ふるぎ）
仕立てと着方、管理と保存、再生と再利用等にわたり衣生活の変容を近代の日常生活の変化として捉え直し、衣服をめぐるリサイクル文化が形成される経緯を描き出す。 四六判292頁・'03

115 今井敬潤
柿渋（かきしぶ）
染料・塗料をはじめ生活百般の必需品であった柿渋の伝承を記録し、文献資料をもとにその製造技術と利用の実態を明らかにして、忘れられた豊かな生活技術を見直す。 四六判294頁・'03

116-I 武部健一
道I
道の歴史を先史時代から説き起こし、古代律令制国家の要請によって駅路が設けられ、しだいに幹線道路として整えられてゆく経緯を技術史・社会史の両面からえがく。 四六判248頁・'03

116-II 武部健一
道II
中世の鎌倉街道、近世の五街道、近代の開拓道路から現代の高速道路網までを通観し、道路を拓いた人々の手によって今日の交通ネットワークが形成された歴史を語る。 四六判280頁・'03

117 狩野敏次
かまど
日常の煮炊きの道具であるとともに祭りと信仰に重要な位置を占めてきたカマドをめぐる忘れられた伝承を掘り起こし、民俗空間の壮大なコスモロジーを浮彫りにする。 四六判292頁・'04

118-I 有岡利幸
里山I
縄文時代から近世までの里山の変遷を人々の暮らしと植生の変化の両面から跡づけ、その源流を記紀万葉に描かれた里山の景観や大和・三輪山の古記録・伝承等に探る。 四六判276頁・'04

118-II 有岡利幸
里山II
明治の地租改正による山林の混乱、相次ぐ戦争による山野の荒廃、エネルギー革命、高度成長による大規模開発など、近代化の荒波に翻弄される里山の見直しを説く。 四六判274頁・'04

119 菅 洋
有用植物
人間生活に不可欠のものとして利用されてきた身近な植物たちの来歴と栽培・育種・品種改良・伝播の経緯を平易に語り、植物と共に歩んだ文明の足跡を浮彫にする。 四六判324頁・'04

120-I 山下渉登
捕鯨I
世界の海で展開された鯨と人間との格闘の歴史を振り返り,「大航海時代」の副産物として開始された捕鯨業の誕生以来四〇〇年にわたる盛衰の社会的背景をさぐる。 四六判314頁 '04

120-II 山下渉登
捕鯨II
近代捕鯨の登場により鯨資源の激減を招き、捕鯨の規制・管理のための国際条約締結に至る経緯をたどり、グローバルな課題としての自然環境問題を浮き彫りにする。 四六判312頁 '04

121 竹内淳子
紅花（べにばな）
栽培、加工、流通、利用の実際を現地に探訪して紅花とかかわってきた人々からの聞き書きを集成し、忘れられた〈紅花文化〉を復元しつつその豊かな味わいを見直す。 四六判346頁 '04

122-I 山内昶
もののけI
日本の妖怪変化、未開社会の〈マナ〉、西欧の悪魔やデーモンを比較考察し、名づけ得ぬ未知の対象を指す万能のゼロ記号〈もの〉をめぐる人類文化史を跡づける博物誌。 四六判320頁 '04

122-II 山内昶
もののけII
日本の鬼、古代ギリシアのダイモン、中世の異端狩り・魔女狩り等々をめぐり、自然=カオスと文化=コスモスの対立の中で〈野生の思考〉が果たしてきた役割をさぐる。 四六判280頁 '04

123 福井貞子
染織（そめおり）
自らの体験と厖大な残存資料をもとに、糸づくりから織り、染めにわたる手づくりの豊かな生活文化を見直す。創意にみちた手わざのかずかずを復元する庶民生活誌。 四六判294頁 '05

124-I 長澤武
動物民俗I
神として崇められたクマやシカをはじめ、人間にとって不可欠の鳥獣や魚、さらには人間を脅かす動物など、多種多様な動物たちと交流してきた人々の暮らしの民俗誌。 四六判264頁 '05

124-II 長澤武
動物民俗II
動物の捕獲法をめぐる各地の伝承を紹介するとともに、全国で語り継がれてきた多彩な動物民話・昔話を渉猟し、暮らしの中で培われた動物フォークロアの世界を描く。 四六判266頁 '05

125 三輪茂雄
粉（こな）
粉体の研究をライフワークとする著者が、粉食の発見からナノテクノロジーまで、人類文明の歩みを〈粉〉の視点から捉え直した壮大なスケールの〈文明の粉体史観〉 四六判302頁 '05

126 矢野憲一
亀（かめ）
浦島伝説や「兎と亀」の昔話によって親しまれてきた亀のイメージの起源を探り、古代の亀卜の方法から、亀にまつわる信仰と迷信、鼈甲細工やスッポン料理におよぶ。 四六判330頁 '05